CAD/CAM/CAE
轻松上手丛书

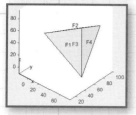
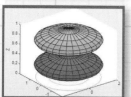

MATLAB
入门与应用实践

徐海峰 李永建 编著

视频教学版

清华大学出版社
北京

内 容 简 介

本书基于 MATLAB R2024a 编写，以 MATLAB 编程计算和仿真分析知识为主线，全面讲解 MATLAB 工程应用的各种方法和技巧，配套素材文件、结果文件、PPT 课件、教学视频、练习答案和教学大纲。

本书共分 12 章，通过 211 个小实例、9 个综合案例、39 个新手问答以及 1 个综合案例，全面讲解 MATLAB 软件的基础知识和应用案例，内容包括 MATLAB 入门、MATLAB 基础、程序设计基础、图形绘制、图形与图像的处理、高等数学计算、方程组、符号运算、图形用户界面设计、Simulink 仿真基础、数理统计分析、控制系统的时域分析设计实例等。本书通过实例介绍 MATLAB 配置参数的含义，内容安排由浅入深，步骤详细，便于用户掌握相关参数的设置方法。

本书适合 MATLAB 初学者、数值分析与数值计算人员、工程设计人员、数据分析人员阅读，也可以作为高等院校或者高职高专院校相关课程的教材。

本书封面贴有清华大学出版社防伪标签，无标签者不得销售。

版权所有，侵权必究。举报：010-62782989，beiqinquan@tup.tsinghua.edu.cn。

图书在版编目（CIP）数据

MATLAB 入门与应用实践：视频教学版 / 徐海峰，李永建编著.
北京：清华大学出版社，2025. 2. — （CAD/CAM/CAE 轻松上手丛书）.
ISBN 978-7-302-68078-9

Ⅰ. TP317

中国国家版本馆 CIP 数据核字第 2025Z5W192 号

责任编辑： 夏毓彦
封面设计： 王　翔
责任校对： 闫秀华
责任印制： 刘　菲

出版发行： 清华大学出版社
　　　　　　网　　　址：https://www.tup.com.cn，https://www.wqxuetang.com
　　　　　　地　　　址：北京清华大学学研大厦 A 座　　　　　　邮　　　编：100084
　　　　　　社 总 机：010-83470000　　　　　　邮　　　购：010-62786544
　　　　　　投稿与读者服务：010-62776969，c-service@tup.tsinghua.edu.cn
　　　　　　质 量 反 馈：010-62772015，zhiliang@tup.tsinghua.edu.cn

印 装 者： 三河市科茂嘉荣印务有限公司
经　　　销： 全国新华书店
开　　　本： 190mm×260mm　　　　**印　　张：** 22　　　　**字　　数：** 593 千字
版　　　次： 2025 年 3 月第 1 版　　　　　　　　**印　　次：** 2025 年 3 月第 1 次印刷
定　　　价： 119.00 元

产品编号：105062-01

前　　言

如果要找一款工程界功能最强大的"万能"软件,那么一定非 MATLAB 莫属。MATLAB 是美国 MathWorks 公司出品的商业数学软件,广泛用于数学计算、数据分析、无线通信、深度学习、图像处理与计算机视觉、信号处理、量化金融与风险管理、机器人、控制系统等领域,是世界上最强大的工程计算与仿真分析软件。从 1984 年发布 MATLAB 1.0 至今,目前 MATLAB 已经发展到了 R2024a 版本,功能不断丰富完善、日趋强大。

MATLAB 是一种高级的矩阵/阵列语言,包含大量计算算法。它拥有数百个工程中要用到的数学运算函数,可以方便地实现用户所需的各种计算功能。其函数中所使用的算法,都是科研和工程计算中的最新研究成果,而且经过了各种优化和容错处理。MATLAB 的这些函数集,包括从最简单、最基本的函数到诸如矩阵、特征向量、快速傅里叶变换的复杂函数。函数所能解决的问题大致包括矩阵运算和线性方程组的求解、微分方程及偏微分方程的组的求解、符号运算、傅里叶变换和数据统计分析、工程中的优化问题、稀疏矩阵运算、复数的各种运算、三角函数和其他初等数学运算、多维数组操作以及建模动态仿真等。在通常情况下,可以用它来代替底层编程语言,如 C 和 C++。在计算要求相同的情况下,使用 MATLAB 编程的工作量会大大减少。

本书内容

本书系统讲解 MATLAB R2024a 数学计算与工程分析,从初、中级读者的学习角度出发,合理安排知识点,运用简洁流畅的语言,结合丰富实用的练习和实例,全面介绍 MATLAB 在数学计算与工程分析中的应用。本书共分 12 章,主要知识内容安排如下。

第 1~3 章主要介绍 MATLAB 入门、MATLAB 基础以及程序设计基础。

第 4~5 章主要介绍图形图像的绘制与处理等知识。

第 6~8 章主要介绍高等数学计算、方程组、符号运算等各种数学计算方法等。

第 9~10 章主要介绍图形用户界面设计与 Simulink 仿真基础等知识。

第 11 章主要讲解数理统计分析。

第 12 章主要讲解 MATLAB 在控制系统时域分析设计中的案例操作。

通过学习第 1~11 章软件功能知识部分内容,读者能学到如何使用 MATLAB 中的各种工具、命令、功能模块来绘制图像,以及进行数学计算、系统仿真、统计分析。通过第 12 章的案例实战,读者能学到 MATLAB 软件在控制系统时域分析设计中的综合实战技能,并能够触类旁通,将所学知识灵活应用于解决数学计算和工程分析问题。

本书基于中文版 MATLAB R2024a 软件进行写作,建议读者结合 MATLAB R2024a 进行学习。由于其他低版本的功能与 MATLAB R2024a 大同小异,因此本书内容同样可结合其他版本的软件学习。

本书特色

（1）入门轻松，难易结合。本书从 MATLAB 的基础知识入手，逐一讲解数学计算与工程分析中常用的工具、命令及相关功能模块的应用，力求让零基础的读者能轻松入门。根据读者学习新技术的规律，本书注重案例难易程度的安排，尽可能将简单的案例放在前面，使读者学习起来更加轻松。

（2）案例丰富，学以致用。本书最大的特点是在讲解知识点的同时，为了让读者学以致用，安排了 211 个知识实例、9 个综合演练、39 个新手问答以及 1 个行业应用综合案例。另外，为了帮助读者巩固知识应用和操作技能，还在相关章节后面布置了"上机实验"和"思考与练习"。这些精心策划和内容安排，目的是让读者轻松学会 MATLAB R2024a 的操作方法和技巧。

（3）实用功能，系统全面。本书涵盖 MATLAB R2024a 常见的工具、命令的相关功能，对于一些难点和重点知识，都做了非常详细的讲解；内容结合真实的职场案例，精选实用的功能，力求让读者看得懂、学得会、练得出。

（4）技巧提示，及时充电。本书在各章节均穿插设置了"新手问答"或"小技巧"栏目，对正文中介绍的应用方法、技能技巧等重点知识内容进行补充提示，及时为读者充电加油，帮助读者尽快对各项实际操作技能熟练上手。

（5）教学视频，直观易学。本书配有同步的多媒体教学视频，对相关内容进行讲解，读者用微信扫一扫书中对应的二维码，即可观看学习。

配套资源及赠送资料

本书配套资源包括素材文件、结果文件、视频文件、PPT 课件、练习答案和教学大纲。读者需要用自己的微信扫描下面二维码获取这些资源。

本书作者

本书由广州商学院信息技术与工程学院徐海峰副教授和陆军工程大学石家庄校区李永建副教授主编，其中徐海峰执笔编写了第 1~6 章，李永建执笔编写了第 7~12 章。另外，由于计算机技术发展较快，书中疏漏和不足之处在所难免，如果遇到问题或有疑问，请发邮件至本书配套资源中给出的电子邮箱。

作者

2025 年 1 月

目　　录

第1章　MATLAB 入门..1

　　1.1　MATLAB中的科学计算概述...1

　　　　1.1.1　MATLAB 的发展历程..1

　　　　1.1.2　MATLAB 系统...2

　　1.2　MATLAB 2024的用户界面...2

　　　　1.2.1　标题栏..3

　　　　1.2.2　功能区..3

　　　　1.2.3　工具栏..5

　　　　1.2.4　命令行窗口..5

　　　　1.2.5　命令历史记录窗口..7

　　　　1.2.6　当前文件夹窗口..8

　　　　1.2.7　工作区窗口..9

　　　　1.2.8　图窗..10

　　1.3　设置搜索路径..11

　　　　1.3.1　查看搜索路径..11

　　　　1.3.2　扩展搜索路径..12

　　1.4　MATLAB的帮助系统...13

　　　　1.4.1　联机帮助系统..13

　　　　1.4.2　帮助命令..14

　　　　1.4.3　联机演示系统..17

　　1.5　新手问答..19

　　1.6　上机实验..19

　　1.7　思考与练习..20

第2章　MATLAB 基础知识...21

　　2.1　MATLAB命令的组成...21

　　　　2.1.1　基本符号..21

　　　　2.1.2　功能符号..23

　　　　2.1.3　常用的键盘操作..24

　　2.2　数据类型..25

　　　　2.2.1　变量与常量..25

　　　　2.2.2　数值..26

　　　　2.2.3　字符和字符串..30

　　　　2.2.4　向量..32

　　　　2.2.5　矩阵..34

　　　　2.2.6　单元型变量..41

2.2.7　结构型变量 43

2.3　运算符 44

2.3.1　算术运算符 45

2.3.2　关系运算符 45

2.3.3　逻辑运算符 46

2.4　数值运算 46

2.4.1　矩阵运算 46

2.4.2　向量运算 54

2.5　M文件 56

2.5.1　命令式文件 58

2.5.2　函数式文件 59

2.6　操作实例——判断矩阵可否对角化 60

2.7　新手问答 62

2.8　上机实验 63

2.9　思考与练习 64

第3章　程序设计基础 66

3.1　MATLAB程序设计 66

3.1.1　表达式、表达式语句与赋值语句 66

3.1.2　程序结构 67

3.1.3　控制程序流程 72

3.1.4　人机交互语句 73

3.1.5　MATLAB 程序的调试命令 75

3.2　函数句柄 76

3.2.1　创建函数句柄 76

3.2.2　查看函数句柄属性 77

3.2.3　调用函数句柄 78

3.3　函数变量及其作用域 78

3.4　子函数与私有函数 79

3.5　程序设计的辅助函数 79

3.6　文件调用记录 81

3.6.1　profile 函数 81

3.6.2　显示调用记录结果 82

3.7　操作实例——水平串联矩阵 84

3.8　新手问答 85

3.9　上机实验 86

3.10　思考与练习 87

第4章　图形绘制 88

4.1　二维曲线的绘制 88

4.1.1　绘制二维图形 88

4.1.2　多图形显示 93

4.1.3　绘制函数图形 95

4.2 设置图形属性 97
　　4.2.1 图窗的属性 97
　　4.2.2 坐标系与坐标轴 102
　　4.2.3 图形注释 104
4.3 三维绘图 109
　　4.3.1 三维曲线绘图函数 109
　　4.3.2 三维网格函数 113
　　4.3.3 三维曲面函数 116
　　4.3.4 柱面与球面 118
　　4.3.5 三维图形等值线 120
4.4 三维图形修饰处理 126
　　4.4.1 视角处理 126
　　4.4.2 颜色处理 128
　　4.4.3 光照处理 132
4.5 操作实例——绘制函数的三维视图 136
4.6 新手问答 138
4.7 上机实验 139
4.8 思考与练习 141

第 5 章 图形与图像的处理 142
5.1 向量图形 142
5.2 图像处理及动画演示 146
　　5.2.1 读写图像 146
　　5.2.2 图像的显示及信息查询 147
　　5.2.3 动画演示 151
5.3 操作实例——曲线绘制动画 153
5.4 新手问答 154
5.5 上机实验 155
5.6 思考与练习 157

第 6 章 高等数学计算 158
6.1 数列 158
　　6.1.1 数列求和 159
　　6.1.2 数列求积 162
6.2 级数 166
6.3 极限和导数 167
　　6.3.1 极限 168
　　6.3.2 导数 169
6.4 积分 170
　　6.4.1 定积分与广义积分 170
　　6.4.2 不定积分 171
　　6.4.3 多重积分 172
6.5 积分变换 174

6.5.1 傅里叶积分变换 174

6.5.2 傅里叶逆变换 175

6.5.3 快速傅里叶变换 176

6.5.4 拉普拉斯变换 178

6.5.5 拉普拉斯逆变换 179

6.6 复杂函数 180

6.6.1 泰勒展开 180

6.6.2 傅里叶展开 182

6.7 操作实例——高斯脉冲时域与频域转换 184

6.8 新手问答 185

6.9 上机实验 185

6.10 思考与练习 186

第7章 方程组 188

7.1 方程的运算 188

7.1.1 方程组的介绍 188

7.1.2 方程的解 189

7.2 求解线性方程组 190

7.2.1 线性方程组定义 190

7.2.2 利用矩阵运算求解 192

7.2.3 利用矩阵分解法求解 196

7.2.4 非负最小二乘解 200

7.3 求解非线性方程（组） 201

7.3.1 非线性方程 201

7.3.2 非线性方程组 203

7.4 偏微分方程 204

7.4.1 偏微分方程简介 204

7.4.2 区域设置及网格化 205

7.4.3 设置边界条件 208

7.4.4 PDE 求解 209

7.4.5 解特征值方程 212

7.5 操作实例——求解时滞微分方程组 214

7.6 新手问答 215

7.7 上机实验 216

7.8 思考与练习 217

第8章 符号运算 219

8.1 符号与数值 219

8.1.1 符号与数值间的转换 219

8.1.2 设置符号与数值的精度 220

8.2 符号矩阵 221

8.2.1 创建符号矩阵 221

8.2.2 符号矩阵的其他运算 224

8.2.3　简化符号多项式 226

8.3　多元函数分析 228

8.3.1　雅可比矩阵 228

8.3.2　实数矩阵的梯度 230

8.4　操作实例——希尔伯特矩阵 231

8.5　新手问答 233

8.6　上机实验 234

8.7　思考与练习 235

第 9 章　图形用户界面设计 236

9.1　GUI开发环境 236

9.2　在MATLAB环境设计GUI 239

9.2.1　创建容器组件 239

9.2.2　创建 UI 组件 244

9.2.3　设计菜单 246

9.3　使用设计视图 248

9.3.1　设计环境 248

9.3.2　放置组件 251

9.3.3　设置组件属性 252

9.3.4　添加上下文菜单 254

9.4　代码视图 258

9.4.1　编辑环境 259

9.4.2　管理回调 259

9.4.3　回调参数 261

9.4.4　管理辅助函数 261

9.4.5　管理属性 263

9.5　新手问答 266

9.6　上机实验 267

9.7　思考与练习 269

第 10 章　Simulink 仿真基础 270

10.1　Simulink简介 270

10.1.1　Simulink 模型的特点 271

10.1.2　Simulink 的数据类型 273

10.2　Simulink模块库 274

10.2.1　常用的模块库 275

10.2.2　子系统及其封装 278

10.3　创建仿真模型 283

10.3.1　创建模型文件 283

10.3.2　模块的基本操作 284

10.3.3　设置模块参数 286

10.3.4　连接模块 288

10.4　仿真分析 291

10.4.1　设置仿真参数 291

10.4.2　仿真的运行和分析 293

10.4.3　仿真错误诊断 302

10.5　过零检测 303

10.6　代数环 304

10.7　回调函数 305

10.8　S函数 306

10.8.1　S函数的工作流程 307

10.8.2　S函数的编写 308

10.9　操作实例——单摆系统振动系统仿真 309

10.10　新手问答 315

10.11　上机实验 316

10.12　思考与练习 316

第11章　数理统计分析 318

11.1　MATLAB数理统计基础 318

11.1.1　样本均值 318

11.1.2　样本方差与标准差 319

11.1.3　协方差和相关系数 320

11.2　曲线拟合 321

11.2.1　多项式拟和 322

11.2.2　直线的最小二乘拟合 323

11.2.3　最小二乘法曲线拟合 324

11.3　回归分析 327

11.3.1　一元线性回归 327

11.3.2　多元线性回归 328

11.3.3　部分最小二乘回归 328

11.4　操作实例——推测世界人口 331

11.5　新手问答 333

11.6　上机实验 333

11.7　思考与练习 334

第12章　控制系统分析设计实例 336

12.1　控制系统的分析 336

12.1.1　控制系统的仿真分析 336

12.1.2　闭环传递函数 337

12.2　闭环传递函数的响应分析 338

12.2.1　阶跃响应曲线 338

12.2.2　冲激响应曲线 339

12.2.3　斜坡响应 339

12.3　控制系统的稳定性分析 340

12.3.1　状态空间实现 340

12.3.2　稳定性 341

第 1 章　MATLAB 入门

MATLAB 是 Matrix Laboratory（矩阵实验室）的缩写。它是以线性代数软件包 LINPACK 和特征值计算软件包 EISPACK 中的子程序为基础发展起来的一种开放式程序设计语言，是一种高性能的工程计算语言，其基本数据单位是没有维数限制的矩阵。本章主要介绍 MATLAB 的发展历程和 MATLAB 的用户界面。

知识要点

- MATLAB 中的科学计算概述
- MATLAB 2024 的用户界面
- MATLAB 2024 内容及查找
- MATLAB 的帮助系统

1.1　MATLAB 中的科学计算概述

MATLAB 是一款功能非常强大的科学计算软件。在正式使用 MATLAB 之前，应该对它有一个整体的认识。

MATLAB 的指令表达式与数学、工程中常用的形式十分相似，因此，相比仅支持标量的非交互式编程语言（如 C、FORTRAN 等），使用 MATLAB 计算问题要简捷得多，特别适用于解决包含矩阵和向量的工程技术问题。在大学里，MATLAB 是众多数学、工程和科学类初等和高等课程的标准指导工具。在工业界，MATLAB 是产品研究、开发和分析的常用工具。

1.1.1　MATLAB 的发展历程

20 世纪 70 年代中期，Cleve Moler 博士及其同事为了研究和教学方便，开发了调用当时代表矩阵运算最高水平的 EISPACK 和 LINPACK 的 FORTRAN 子程序库，并设计了一组便于调用这两个库中程序的接口，这就是最原始 FORTRAN 编写的 MATLAB。

1983 年，用 C 语言开发的第二代专业版 MATLAB 开始出现，开发者是 Cleve Moler 教授、工程师 John Little 和 Steve Bangert 等。从该版本开始，MATLAB 同时具备了数值计算和数据可视化两大最有效的功能。

1984 年，Cleve Moler 和 John Little 创建了 MathWorks 公司，使得 MATLAB 正式走向市场，并继续深入研究和开发。从该版本开始，MATLAB 的内核编程语言改为 C 语言。

1993 年发布的 MATLAB 4.0 版本开始推出 Windows 版。4.x 版在原来的基础上推出了新的功能，如交互式操作的动态系统建模、仿真、Simulink 分析集成环境、外部数据交换的接口、实时数据分析、硬件交互程序开发、符号计算工具包、Notebook 等。

2000 年，MATLAB 桌面版发布，使得 MATLAB 的使用变得更加简单，尤其是对那些没有编程经验的用户来说，极大地提升了 MATLAB 的可用性。

2006 年开始，MATLAB 新版本的发布形成了固定规则：分别在 3 月和 9 月进行两次产品发布，3 月发布的版本被称为 a，9 月发布的版本被称为 b，并以年份为版本号。每次发布都涵盖产品家族中的所有模块，包含已有产品的新特性和 bug 修订，以及新产品的发布。

基于矩阵数学运算，MATLAB 一直在不断发展完善，以满足工程师和科学家日益更新的需求。从简单的终端应用程序起步，MATLAB 已逐步发展成为一个富有生命力的生态系统，支持着各个领域的技术计算。目前，最新的 MATLAB 版本是 MATLAB R2024a。与以往的版本相比，最新的 MATLAB 拥有更丰富的数据类型和结构、更友善的面向对象的开发环境、更快速精良的图形可视化界面、更广博的数学和数据分析资源、更多的应用开发工具。

1.1.2 MATLAB 系统

一个完整的 MATLAB 系统包括以下 5 个相互关联的部分。

（1）桌面工具和开发环境：由一系列工具组成了 MATLAB 的图形用户界面，这是 MATLAB 系统最基本的组成部分，包括 MATLAB 桌面和命令行窗口、编辑器、调试器、代码分析器，以及用于浏览帮助文档、工作空间、文件的浏览器等最基本的界面和工具。

（2）数学函数库：数学函数库相当于一个设计好的工具箱，里面设置了固定的算法，从初等函数（如加法、正弦、余弦等）到复杂的高等函数（如矩阵求逆、矩阵特征值、贝塞尔函数和快速傅里叶变换等），用户在使用时只需要调用这些数学函数库，就可以进行准确的计算。

（3）语言：MATLAB 语言是一种高级的、基于矩阵/数组的语言，具有程序流控制、函数、数据结构、输入/输出和面向对象编程等特色。用户可以编写即时执行程序，也可以将一个较大的、复杂的程序编写成 M 文件，然后调用运行，组合成完整的大型应用程序。

（4）图形处理：MATLAB 具有强大的数据可视化功能，能用图形表示向量和矩阵，并具备标注和打印功能。低层次作图能完全定制图形的外观，帮助用户建立完整的 MATLAB 应用程序图形用户界面。高层次作图则包括二维和三维的可视化、图像处理、动画和表达式作图等功能。MATLAB 图形处理的功能全面而强大。

（5）外部接口：这是一个 MATLAB 语言与 C/C++、FORTRAN、Python 等其他高级编程语言进行交互的函数库，包括从 MATLAB 中调用程序（动态链接）、调用 MATLAB 为计算引擎和读写.mat 文件的设备。

1.2　MATLAB 2024 的用户界面

在计算机桌面上双击 MATLAB R2024a 的快捷方式图标，即可启动 MATLAB R2024a（以下简称 MATLAB 2024 或 MATLAB），进入如图 1-1 所示的工作界面。

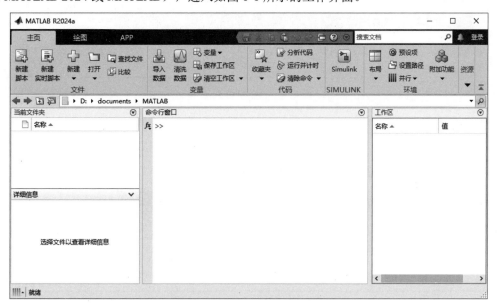

图 1-1　MATLAB 的工作界面

可以看到，MATLAB 2024 的工作界面主要由标题栏、功能区、工具栏、当前文件夹窗口、命令行窗口和工作区窗口等组成。

1.2.1　标题栏

图 1-1 所示的 MATLAB 工作界面顶部即为标题栏，如图 1-2 所示。

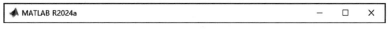

图 1-2　标题栏

标题栏左侧为应用程序图标和名称，右侧为三个窗口控制按钮："最小化"按钮 ☐、"最大化"按钮 ☐ 和"关闭"按钮 ☒，功能和操作方法与其他应用程序相同，此处不再赘述。

使用快捷键 Alt+F4，或在命令行窗口中执行 exit 或 quit 命令，也可以关闭 MATLAB 应用程序。

1.2.2　功能区

功能区位于标题栏下方，它以选项卡和功能组的形式将 MATLAB 几乎所有的功能命令组织在一起，直观且便捷。

1. "主页"选项卡

"主页"选项卡集合了 MATLAB 的基本操作命令，例如新建脚本、新建变量、打开文件、设

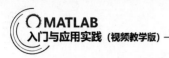
置路径、获取帮助等，如图 1-3 所示。

图 1-3 "主页"选项卡

2. "绘图"选项卡

"绘图"选项卡包含各种图形绘制命令，如图 1-4 所示。单击"绘图"功能组的下拉按钮，可以看到 MATLAB 支持的所有绘图命令，如图 1-5 所示。

图 1-4 "绘图"选项卡

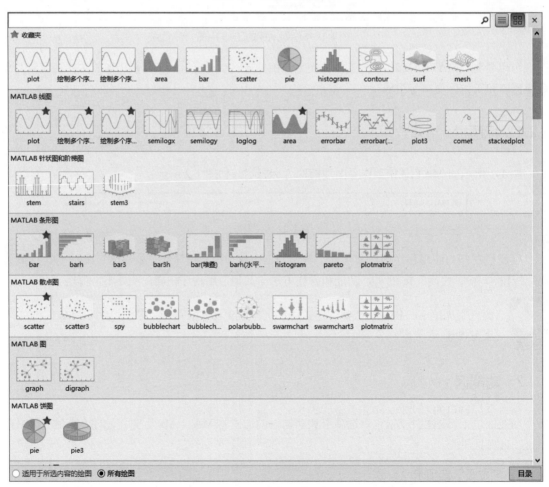

图 1-5 绘图命令

3. APP 选项卡

APP 选项卡包含设计、安装和打包应用程序的操作命令，以及 MATLAB 预置的一些 GUI 应用程序，如图 1-6 所示。

图 1-6　APP 选项卡

1.2.3　工具栏

MATLAB 2024 的工具栏分为两部分，分别位于功能区右上角和下方，以图标方式汇集了常用的操作命令。下面简要介绍工具栏中部分常用按钮的功能。

- 🖫：保存 M 文件。
- ✂️、📋、📋：剪切、复制、粘贴命令行窗口或 M 文件中已选中的内容。
- ↩️、↪️：撤销、恢复上一次操作。
- 🗗：切换窗口。
- ❓：打开 MATLAB 帮助系统。
- ⬅️、➡️、⬆️、↗️：在当前工作路径的基础上后退、前进、向上一级、浏览路径文件夹。
- ` ▸ D: ▸ documents ▸ MATLAB ▾ `：当前工作路径设置栏。

1.2.4　命令行窗口

命令行窗口是执行 MATLAB 命令的地方，熟悉命令行窗口的各种基本操作是学习 MATLAB 首先要掌握的部分。

1. 基本界面

命令行窗口如图 1-7 所示，在该窗口中可以执行各种计算操作，也可以使用命令打开各种 MATLAB 工具，还可以查看各种命令的帮助说明等。

2. 基本操作

在命令行窗口的右上角，单击"显示命令行窗口操作"按钮 ⊙，弹出如图 1-8 所示的下拉菜单。利用该菜单可以清空命令行窗口、选中命令行窗口中的所有文本、查找内容、设置页面属性以及控制命令行窗口的显示。例如，单击"最小化"按钮 ➡️，可将命令行窗口最小化到

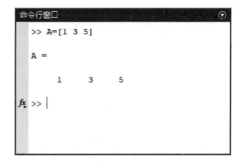

图 1-7　命令行窗口

主窗口左侧，以页签形式存在，将鼠标指针移到页签上，可查看窗口内容。此时单击下拉菜单中的"还原"按钮 ⊞，即可恢复命令行窗口的显示。

如果要按指定格式打印命令行窗口中的内容，可以选择"页面设置"命令，弹出如图 1-9 所示的"页面设置：命令行窗口"对话框，对打印前命令行窗口中的文字布局、标题、字体进行设置。

（1）"布局"选项卡：如图 1-9 所示，用于设置要打印的选项及语法高亮颜色。

图 1-8　下拉列表　　　　　　　　　图 1-9　"页面设置：命令行窗口"对话框

（2）"标题"选项卡：如图 1-10 所示，用于设置页码和边框样式，以及文本单双行排列方式。

（3）"字体"选项卡：如图 1-11 所示，用于设置标题和正文的字体、样式和字号。

图 1-10　"标题"选项卡　　　　　　　　　图 1-11　"字体"选项卡

3．快捷操作

选中命令行窗口中的某个输入后的命令，利用如图 1-12 所示的右键快捷菜单，可以对选中命令执行一些很实用的操作。下面介绍几种常用的菜单命令。

（1）执行所选内容：再次执行所选中的命令。

（2）打开所选内容：找到所选命令所在的 M 文件，并在编辑器中显示该文件中的内容。

（3）关于所选内容的帮助：弹出关于所选命令的相关帮助窗口，如图 1-13 所示。

图 1-12　快捷菜单

图 1-13　帮助窗口

（4）函数浏览器：弹出如图 1-14 所示的函数窗口，在该窗口中可以查找编程所需的函数，并查看该函数的相关介绍。

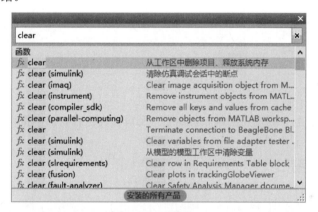

图 1-14　函数窗口

（5）查找：弹出"查找"对话框，如图 1-15 所示。"查找内容"文本框中自动填充当前选中的内容，也可以输入要查找的文本关键词，在命令行窗口迅速定位指定内容的位置。

图 1-15　"查找"对话框

（6）清空命令行：清除命令行窗口中所有的文本。

1.2.5　命令历史记录窗口

命令历史记录窗口会自动记录自 MATLAB 安装以来所有运行过的命令，包括运行时间，以方

便查询。在默认情况下，命令历史记录窗口不显示在主窗口，可在"主页"选项卡选择"布局"→
"命令历史记录"→"停靠"命令，如图 1-16 所示，在 MATLAB 的工作界面中固定显示"命令
历史记录"窗口，如图 1-17 所示。

图 1-16　"命令历史记录"命令　　　　　图 1-17　固定显示"命令历史记录"窗口

　　双击"命令历史记录"窗口中的某一行命令，即可在命令行窗口中执行该命令。

1.2.6　当前文件夹窗口

　　"当前文件夹"窗口如图 1-18 所示，用于显示当前工作目录中的文件和文件夹。

　　单击右上角的"显示当前文件夹操作"按钮 ⊙，弹出如图 1-19 所示的下拉菜单，可以执行常
用的操作。例如，在当前目录下新建文件或文件夹、查找文件、显示/隐藏文件信息、将当前目录
按某种指定方式排序和分组等。

图 1-18　当前文件夹窗口　　　　　　　　图 1-19　下拉菜单

1.2.7　工作区窗口

工作区窗口可以显示当前内存中所有的 MATLAB 变量的名称、类型、大小、字节数等信息。不同的变量类型有不同的变量名图标。

在命令行窗口执行下面的程序：

```
>> x=pi                    % 定义变量 x 并赋值为 π
x =
    3.1416
>> y=x^2                   % 计算 x 的平方，并赋值给变量 y
y =
    9.8696
```

上面的语句表示在 MATLAB 中创建了变量 x、y，并给变量赋值，同时将变量名称及其值保存在计算机的一段内存中，也就是工作区中，如图 1-20 所示。

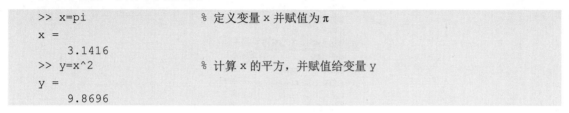

图 1-20　"工作区"窗口

"工作区"窗口是 MATLAB 进行数据分析与管理的一个非常重要的窗口。单击其右上角的"显示工作区操作"按钮，利用弹出的下拉菜单，可以实现的主要功能如下。

- 新建变量：在下拉菜单中选择"新建"命令，可新建一个数据变量。输入变量名称后，双击变量，进入如图 1-21 所示的"变量编辑"窗口。

图 1-21　"变量编辑"窗口

- 保存变量：在该下拉菜单中选择"保存"命令，可将工作区中的变量保存到 MAT 文件（MAT 文件是用于存储 MATLAB 变量的二进制文件，通常用来保存工作空间中的数据，便于以后加载或共享数据）。
- 清空工作区：清除工作区中的所有变量。

- 设置变量的属性列：在下拉菜单中选择"选择列"命令，在如图 1-22 所示的子菜单中选择要在工作区中显示的变量属性。
- 对变量进行排序：在下拉菜单中选择"排序依据"命令，可以按照某种排序依据对工作区中的变量进行排序。

图 1-22　"选择列"子菜单

1.2.8　图窗

图窗（图形窗口的简称）主要用于显示数据的二维或三维坐标图、图片或图形用户接口。例如，在命令行窗口中执行下面的程序：

```
>> x=0:0.05*pi:2*pi;    % 创建一个从 0 开始，以 0.05π 为步长，到 2π 为止的向量 x
>> y=sin(x);            % 计算 x 的正弦值
>> plot(x,y)            % 绘制 x 为自变量、y 为因变量的曲线图
```

弹出如图 1-23 所示的图窗，显示正弦函数的曲线图。

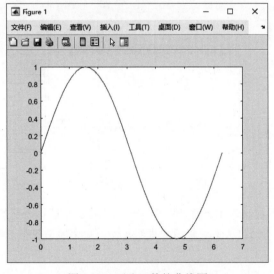

图 1-23　正弦函数的曲线图

利用图窗中的菜单命令或工具按钮可以保存图形文件，在程序中需要使用该图形时，不需要再输入上面的程序，而只需要双击图形文件，或将图形文件拖放到命令行窗口中，就可以在图窗中显示该图形文件了。

1.3　设置搜索路径

MATLAB 包括数千条内置的指令，对于大多数用户来说，全部掌握这些指令是不可能的，但 MATLAB 提供了完善的搜索功能，方便用户在指定的目录查找需要的指令。在此之前，首先需要设置搜索路径，也就是 MATLAB 自动查找文件或指令的路径。

1.3.1　查看搜索路径

MATLAB 提供了查看搜索路径的操作和命令，下面介绍几种常用的方法。

1. path 命令

在命令行窗口中输入命令 path 并执行，可查看 MATLAB 当前的所有搜索路径，如图 1-24 所示。

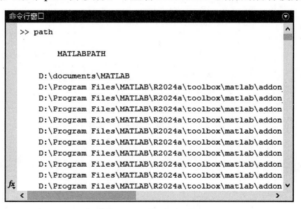

图 1-24　查看搜索路径

2. "设置路径" 对话框

在命令行窗口中输入 pathtool 命令并执行，或在 MATLAB 主窗口中单击"主页"选项卡中的"设置路径"按钮，弹出"设置路径"对话框，如图 1-25 所示。

列表框中列出的目录就是 MATLAB 当前的所有搜索路径。

3. genpath 命令

在命令行窗口中执行 genpath 命令，可以得到由 MATLAB 所有搜索路径连接而成的一个长字符串，如下所示：

```
>> genpath
ans =
```

```
        'D:\Program Files\MATLAB\R2024a\toolbox;D:\Program
Files\MATLAB\R2024a\toolbox\5g;D:\Program
Files\MATLAB\R2024a\toolbox\5g\5g;D:\Program
Files\MATLAB\R2024a\toolbox\5g\5g\en;D:\Program
Files\MATLAB\R2024a\toolbox\DesignCostEstimation;D:\Program
Files\MATLAB\R2024a\toolbox\DesignCostEstimation\Presentations;
    ...
    D:\Program Files\MATLAB\R2024a\toolbox\aeroblks\hmi\web\SharedPage\
release\livesearch;D:\Program Files\MATLAB\R2024a\toolbox\aeroblks\hmi\web\
SharedPage...输出已截断。文本超出命令行窗口显示的最大行长度。
```

其中的"…"表示由于版面限制而省略的多行显示内容。

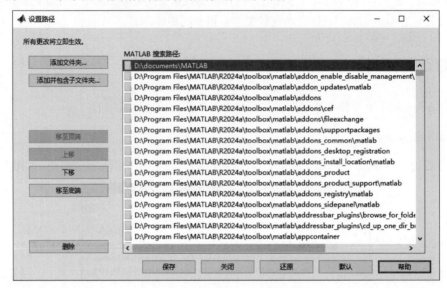

图 1-25　"设置路径"对话框

1.3.2　扩展搜索路径

MATLAB 的一切操作都是在搜索路径（包括当前路径）中进行的，如果调用的函数在搜索路径之外，MATLAB 会认为此函数不存在。初学者常常遇到这样的问题：明明看到自己编写的程序在某个路径下，但 MATLAB 却找不到，并提示此函数不存在。解决这个问题很简单，只需将程序所在的目录添加到 MATLAB 的搜索路径即可。

下面介绍几种将指定路径添加到搜索路径的常用方法。

1. 利用"设置路径"对话框添加搜索路径

执行命令 pathtool，进入如图 1-25 所示的"设置路径"对话框。

单击"添加文件夹"按钮，打开"将文件夹添加到路径"对话框，可将选中的文件夹包含进搜索范围，但忽略其中的子目录。

单击"添加并包含子文件夹"按钮，打开"添加到路径时包含子文件夹"对话框，可将选中的文件夹连同其中的子目录一起包含进搜索路径。笔者建议选择这种方式，避免一些可能出现的错误。

添加文件夹路径后，还可以利用该对话框中的按钮管理搜索路径，简要介绍如下。

- 移至顶端：将选中的目录移动到搜索路径列表的顶端。
- 上移：将选中的目录在搜索路径列表中向上移动一位。
- 删除：将选中的目录从搜索路径列表中删除。
- 下移：将选中的目录在搜索路径列表中向下移动一位。
- 移至底端：将选中的目录移动到搜索路径列表的底部。
- 还原：恢复上一次改变路径前的搜索路径。
- 默认：恢复到最原始的 MATLAB 的默认搜索路径。

设置完成后，依次单击"保存"和"关闭"按钮，即可完成搜索路径的设置。

2. 使用 path 命令扩展目录

使用 path 命令不仅可以查看搜索路径，也可以扩展 MATLAB 的搜索路径。例如，在 MATLAB 的命令行窗口中输入以下命令，可以把 D:\matlabfile 扩展到搜索路径：

```
>> path(path,'D:\matlabfile')     % 将 D:\matlabfile 文件夹添加到搜索路径列表的末尾
```

3. 使用 addpath 命令扩展目录

在早期的 MATLAB 版本中，常用的命令之一是 addpath，用于扩展目录，如果要把 D:\matlabfile 添加到整个搜索路径的开始，则使用如下命令：

```
>> addpath('D:\matlabfile','-begin')  % 将 D:\matlabfile 文件夹添加到搜索路径列表的顶端
```

如果要把 D:\matlabfile 添加到整个搜索路径的末尾，则使用如下命令：

```
>> addpath('D:\matlabfile','-end')  % 将 D:\matlabfile 文件夹添加到搜索路径列表的底端
```

1.4　MATLAB 的帮助系统

除功能强大外，MATLAB 一个突出的特点是帮助系统非常完善。因此，要熟练掌握 MATLAB，必须熟练掌握 MATLAB 帮助系统的使用方法。

1.4.1　联机帮助系统

在"主页"选项卡的"资源"功能组单击"帮助"下拉按钮，弹出如图 1-26 所示的"帮助"下拉菜单。选择前 3 项中的任何一项，均可打开 MATLAB 的帮助系统，不同的是显示内容的侧重点不同。选择"文档"命令可打开如图 1-27 所示的帮助中心，显示帮助文档；选择"示例"命令可进入帮助中心并显示内置的示例；选择"支持网站"则打开 MATLAB 网站并显示帮助页面。

帮助中心的文档窗口如图 1-27 所示，在搜索栏中输入要查询的内容，按 Enter 键，即可在文档显示区显示相应的帮助内容。

图 1-26　"帮助"下拉菜单　　　　　　　　　　　　图 1-27　帮助中心

1.4.2　帮助命令

为了使用户更快捷地获得帮助，MATLAB 还提供了一些帮助命令，包括 help 系列命令、lookfor 命令和其他常用的帮助命令。

1．help 系列命令

help 系列的帮助命令有 help、help+函数（类）名、doc 和 helpdesk，其中后两个用来调用 MATLAB 联机帮助窗口。下面简要介绍 help 和 help+函数（类）名。

help 命令

help 命令是最常用的帮助命令。在命令行窗口中直接输入 help 命令可以进入帮助中心，或显示上一条命令的帮助信息，具体操作结果取决于在执行 help 命令之前是否执行了其他命令。

例 1-1：help 命令的使用示例。

解：MATLAB 程序如下：

```
>> help
不熟悉 MATLAB?请参阅有关快速入门的资源。

要查看文档，请打开帮助浏览器。
```

在 MATLAB 的输出结果中，带下画线的文本为超链接。单击超链接可打开相关帮助文档。

由于在启动 MATLAB 之后还未执行过其他命令，因此显示以上帮助提示信息。

单击"快速入门"超链接，即可打开帮助文档，并定位到"MATLAB 快速入门"的相关资源，如图 1-28 所示。

图 1-28 帮助文档（MATLAB 快速入门）

单击"打开帮助浏览器"超链接，即可进入如图 1-27 所示的帮助中心。

接下来，执行 close 命令，然后再次执行 help 命令，此时会显示前一行命令（close）的相关帮助信息，如图 1-29 所示。

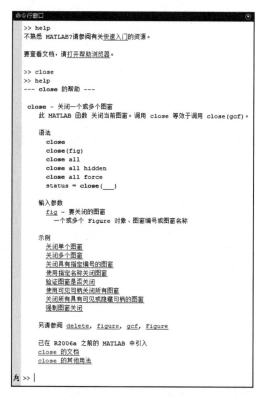

图 1-29 显示帮助信息

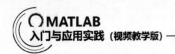
2．help+函数（类）名

如果准确知道所要求助的主题词或指令名称，最简单有效的途径是使用 help 获得在线帮助。在平时使用时，这个命令最有用，能最快、最好地解决用户在使用过程中碰到的问题。其调用格式如下：

```
>> help 函数（类）名
```

例 1-2： 查询 svd 函数的帮助。

解： MATLAB 程序如下：

```
>> help svd
svd - 奇异值分解
    此 MATLAB 函数以降序顺序返回矩阵 A 的奇异值。

    语法
      S = svd(A)
      [U,S,V] = svd(A)
      [_ _ _] = svd(A,"econ")
      [_ _ _] = svd(A,0)
      [_ _ _] = svd(_ _ _,outputForm)

    输入参数
      A - 输入矩阵
        矩阵
      outputForm - 奇异值的输出格式
        "vector" | "matrix"

    输出参数
      U - 左奇异向量
        矩阵
      S - 奇异值
        对角矩阵 | 列向量
      V - 右奇异向量
        矩阵

    示例
      矩阵的奇异值
      奇异值分解
      精简分解
      控制奇异值输出格式
      矩阵的秩、列空间和零空间

    另请参阅 svds, svdsketch, pagesvd, svdappend, rank, orth, null, gsvd

    已在 R2006a 之前的 MATLAB 中引入
    svd 的文档
```

> svd 的其他用法

3．lookfor 函数

如果知道某个函数的函数名但是不知道该函数的具体用法，help 系列函数足以解决这些问题。然而，用户在很多情况下不知道某个函数的确切名称，这时就需要用到 lookfor 函数。lookfor 函数可以根据用户提供的关键字查询搜索到的相关函数。

例 1-3：搜索帮助文本中包含字符串 inverse 的函数。

```
>> lookfor inverse
pageinv                    - Page-wise matrix inverse
pagepinv                   - Page-wise Moore-Penrose pseudoinverse
siGate                     - Inverse S gate
tiGate                     - Inverse T gate
quantumCircuit.inv         - Inverse of quantum circuit or gate
quatinv                    - Calculate inverse of quaternion
...
```

执行 lookfor 命令后，它会对 MATLAB 搜索路径中的每个 M 文件的帮助文档进行扫描，如果在帮助文本中包含所查询的字符串，则输出该函数名和帮助文本的第一行注释。lookfor 命令会搜索路径中的所有 MATLAB 程序文件的帮助文本，以及第三方和用户编写的 MATLAB 程序文件中的帮助文本。

4．其他的帮助命令

MATLAB 中还有许多其他的常用查询帮助命令，例如：

- who：列出当前工作区中变量的名称。
- whos：按字母顺序列出当前活动工作区中的所有变量的名称、大小和类型。
- what：列出指定文件夹的路径以及该文件夹中与 MATLAB 相关的所有文件和文件夹。
- which：显示指定函数或文件的完整路径。
- exist：检查变量、脚本、函数、文件夹或类的存在情况。

1.4.3　联机演示系统

除在使用时查询帮助外，对于 MATLAB 或工具箱的初学者而言，最好的学习方法是查看其联机演示系统。MATLAB 一直重视演示软件的设计，因此无论是 MATLAB 的旧版还是新版，都带有各自的演示程序，并且新版的内容更丰富。

在 MATLAB 的"主页"选项卡的"资源"功能组单击"帮助"下拉按钮，在弹出的下拉菜单中选择"示例"选项，或者直接在 MATLAB 联机"帮助"窗口中单击"示例"选项卡，或者直接在命令行窗口中输入 demos，将进入 MATLAB 帮助系统的主演示页面（如果读者同时安装了 Simulink，则需单击 MATLAB 选项进入该页面），如图 1-30 所示。

单击某个示例选项即可进入具体的演示界面，如图 1-31 所示。

图 1-30　MATLAB 帮助系统的主演示页面

图 1-31　具体演示界面

　　单击"打开实时脚本"按钮，可在实时编辑器中打开该示例，在"实时编辑器"选项卡中单击"运行"按钮▷，即可运行该示例。

1.5　新 手 问 答

问题 1：MATLAB 命令行窗口的作用是什么？

命令行窗口位于 MATLAB 功能区下方，用于输入命令并显示除图形外的所有执行结果，是 MATLAB 的主要交互窗口。MATLAB 既可以运行命令又可以执行程序，在该窗口中可以运行单独的命令或调用程序，相当方便。

问题 2：MATLAB 图形窗口的作用是什么？

MATLAB 图形窗口用于显示和管理由 MATLAB 生成的可视化图像和图表。它支持二维和三维图形展示，可以用来绘制函数图、数据分布、等高线图等多种类型的数据可视化结果，帮助用户分析和解释数据。

问题 3：MAT 文件（.mat）怎么保存？

MATLAB 支持工作区变量的保存，用户可以将工作区所有变量或某些变量以文件的形式保存，以备在需要时再次导入。保存工作区的具体操作可以通过菜单进行，也可以通过命令行窗口进行。

问题 4：如何清空 MATLAB 工作区内的变量？

clear 命令主要用于及时清除工作区的变量，避免上一次的运行结果会对下一次的运行过程产生干扰。

问题 5：如何设置 MATLAB 输入代码的字体？

输入代码时要注意使用英文字体，英文、中文符号混用会导致出现错误、代码无法运行出结果或运行出错误的结果。

1.6　上 机 实 验

【练习 1】演示 MATLAB 2024 软件的基本操作。

1. 目的要求

本练习用于打开 MATLAB 2024 的工作环境界面，使读者初步认识 MATLAB 2024 的主要窗口，并掌握其操作方法。

2. 操作提示

（1）双击 MATLAB 图标。

（2）打开工作区。

（3）设置文件路径。

（4）打开帮助文件。

【练习2】 演示联机帮助。

1. 目的要求

本练习通过观察联机帮助，观看随机自带的演示程序，能更快速地熟悉 MATLAB。

2. 操作提示

（1）打开 MATLAB。
（2）进入帮助系统的主演示页面。
（3）选择演示类别。
（4）观看具体的演示界面。

1.7　思考与练习

（1）下列哪个变量的定义是不合法的（　　）。

A. abcd-3　　　　　　　B. xyz_3　　　　　　　C. abcdef　　　　　　　D. x3yz

（2）逗号的作用是（　　）。

A. 区分行及取消运行显示等　　　　　B. 区分列及函数参数分隔符等

C. 指定运算过程中的优先顺序　　　　D. 矩阵定义的标志

（3）标点符号（　　）可以使命令行窗口不显示运算结果。

A. 分号　　　　　　　B. 逗号　　　　　　　C. 冒号　　　　　　　D. 花括号

（4）当在一行 MATLAB 语句中出现一个（　　）时，从该符号开始到行末的内容将被视为注释。

A. ←　　　　　　　B. Home　　　　　　　C. …　　　　　　　D. %

（5）MATILAB 命令行窗口中的 ">>" 标志为 MATLAB 的_____提示符，鼠标的 "Ⅰ" 标志为_____提示符。

第 2 章　MATLAB 基础知识

本章简要介绍 MATLAB 的基本功能，包括认识基本命令、了解数据类型和简单的计算处理功能。这些基本功能使 MATLAB 可以完成后续功能各异的函数运算，成为世界上最优秀、最受用户欢迎的数学软件。

（知识要点）

- MATLAB 命令的组成
- 数据类型
- 运算符
- 数值运算
- M 文件

2.1　MATLAB 命令的组成

MATLAB 语言的语法特征与 C++语言极为相似，但更加简单，更符合科技人员对数学表达式的书写格式，也更利于非计算机专业的科技人员使用。

MATLAB 的代码由各种数字、字符、符号、函数组成，本节将简要介绍其中的基本符号和功能符号，以及输入命令时常用的键盘操作。

2.1.1　基本符号

在命令行窗口中，命令由系统自动产生的命令输入提示符 ">>" 引导，如图 2-1 所示。

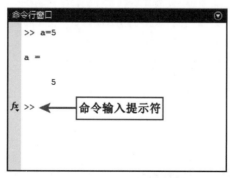

图 2-1　命令行窗口的输入提示符

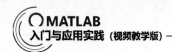

命令输入提示符"＞＞"后显示闪烁的光标"｜"时，表示 MATLAB 当前处于准备就绪状态。如果在提示符后输入一条命令或一段程序后按 Enter 键，MATLAB 将执行命令（或程序），并输出相应的结果，然后另起一行显示一个输入提示符。

 在命令行窗口中输入命令时，输入法必须切换为英文状态。

初学者在命令行窗口中输入命令时，经常会出现以下几种错误。

1）输入中文括号或引号

```
>> eig（）                      % 括号为中文格式
 eig（）
    ↑
文本字符无效。请检查不受支持的符号、不可见的字符或非 ASCII 字符的粘贴。
>> str='Hello'                  % 单引号为中文格式
str='Hello'
    ↑
文本字符无效。请检查不受支持的符号、不可见的字符或非 ASCII 字符的粘贴。
```

2）引用的变量未定义

```
>> clear                        % 从当前工作区中删除所有变量
>> eig(A)                       % 计算 A 的特征值
函数或变量'A'无法识别。
```

3）函数使用格式错误

```
>> A=[1 2 3]                    % 定义变量 A
A =
    1    2    3
>> eig(A)                       % 计算 A 的特征值
错误使用 eig
输入矩阵必须为方阵。
```

以下是输入命令的正确格式示例：

```
>> rng("default")              % 使用默认算法和种子初始化 MATLAB 随机数生成器
>> A=rand(3)                   % 在英文输入状态下定义矩阵 A
A =
    0.8147    0.9134    0.2785
    0.9058    0.6324    0.5469
    0.1270    0.0975    0.9575
>> eig(A)                      % 计算矩阵 A 的特征值
ans =
   -0.1879
    1.7527
    0.8399
```

2.1.2　功能符号

功能符号是指赋予了特殊功能的符号，通常是为了解决命令输入过于烦琐、复杂的问题，例如分号、续行符及变量。

1. 分号

通常情况下，在 MATLAB 命令行窗口中执行命令，系统随即显示计算结果，如下所示：

```
>> A=magic(3)          % 定义 3 阶魔方矩阵
A =                    % 系统随即显示计算结果
     8     1     6
     3     5     7
     4     9     2
>> rank(A)             % 计算矩阵 A 的秩
ans =                  % 显示计算结果
     3
```

如果不希望每一行的运算结果都显示，则可以在不需要显示计算结果的命令最后加上分号(;)，例如，下面的程序只显示矩阵 A 的秩，而不显示 A 的具体内容：

```
>> A=magic(3);         % 不需要显示计算结果
>> rank(A)             % 需要显示计算结果
ans =
     3
```

分号除可以取消输出运行结果外，还可以用于区分矩阵的行。

2. 续行号

如果命令行较长，或出于某种显示需要，要在多行书写命令，可以使用特殊符号 "…" 对命令进行分行，如图 2-2 所示。

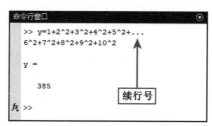

图 2-2　多行输入

其中，3 个或 3 个以上的连续句点表示 "续行"，即表示下一行是上一行的继续。

3. 变量

如果需要解决的问题步骤较多，不便于直接通过数值进行输入，可以引入变量，将表达式的值赋予变量，最后利用变量组成表达式进行计算。

这里要提醒读者，表达式引用变量要在定义之后才可以使用，否则会显示错误信息。

存储变量是用于存储表达式计算结果的变量，可以随时需要，随时定义。例如下面的示例：

```
>> a=14*12                    % 将表达式的计算结果存储为变量 a
a =
    168
>> b=24*13                    % 将表达式的计算结果存储为变量 b
b =
    312
>> c=a+b                      % 使用变量组成表达式
 c =
    480
```

上面的命令中，a、b、c 均为存储变量，命令使用赋值号（=）将表达式的计算结果赋给存储变量。命令执行后，存储变量被保存在 MATLAB 的工作区中，以备后用。

如果程序中用到的变量很多，最好提前声明变量，同时直接赋 0 值或空值进行初始化，并且注释，方便以后区分。

如果在命令行后添加分号，按 Enter 键执行后虽然不显示输出结果，但对应的计算结果仍然会保存在工作区中，如果指定了存储变量，则保存在存储变量中，如果没有指定存储变量，则保存在预定义变量 ans 中。

其他常见的功能符号如表 2-1 所示。

表 2-1　常见的功能符号

标　点	定　义	标　点	定　义
:（冒号）	具有多种功能	.（小数点）	小数点及域访问符
,（逗号）	区分列及函数参数分隔符等	%（百分号）	注释标记
()（圆括号）	指定运算过程中的优先顺序	!（感叹号）	调用操作系统运算
[]（方括号）	矩阵的标志符号	=（等号）	赋值标记
{}（花括号）	用于构成单元数组	''（单引号）	字符数组构造符
@（at 符号）	构造和引用函数句柄等	""（双引号）	字符串构造符

2.1.3　常用的键盘操作

MATLAB 不仅内置了丰富的计算、操作指令，还为一些键盘按键赋予了特殊的功能，熟练掌握这些操作技巧，能极大地提高工作效率。

常见的键盘操作技巧见表 2-2。

表 2-2　常见的键盘操作技巧表

键盘按键	说　明	键盘按键	说　明
↑	调用前一行命令	Home	光标移动到当前命令行的行首
↓	调用当前命令的下一行命令	End	光标移动到当前命令行的行尾
←	光标向前移一个字符	Esc	清除一行
→	光标向后移一个字符	Delete	删除光标处的字符
Ctrl+←	左移一个单词	Backspace	删除光标前的一个字符
Ctrl+→	右移一个单词	Alt+Backspace	删除到行尾

2.2　数 据 类 型

MATLAB 的数据类型主要包括：数字、字符串、向量、矩阵、单元型数据以及结构型数据等。矩阵是 MATLAB 语言中最基本的数据类型，从本质上讲它是数组。向量可以看作只有一行或一列的矩阵（或数组）；数字也可以看作矩阵，即一行一列的矩阵；字符串也可以看作矩阵（或数组），即字符矩阵（或数组）；单元型数据和结构型数据都可以看作以任意形式的数组为元素的多维数组，只不过结构型数据的元素具有属性名。

本书中，在不需要强调向量的特殊性时，向量和矩阵统称为矩阵（或数组）。

2.2.1　变量与常量

1. 变量

变量是任何程序设计语言的基本元素之一，MATLAB 语言也不例外。与常规的程序设计语言不同的是，MATLAB 并不要求事先对所使用的变量进行声明，也不需要指定变量类型，MATLAB 语言会自动依据所赋予变量的值或对变量所进行的操作来识别变量的类型。在赋值过程中，如果赋值变量已存在，则 MATLAB 将使用新值代替旧值，并以新值类型代替旧值类型。在 MATLAB 中，变量的命名应遵循如下规则：

- 变量名必须以字母开头，之后可以是任意的字母、数字或下画线。
- 变量名区分字母的大小写。
- 变量名的最大长度为 namelengthmax 命令返回的值（默认为 63），超出的字符将被忽略。

MATLAB 提供了一个默认的结果变量 ans，用于自动存储没有指定存储变量的表达式的计算结果，直到下一次不带指定存储变量的运算结束。此时 ans 中所存储的值被新的计算结果覆盖。

与其他程序设计语言相同，在 MATLAB 语言中也存在变量作用域的问题。在未加特殊说明的情况下，MATLAB 语言将所识别的一切变量均视为局部变量，即仅在其使用的 M 文件内有效。若要将变量定义为全局变量，则应当对变量进行说明，即在该变量前加关键字 global。建议全局变量均用大写英文字母表示。

2. 常量

MATLAB 语言内置了一些预定义的变量，并指定了特定的值，这些特殊的变量称为常量。

表 2-3 给出了 MATLAB 语言中经常使用的一些常量。

表 2-3　MATLAB 中的常量

变量名称	变量说明	变量名称	变量说明
pi	圆周率	i（j）	复数中的虚数单位
eps	浮点运算的相对精度	realmin	最小正浮点数
Inf	无穷大，如 1/0	realmax	最大正浮点数
NaN	不定值，如 0/0、∞/∞、0*∞		

例 2-1：变量的赋值。

解：在 MATLAB 命令行窗口提示符"≫"后输入计算表达式，然后按 Enter 键执行，MATLAB 程序如下：

```
>> 15*25
ans =
     375
```

上面的程序中，没有指定表达式的存储变量，系统自动将计算结果保存在 MATLAB 内置的预定义变量 ans 中。

```
>> result=15*25            % 将计算结果赋给变量 result
result =
   375
```

在这里要提醒读者的是，变量名应避免与常量名相同，以免改变常量的值。如果已经改变了某个常量的值，可以执行"clear+常量名"命令恢复该常量的默认值。当然，重新启动 MATLAB 也可以恢复常量值。

例 2-2：计算圆的面积。

解：MATLAB 程序如下：

```
>> pi                % 输出常量 pi 的值
ans =
    3.1416
>> r=2;              % 定义变量 r 以表示圆的半径
>> S=pi*r^2          % 计算圆的面积
S =
   12.5664
>> pi=3              % 修改常量 pi 的值
pi =
    3
>> S=pi*r^2          % 再次输入计算圆面积的表达式
S =
   12              % 按照 pi 的值为 3 进行计算
>> clear pi          % 恢复常量 pi 的值
>> pi                % 输出常量 pi 的值
ans =
    3.1416
```

2.2.2 数值

MATLAB 以矩阵为基本运算单元，而构成矩阵的基本单元是数值。为了更好地学习和掌握矩阵的运算，首先简要介绍数值的基本知识。

1．数值类型

数值的类型可分为整型、浮点型和复数类型 3 种。

1）整型

整型数据是不包含小数部分的数值型数据，用字母 I 表示。整型数据只用来表示整数，以二进制形式存储。下面介绍整型数据的分类。

- int8：有符号 8 位整数，值的范围为 $-2^7 \sim 2^7-1$，占用 1 字节。
- int16：有符号 16 位整数，值的范围为 $-2^{15} \sim 2^{15}-1$，占用 2 字节。
- int32：有符号 32 位整数，值的范围为 $-2^{31} \sim 2^{31}-1$，占用 4 字节。
- int64：有符号 64 位整数，值的范围为 $-2^{63} \sim 2^{63}-1$，占用 8 字节。
- uint8：无符号 8 位整数，值的范围为 $0 \sim 2^8-1$，占用 1 字节。
- uint16：无符号 16 位整数，值的范围为 $0 \sim 2^{16}-1$，占用 2 字节。
- uint32：无符号 32 位整数，值的范围为 $0 \sim 2^{32}-1$，占用 4 字节。
- uint64：无符号 64 位整数，值的范围为 $0 \sim 2^{64}-1$，占用 8 字节。

2）浮点型

浮点型数据有两种形式：十进制数形式和指数形式。

（1）十进制数形式

由数码 0～9 和小数点组成，如 0.0、.25、5.789、0.13、5.0、300.、−267.8230。

例 2-3：十进制数值示例。

解： MATLAB 程序如下：

```
>> 1.25              % 输入完整形式
ans =
    1.2500
>> .865              % 小数点前的 0 省略输入
ans =
    0.8650
>> 520.00            % 以小数形式输入整数
ans =
    520
>> 36               % 以整数形式输入
ans =
    36
>> -8.479
ans =
    -8.4790
>> -.0056            % 省略小数点前的 0
ans =
    -0.0056
```

（2）指数形式

在 MATLAB 中，指数由十进制数、阶码标志 e 或 E 以及阶码组成。它的一般形式为：

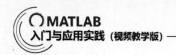

$$aEn$$

其中，a 为十进制数；n 为阶码，是可以带符号的十进制整数。上述形式表示的值为 $a*10^n$。例如，
3.8E6 等于 3.8×10^6，4.2E-3 等于 4.2×10^{-3}，0.6E5 等于 0.6×10^5，−12.2E-3 等于−12.2×10^{-3}。

例 2-4：指数的示例。

解：MATLAB 程序如下：

```
>> 3.8E6
ans =
    3800000
>> 4.2e-3
ans =
    0.0042
>> .6E5
ans =
      60000
>> -12.2e-3
ans =
   -0.0122
```

下面介绍常见的不合法的指数。

- −456：无阶码标志。
- E3：阶码标志 E 之前无十进制数。
- 53.-E3：负号位置不对。
- 2.7E：无阶码。

根据表示的数值范围不同，浮点型可分为两类：单精度型和双精度型。

- single：单精度说明符，占 4 字节（32 位）内存空间，其数值范围为−3.4E38～3.4E38，只能提供 7 位有效数字。
- double：双精度说明符，占 8 字节（64 位）内存空间，其数值范围为−1.79769E308～1.79769E308，可提供 16 位有效数字。默认情况下，MATLAB 以双精度型表示浮点数。

3）复数类型

形如 $a+bi$（a、b 均为实数）的数称为复数，其中 a 称为实部，b 称为虚部，i 称为虚数单位。当虚部等于零时，这个复数可以视为实数；当虚部不等于零、实部等于零时，常称为纯虚数。复数的四则运算如下。

- 加法法则：$(a+bi)+(c+di)=(a+c)+(b+d)i$。
- 减法法则：$(a+bi)-(c+di)=(a-c)+(b-d)i$。
- 乘法法则：$(a+bi)\cdot(c+di)=(ac-bd)+(bc+ad)i$。
- 除法法则：$(a+bi)/(c+di)=[(ac+bd)/(c^2+d^2)]+[(bc-ad)/(c^2+d^2)]i$。

例 2-5：复数的示例。

解：MATLAB 程序如下：

```
>> 1+3i
ans =
   1.0000 + 3.0000i
>> -5+4i
ans =
  -5.0000 + 4.0000i
>> 3i
ans =
   0.0000 + 3.0000i
>> -7i
ans =
   0.0000 - 7.0000i
```

2．计算数值变量

在 MATLAB 下进行简单的数值运算，只需将运算式直接输入提示符（>>）之后，并按 Enter
键即可。如果表达式比较复杂或重复出现的次数较多，一个更好的办法是先定义变量，再由变量表
达式计算得到结果。将数值赋给变量，此时该变量可称为数值变量。

例 2-6：分别计算 $y = \dfrac{\cos(x-1)}{3+\sin x}$ 在 x=1、3、5、7 处的函数值。

解：MATLAB 程序如下：

```
>> x=1:2:7                        % 定义一个 1~7 的线性间隔值向量 x，元素间隔值为 2
x =
    1     3     5     7
>> y= cos(x-1)./(3+sin(x))        % 通过变量输入函数表达式
y =
    0.2603   -0.1325   -0.3202    0.2626
```

3．数值的显示格式

默认情况下，在 MATLAB 中数据的存储与计算都是以双精度进行的，但有多种显示形式。在默
认情况下，若数据为整数，则以整数显示；若数据为实数，则以保留小数点后 4 位的精度近似显示。

如果在实际应用中需要改变数字的显示格式，则可以使用控制数字显示格式的命令 format，
其调用格式见表 2-4。

表 2-4　format 调用格式

调用格式	说　　明
format short	5 位定点表示（默认值）
format long	15 位定点表示
format shortE	5 位浮点表示
format longE	15 位浮点表示
format shortG	在 5 位定点和 5 位浮点中选择最好的格式表示，MATLAB 自动选择
format longG	在 15 位定点和 15 位浮点中选择最好的格式表示，MATLAB 自动选择
format hex	十六进制格式表示
format +	在矩阵中，用符号+、-和空格表示正号、负号和零

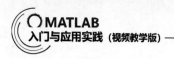
（续表）

调用格式	说　明
format bank	用货币格式表示，小数点后包含 2 位小数
format rational	以有理数形式输出结果
format compact	变量之间没有空行
format loose	变量之间有空行

例 2-7： 控制数字显示格式的示例。

解： MATLAB 程序如下：

```
>> format compact              % 隐藏过多的空白行
>> format long,34.5            % 长固定十进制小数点格式，小数点后包含 15 位数
ans =
  34.500000000000000
>> format short,34.5           % 短固定十进制小数点格式，小数点后包含 4 位数
ans =
  34.5000
>> format shortE,34.5          % 短科学记数法，小数点后包含 4 位数
ans =
  3.4500e+01
>> format hex,8942.46          % 十六进制表示形式
ans =
  40c1773ae147ae14
>> format bank,-234.678        % 货币格式，小数点后包含 2 位数
ans =
      -234.68
>> format loose                % 添加空白行以使输出更易于阅读
>> format rational,34.5        % 以最简分数形式显示

ans =

    69/2

>> format                      % 恢复默认显示格式
```

2.2.3　字符和字符串

字符和字符串运算是各种高级语言必不可少的部分。MATLAB 作为一种高级的数学计算语言，字符串运算功能同样是很丰富的，特别是 MATLAB 增加了自己的符号运算工具箱（Symbolic Toolbox）之后，字符串函数的功能进一步得到增强。而且此时的字符串已不再是简单的字符串运算，而是 MATLAB 符号运算表达式的基本构成单元。

MATLAB 中有两种表示文本数据的方式，分别是字符数组和字符串数组。字符数组是一个字符序列，就像数值数组是一个数字序列一样，可以使用单引号来创建。字符串数组是文本片段的容器，可以使用双引号来创建。MATLAB 为字符串数组提供了一组用于将文本处理为数据的函数，可以对字符串数组进行索引、重构和串联，适合复杂的文本处理任务。

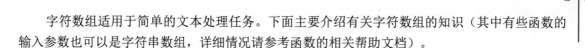

　　字符数组适用于简单的文本处理任务。下面主要介绍有关字符数组的知识（其中有些函数的输入参数也可以是字符串数组，详细情况请参考函数的相关帮助文档）。

1．直接赋值生成字符数组

在 MATLAB 中，字符数组可以使用单引号进行赋值。

```
>> a='中华传统文化博大精深'
a =
    '中华传统文化博大精深'
```

2．由函数 char 来生成字符数组

char 函数可以将其他数据类型的数组转换为字符数组。

```
>> a=char('仁','义','礼','智','信');
>> a'
ans =
    '仁义礼智信'
```

3．字符数组的操作

完成字符数组的定义后，可对该字符数组进行简单的操作。

1）计算字符数组的大小

在 MATLAB 中，可以用函数 size 查看字符数组的维数。

```
>> a=char('这','是','一','本','书');
>> size(a)        % a 是一个 5 行 1 列的字符数组
ans=
     5    1
```

2）显示字符数组的元素

字符串的每个字符（包括空格）都是字符数组的一个元素。通过指定字符数组中某个元素的位置（索引），可以显示该元素。

```
>> b=char('这是','一本','学习','MATLAB 的书')  % 创建一个 4×8 的字符数组，注意其中的
空格
b =
  4×8 char 数组
    '这是      '
    '一本      '
    '学习      '
    'MATLAB 的书'
>> c = b(3,1)                         % 显示字符数组 a 的第 3 行第 1 列的元素
c =
    '学'
```

3）水平串联

使用 strcat 函数可以将几个字符数组或字符串数组水平串联起来。

```
>> x='我';
>> y='正在学习';
```

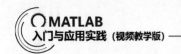

```
>> z='MATLAB 软件。';
>> r=strcat(x,y,z)                % 水平串联 3 个字符数组
r =
    '我正在学习 MATLAB 软件。'
```

4）查找并替换

使用 strrep 函数可以查找并替换字符数组或字符串数组中的文本。

```
>> x='小明去了上海并在上海停留了 5 天';
>> t='上海';
>> y='昆明';
>> z=strrep(x,t,y)                % 将字符数组 x 中出现的所有 t 的文本替换为 y 的文本
z =
    '小明去了昆明并在昆明停留了 5 天'
```

其余常用的对字符数组进行操作的函数见表 2-5。

表 2-5　对字符数组进行操作的函数表

命 令 名	说　　明	命 令 名	说　　明
strvcat	垂直串联字符数组	strtok	寻找字符数组中的记号
strcmp	比较字符数组	upper	小写字符转换为相应的大写字符
strncmp	比较字符数组前 n 个字符	lower	大写字符转换为相应的小写字符
findstr	在其他字符数组中找此字符数组	blanks	创建空白字符数组
strjust	对齐字符数组	deblank	删除字符末尾的空格
strmatch	查找可能匹配的文本	-	-

2.2.4　向量

1. 生成向量

在 MATLAB 中，生成向量有直接输入法、冒号法和利用 MATLAB 函数创建三种常用方法。

1）直接输入法

这是生成向量最直接的方法，就是在命令行窗口中直接输入向量的组成元素。格式要求如下：

● 向量元素应包含在 "[ ]" 中。
● 元素之间用空格、逗号或分号分隔。

提示

用空格和逗号分隔生成行向量，用分号分隔形成列向量。

例 2-8：直接输入法生成向量。

解：MATLAB 程序如下：

```
>> a=[37 28 49 36]              % 用空格分隔元素，生成行向量
a =
    37    28    49    36
```

```
>> b=[37;28;49;36]          % 分号分隔元素，生成列向量
b =
    37
    28
    49
    36
```

2）冒号法

这种方法生成向量的基本格式是 x=first:increment:last，表示创建一个从 first 开始，到 last 结束，数据元素的增量为 increment 的向量。如果增量为 1，可简写为 x=first:last。

例 2-9：创建一个从 10 开始，增量为 5，到 30 结束的向量 *x*。

解：MATLAB 程序如下：

```
>> x=10:5:30
x =
    10    15    20    25    30
```

3）利用 MATLAB 函数创建

（1）利用函数 linspace 创建向量

这种方法调用 linspace 函数创建线性间隔值的向量。与冒号法不同，它通过指定元素个数而非数据元素的增量来创建向量。该函数常用的调用格式如下：

```
linspace(x1,x2,n)
```

该调用格式表示创建一个从 *x*1 开始，到 *x*2 结束，包含 *n* 个元素的向量。

例 2-10：创建一个从 56 开始，到 7 结束，包含 8 个数据元素的向量 *x*。

解：MATLAB 程序如下：

```
>> x=linspace(56,7,8)
x =
    56    49    42    35    28    21    14     7
```

（2）利用函数 logspace 创建一个对数间隔的向量

与 linspace 类似，函数 logspace 也是通过直接定义向量元素个数，而不是数据元素之间的增量来创建向量，不同的是，函数 logspace 创建的向量元素值以对数值间隔。函数 logspace 常用的调用格式有如下几种。

```
y=logspace(a,b)
```

在 10^a 和 10^b 之间生成由 50 个对数间距点组成的行向量 *y*。

```
y=logspace(a,b,n)
```

创建一个从 10^a 开始，到 10^b 结束，包含 *n* 个对数间距点组成的行向量 *y*。

```
y=logspace(a,pi)
```

在 10^a 和 π 之间生成由 50 个对数间距点组成的行向量 *y*。

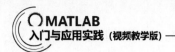

```
y=logspace(a,pi,n)
```

在 10^a 和 π 之间生成 n 个对数间距点组成的行向量 **y**。

例 2-11：生成对数间隔值向量。

解：MATLAB 程序如下：

```
>> a=logspace(3,0,4)      % 创建一个从 1000 开始，到 1 结束，包含 4 个对数间距点的向量 a
a =
        1000         100          10           1
>> b=logspace(1,pi,5)     % 创建一个从 10 开始，到 π 结束，包含 5 个对数间距点的向量 b
b =
  10.0000    7.4866    5.6050    4.1963    3.1416
```

2. 引用向量元素

引用向量元素的方式见表 2-6。

表 2-6　引用向量元素的方式

格　　式	说　　明
x(n)	表示向量中的第 n 个元素
x(n1:n2)	表示向量中的第 $n1$ 至 $n2$ 个元素

例 2-12：引用向量元素的示例。

解：MATLAB 程序如下：

```
>> x=[214 308 520 618 1111]              % 创建向量 x
x =
         214         308         520         618        1111
>> x(3)                                   % 显示第 3 个元素
ans =
   520
>> x(3:5)                                 % 显示向量 x 的第 3 个到第 5 个元素
ans =
         520         618        1111
```

2.2.5　矩阵

MATLAB 最初是为处理矩阵计算而开发的，由此可见它在处理矩阵问题上的优势。本小节主要介绍如何用 MATLAB 进行"矩阵实验"，即如何生成矩阵、如何对已知矩阵进行各种变换等。

1. 生成矩阵

生成矩阵常用的方法有直接输入法、M 文件生成法和文本文件生成法等。

1）直接输入法

顾名思义，这种方法就是在键盘上直接按行的方式输入矩阵元素，尤其适合创建较小的简单矩阵。在用此方法创建矩阵时，应注意以下几点：

- 所有的矩阵元素都必须包含在方括号 "[ ]" 内。
- 同一行的元素之间由个数不限的空格或逗号分隔，行与行之间用分号或 Enter 键分隔。
- 矩阵大小不需要预先定义。
- 矩阵元素可以是运算表达式。
- 如果 "[ ]" 中无元素，则表示空矩阵，"[ ]" 不能省略。

例 2-13：创建每行元素分别为 10、20、30 的 3×3 矩阵。

解：MATLAB 程序如下：

```
>> a=[10 10 10;20 20 20;30 30 30]
a =
    10    10    10
    20    20    20
    30    30    30
```

在输入矩阵时，MATLAB 允许方括号中还有方括号，例如下面的语句是合法的，生成与上例相同的矩阵：

```
>> [[10 10 10];[20 20 20];30 30 30]
```

2）M 文件生成法

在实际应用中，有时矩阵的规模会比较庞大，直接在命令行窗口中输入各个矩阵元素不仅烦琐，而且出错时不易修改。这种情况下，可以先将矩阵元素按格式写入一个文本文件中，并将此文件以.m 为扩展名保存，即 M 文件。

M 文件是一种能在 MATLAB 环境下运行的文本文件。创建完成后，在 MATLAB 命令行窗口中输入 M 文件名并执行，即可执行该 M 文件。

如果 M 文件保存在搜索路径下，直接输入文件名即可调用。如果不在搜索路径下，则需要输入完整的文件路径才可以调用。

例 2-14：编制 2024 年某市中考 556 分及以上的一分一档统计表。

解：在 M 文件编辑器中编写以下内容：

```
% scores.m
% 创建一个 M 文件，用以输入每个分数段的当前人数和累计人数
number=[565 9 46;564 6 52;563 16 68;562 14 82;561 19 101;560 19 120;559 24 144;558
22 166;557 26 192;556 30 222 ]
```

然后，以 scores.m 为文件名将 M 文件保存在搜索路径下。

M 文件中的变量名与文件名不能相同，否则会造成变量名和函数名的混乱。

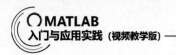

例 2-15：运行 M 文件。

解：在 MATLAB 命令行窗口中输入文件名并执行，得到下面的结果：

```
>> scores
number =
   565     9    46
   564     6    52
   563    16    68
   562    14    82
   561    19   101
   560    19   120
   559    24   144
   558    22   166
   557    26   192
   556    30   222
```

3）文本文件生成法

这种方法与用 M 文件的创建类似，不同的是，这种方法是在 .txt 文件中输入矩阵元素，然后执行文本文件。

例 2-16：用文本文件创建如下矩阵。

```
1  2  1
1  2  4
1  3  8
```

（1）新建记事本，输入以下内容，行之间使用 Enter 键分隔，同一行之间的元素使用空格或制表符分隔：

```
1     2     1
1     2     4
1     3     8
```

（2）以 data.txt 为文件名保存在搜索路径下，然后在 MATLAB 命令行窗口中输入：

```
>> load data.txt       % 加载文本文件，在工作区中创建一个以文本文件命名的变量，变量的值为
文本文件的内容
>> data                % 显示变量的值，即创建的矩阵 data 中的数据
data =
    1     2     1
    1     2     4
    1     3     8
```

4）利用函数创建

用户可以直接用函数来生成某些特定的矩阵，常用的函数有：

● eye(n)：创建 $n \times n$ 的单位矩阵。

● eye(m,n)：创建 $m \times n$ 的单位矩阵。

● eye(size(A))：创建与 A 维数相同的单位矩阵。

● ones(n)：创建 $n \times n$ 的全 1 矩阵。

- ones(m,n)：创建 $m×n$ 的全 1 矩阵。
- ones(size(A))：创建与 **A** 维数相同的全 1 矩阵。
- zeros(m,n)：创建 $m×n$ 的全 0 矩阵。
- zeros(size(A))：创建与 **A** 维数相同的全 0 矩阵。
- rand(n)：在区间[0,1]内创建一个 $n×n$ 均匀分布的随机矩阵。
- rand(m,n)：在区间[0,1]内创建一个 $m×n$ 均匀分布的随机矩阵。
- rand(size(A))：在区间[0,1]内创建一个与 **A** 维数相同的均匀分布的随机矩阵。
- magic(n)：创建 $n×n$ 的魔方矩阵，其元素由 1 到 n^2 的整数组成。
- compan(P)：创建系数向量是 **P** 的多项式的伴随矩阵。
- diag(v)：创建以向量 **v** 中的元素为对角元素的对角阵。
- hilb(n)：创建 $n×n$ 的希尔伯特（Hilbert）矩阵。
- pascal(n)：创建 $n×n$ 的帕斯卡矩阵。

例 2-17：生成特殊矩阵的示例。

解： 在 MATLAB 命令行窗口中输入以下命令：

```
>> A=ones(3)              % 创建 3×3 的全 1 矩阵
A =
    1    1    1
    1    1    1
    1    1    1
>> eye(size(A))           % 创建与 A 维数相同的单位矩阵
ans =
    1    0    0
    0    1    0
    0    0    1
>> zeros(2,3)             % 创建 2×3 的全 0 矩阵
ans =
    0    0    0
    0    0    0
>> rand(2,3)     % 创建 2×3 的随机矩阵（由于是随机的，因此读者生成的矩阵可能会有所不同）
ans =
    0.8003    0.4218    0.7922
    0.1419    0.9157    0.9595
>> diag([2 4 6])          % 创建对角矩阵
ans =
    2    0    0
    0    4    0
    0    0    6
>> hilb(3)                % 创建希尔伯特矩阵
ans =
    1.0000    0.5000    0.3333
    0.5000    0.3333    0.2500
    0.3333    0.2500    0.2000
>> compan([3 4 5])        % 创建伴随矩阵
ans =
   -1.3333   -1.6667
```

```
    1.0000          0
```

2. 修改矩阵元素

创建矩阵后，还可以对其元素进行修改。表 2-7 列出了常用的矩阵元素修改命令。

表 2-7　矩阵元素修改命令

命令格式	说　　明
D=[A;B C]	*A* 为原矩阵，*B*、*C* 中包含要扩充的元素，*D* 为扩充后的矩阵
A(m,:)=[]	删除 *A* 的第 *m* 行
A(:,n)=[]	删除 *A* 的第 *n* 列
A(m,n)=a；A(m,:)=[a,b, ...]；A(:,n)=[a;b; ...]	对 *A* 的第 *m* 行第 *n* 列的元素赋值；对 *A* 的第 *m* 行赋值；对 *A* 的第 *n* 列赋值

例 2-18：修改矩阵元素的示例。

解：在 MATLAB 命令行窗口中输入以下命令：

```
>> A=pascal(4)              % 创建 4×4 的帕斯卡矩阵
A =
     1     1     1     1
     1     2     3     4
     1     3     6    10
     1     4    10    20
>> A(4,:)=[]                % 删除矩阵 A 的第 4 行
A =
     1     1     1     1
     1     2     3     4
     1     3     6    10
>> A(:,3)=[]                % 删除矩阵 A 的第 3 列
A =
     1     1     1
     1     2     4
     1     3    10
>> B=eye(3)                 % 创建 3×3 的单位矩阵
B =
     1     0     0
     0     1     0
     0     0     1
>> C=zeros(3)               % 创建 3×3 的全 0 矩阵
C =
     0     0     0
     0     0     0
     0     0     0
>> D=[A B]                  % 水平串联 A 和 B，注意 A 和 B 的行数需要相等
D =
     1     1     1     1     0     0
     1     2     4     0     1     0
     1     3    10     0     0     1
>> D=[D;B C]       % 水平串联 B 和 C，然后与 D 垂直串联。注意 B、C 列数的和应与 D 的列数相等
```

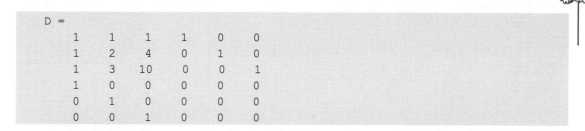

```
D =
     1     1     1     1     0     0
     1     2     4     0     1     0
     1     3    10     0     0     1
     1     0     0     0     0     0
     0     1     0     0     0     0
     0     0     1     0     0     0
```

3．矩阵的变维

对矩阵进行变维有两种常用的方法：冒号（:）法和 reshape 函数法。其中，reshape 函数的常用调用形式为 reshape(***X***,*m*,*n*)，用于将已知二维矩阵 ***X*** 变维成 *m* 行 *n* 列的矩阵。

例 2-19：矩阵变维的示例。

解： 在 MATLAB 命令行窗口中输入以下命令：

```
>> A=linspace(15,48,12)      % 创建包含 12 个元素的线性间隔向量 A
A =
    15    18    21    24    27    30    33    36    39    42    45    48
>> B=reshape(A,[4,3])    % 将 A 重构为 4 行 3 列的矩阵，与 B=reshape(A,4,3)功能相同
B =
    15    27    39
    18    30    42
    21    33    45
    24    36    48
>> C=zeros(2,6);             % 初始化一个 2×6 的全 0 矩阵
>> C(:)=A(:)                 % 使用 ":" 号将矩阵 A 变维成 C 的形状，即 2 行 6 列
C =
    15    21    27    33    39    45
    18    24    30    36    42    48
```

4．矩阵变向

常用的矩阵变向函数见表 2-8。

表 2-8   矩阵变向函数

调用格式	说　明
rot90(A)	将 ***A*** 逆时针方向旋转 90°
rot90(A，k)	将 ***A*** 逆时针方向旋转 k*90°，k 可为正整数或负整数
fliplr(X)	将 ***X*** 左右翻转
flipud(X)	将 ***X*** 上下翻转
flipdim(X，dim)	dim=1 时对行翻转，dim=2 时对列翻转

例 2-20：矩阵变向的示例。

解： MATLAB 程序如下：

```
>> A=magic(3)               % 创建 3×3 的魔方矩阵
A =
     8     1     6
```

```
    3    5    7
    4    9    2
>> rot90(A,-1)                    % 顺时针方向旋转 90°
ans =
    4    3    8
    9    5    1
    2    7    6
>> fliplr(A)                      % 左右翻转列
ans =
    6    1    8
    7    5    3
    2    9    4
>> flipdim(A,1)                   % 上下翻转行
ans =
    4    9    2
    3    5    7
    8    1    6
```

5. 抽取矩阵元素

抽取矩阵元素主要是指抽取对角元素和上（下）三角阵。对角矩阵和三角矩阵的抽取函数见表 2-9。

表 2-9　对角矩阵和三角矩阵的抽取函数

调用格式	说　明
diag(X,k)	抽取矩阵 X 的第 k 条对角线上的元素向量。k 为 0 时即抽取主对角线，k 为正整数时抽取上方第 k 条对角线上的元素，k 为负整数时抽取下方第 k 条对角线上的元素
diag(X)	抽取矩阵 X 主对角线上的元素向量
diag(v,k)	使得向量 v 为所得矩阵第 k 条对角线上的元素
diag(v)	使得向量 v 为所得矩阵主对角线上的元素
tril(X)	提取矩阵 X 的主下三角部分
tril(X，k)	提取矩阵 X 的第 k 条对角线下面的部分（包括第 k 条对角线）
triu(X)	提取矩阵 X 的主上三角部分
triu(X，k)	提取矩阵 X 的第 k 条对角线上面的部分（包括第 k 条对角线）

例 2-21：矩阵抽取的示例。

解：MATLAB 程序如下：

```
>> A=magic(4)                     % 生成 4 阶魔方矩阵
A =
    16     2     3    13
     5    11    10     8
     9     7     6    12
     4    14    15     1
>> v=diag(A)                      % 抽取主对角线元素
v =
    16
    11
```

```
       6
       1
>> v=diag(A,-1)              % 抽取主对角线下方的第一条对角线元素
v =
       5
       7
      15
>> triu(A,2)                 % 抽取第 2 条对角线及其上方的元素，将下三角部分替换为 0
ans =
       0      0      3     13
       0      0      0      8
       0      0      0      0
       0      0      0      0
>> tril(A,1)                 % 抽取第 1 条对角线及其下方的元素，将上三角部分替换为 0
ans =
      16      2      0      0
       5     11     10      0
       9      7      6     12
       4     14     15      1
```

2.2.6　单元型变量

单元型变量是以单元（也称为元胞）为元素的数组，每个元素称为单元，每个单元可以包含其他类型的数组，如实数矩阵、字符串、复数向量。单元型变量通常由"{}"创建，其数据通过数组下标来引用。

1. 创建单元型变量

定义单元型变量有两种方式，一种是用赋值语句直接定义，另一种是由 cell 函数预先分配存储空间，然后对单元元素逐个赋值。

1）赋值语句直接定义

在直接赋值过程中，与在矩阵的定义中使用中括号不同，单元型变量的定义需要使用大括号（花括号），而元素之间由英文逗号隔开。

例 2-22：创建一个 2×2 的单元型数组。

解： MATLAB 程序如下：

```
>> A=[5 8 7 4];              % 首先定义单元型数组中的元素，A 为 4 个元素的行向量
>> B=[2 5;3 9];             % B 为 2×2 的矩阵
>> C='hello';               % C 为字符数组
>> D=6-5i;                  % D 为一个复数
>> E={A,C;B,D}              % 为单元型数组赋值
E =
  2×2 cell 数组
    {[ 5 8 7 4]}    {'hello'              }
  {2×2 double}    {[6.0000 - 5.0000i]}       % 第 2 行第 1 列的元素只显示了其大小和类型
```

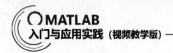

2）对单元的元素逐个赋值

这一方法的操作方式是先预分配单元型变量的存储空间，然后对变量中的元素逐个进行赋值。实现预分配存储空间的函数是 cell。

以下方式可定义一个 1×3 的单元型变量 E：

```
>> E=cell(1,3);            % 通过 cell 函数预定义一个 1×3 的单元型数组
>> E{1,1}=[1:4];           % 依次对该数组的各个元素进行赋值
>> E{1,2}= 'MATLAB';
>> E{1,3}=2024;
>> E
E =
  1×3 cell 数组
   {[1 2 3 4]}    {'MATLAB'}    {[2024]}
```

2．单元型变量的引用

单元型变量的引用应当采用大括号作为下标的标识，而使用小括号作为下标标识符则只显示该元素的压缩形式。

例 2-23：单元型变量的引用示例。

解： MATLAB 程序如下：

```
>> E=cell(1,3);            % 定义一个 1×3 的单元型数组
>> E{1,1}=[2 5;3 9];       % 依次对该数组的各个元素进行赋值
>> E{1,2}=3+2*i;
>> E{1,3}='MATLAB';
>> E{1}                    % 显示第一个元素的内容（该格式是 E{1,1}的省略写法）
ans =
    2    5
    3    9
>> E(1)                    % 只显示第一个元素的描述（该格式是 E(1,1)的省略写法）
ans =
  1×1 cell 数组
    {2×2 double}
```

3．MATLAB 语言中有关单元型变量的函数

MATLAB 中单元型变量的常用函数见表 2-10。

表 2-10 MATLAB 中单元型变量的常用函数表

函 数 名	说 明
cell	生成单元型变量
cellfun	对单元型变量中的元素作用的函数
celldisp	显示单元型变量的内容
cellplot	用图形显示单元型变量的内容
num2cell	将数值转换成单元型变量
deal	输入输出处理
cell2struct	将单元型变量转换成结构型变量

（续表）

函 数 名	说 明
struct2cell	将结构型变量转换成单元型变量
iscell	判断是否为单元型变量
reshape	改变单元数组的结构

例 2-24：判断上例 E 中的元素是否为逻辑变量。

解： MATLAB 程序如下：

```
>> cellfun('islogical',E)    % 注意不要清除变量 E, islogical 用于判断输入是否为逻辑值
ans =
    1×3 logical 数组
     0    0    0              % 3 个元素均非逻辑值
>> cellplot(E)               % 图形显示 E 的内容
```

结果如图 2-3 所示。

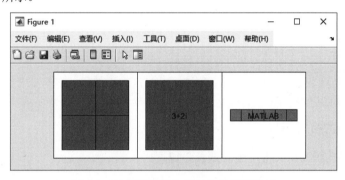

图 2-3　单元型变量内部结构的图形展示

2.2.7　结构型变量

1. 结构型变量的创建和引用

结构型变量是根据属性名（field，也称字段）组织起来的不同数据类型的集合。结构的任何一个属性可以包含不同的数据类型，如字符串、矩阵等。结构型变量用函数 struct 来创建，其调用格式见表 2-11。

结构型变量数据通过属性名来引用。

表 2-11　struct 调用格式

调 用 格 式	说 明
s=struct	创建不包含任何字段的标量（1×1）结构体
s=struct(field,value)	创建具有指定字段和值的结构体数组
s=struct(field1,value1,…,fieldN,valueN)	创建一个包含多个字段的结构体数组
s=struct([])	创建不包含任何字段的空（0×0）结构体
s=struct(obj)	创建包含与 obj 的属性对应的字段名称和值的标量结构体

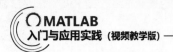

例 2-25：创建一个结构型变量。

解： MATLAB 程序如下：

```
>> a=struct('brand',{'A','B','C','D'},'category',{'cup','fruit','cloth',
'book'})    % 创建结构变量a，其中包含 4 个元素，每个元素包含两个字段（brand、category）
a =
    包含以下字段的 1×4 struct 数组：
    brand
    category
>> a.category                       % 显示每个元素的 category 字段的值
ans =
    'cup'
ans =
    'fruit'
ans =
    'cloth'
ans =
    'book'
>> a(2)                             % 查看第 2 个元素的值
ans =
    包含以下字段的 struct：
        brand: 'B'
     category: 'fruit'
```

2. 结构型变量的相关函数

MATLAB 中结构型变量的常用函数见表 2-12。

表 2-12　结构型变量的常用函数

函 数 名	说　　明
struct	创建结构型变量
fieldnames	得到结构型变量的属性名
getfield	得到结构型变量的属性值
setfield	设定结构型变量的属性值
rmfield	删除结构型变量的属性
isfield	判断是否为结构型变量的属性
isstruct	判断是否为结构型变量

2.3　运　算　符

MATLAB 提供了丰富的运算符，可分为算术运算符、关系运算符和逻辑运算符三种，能满足各种计算应用。在较复杂的运算表达式中，通常会包含多种运算符，计算时需要遵循一定的优先级：算术运算符优先级最高，关系运算符次之，逻辑运算符优先级最低。

2.3.1　算术运算符

算术运算符是用于处理四则运算，完成基本的数学运算的符号，是最简单、最常用的符号。MATLAB 语言的算术运算符见表 2-13。

表 2-13　MATLAB 语言的算术运算符

运 算 符	定 义
+	算术加
−	算术减
*	算术乘
.*	点乘
^	算术乘方
.^	点乘方
\	算术左除
.\	点左除
/	算术右除
./	点右除
'	共轭转置。对于复矩阵，求矩阵的共轭转置
.'	非共轭转置。如果矩阵中包含复数，不会影响虚部符号

其中，点运算是指元素点对点的运算，即数组中相同位置的元素之间的运算，因此点运算要求参与运算的变量在结构上必须是相似的。

这里要提醒读者，在 MATLAB 的除法运算中，对于标量而言，算术右除与传统的除法相同，即 $a/b=a \div b$；而算术左除则与传统的除法相反，即 $a \backslash b = b \div a$。对矩阵而言，算术右除 A/B 相当于求解线性方程 $X*B=A$ 的解；算术左除 $A \backslash B$ 相当于求解线性方程 $A*X=B$ 的解。点左除与点右除是操作数相应位置的元素进行左除和右除。

2.3.2　关系运算符

关系运算符用于判断两个操作数的关系，返回表示二者关系的由逻辑数 0 和 1 组成的矩阵。其中，0 和 1 分别表示指定关系不成立和成立。

MATLAB 语言的关系运算符见表 2-14。

表 2-14　MATLAB 语言的关系运算符

运 算 符	定 义
==	等于
~=	不等于
>	大于
>=	大于或等于
<	小于
<=	小于或等于

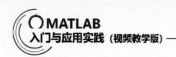

其中，前两种关系运算符的优先级相同，后 4 种关系运算符的优先级也相同，后 4 种关系运算符的优先级高于前两种。关系运算符的优先级高于赋值运算符，低于算术运算符。

2.3.3　逻辑运算符

逻辑运算符用于对表达式的值进行逻辑判断，返回真值或假值。在 MATLAB 语言中，所有非零数值均被认为真值（1），而零为假值（0）。

MATLAB 语言的逻辑运算符见表 2-15。

表 2-15　MATLAB 语言的逻辑运算符

运 算 符	定　　义
&	逻辑与。两个操作数同时为真时，结果为 1，否则为 0
|	逻辑或。两个操作数同时为假时，结果为 0，否则为 1
～	逻辑非。当操作数为真时，结果为 1，否则为 0

其中，单目运算符"～"的优先级最高，"&"和"|"的优先级相同。

2.4　数　值　运　算

MATLAB 具有强大的数值运算功能，它是 MATLAB 软件的基础。自商用的 MATLAB 软件推出之后，它的数值运算功能日趋完善。

2.4.1　矩阵运算

本小节主要介绍矩阵的一些基本运算，如矩阵的四则运算、求矩阵行列式、求矩阵的秩、求矩阵的逆、求矩阵的迹以及求矩阵的条件数与范数等。下面将分别介绍这些运算。

1．矩阵的基本运算

矩阵的基本运算对应算术运算符。需要注意的是，矩阵的加、减、乘、除运算都有维数要求。例如，计算左除 $A\backslash B$ 时，A 的行数要与 B 的行数一致，计算右除 A/B 时，A 的列数要与 B 的列数一致。

例 2-26：矩阵的基本运算示例。

解： MATLAB 程序如下：

```
>> A=[3 8 19;10 3 3;27 19 5];      % A、B 均为 3×3 的矩阵
>> B=[8 13 9;2 8 11;3 9 1];
>> A*B                             % 矩阵的乘
ans =
    97   274   134
    95   181   126
```

```
    269    548    457
>> A.*B                              % 矩阵的点乘
 ans =
    24    104    171
    20     24     33
    81    171      5
>> A.\B                              % 矩阵的左点除
 ans =
    2.6667    1.6250    0.4737
    0.2000    2.6667    3.6667
    0.1111    0.4737    0.2000
>> A.'                               % 矩阵的转置
 ans =
     3    10    27
     8     3    19
    19     3     5
```

2. 基本的矩阵函数

MATLAB 的常用矩阵函数见表 2-16。

表 2-16　MATLAB 的常用矩阵函数

函 数 名	说　明	函 数 名	说　明
cond	矩阵的条件数	diag	创建对角矩阵或获取矩阵的对角元素
condest	1-范数矩阵的条件数估计	expm	矩阵的指数运算
det	矩阵的行列式值	logm	矩阵的对数运算
eig	矩阵的特征值和特征向量	sqrtm	矩阵的开方运算
inv	矩阵的逆	cdf2rdf	复数对角矩阵转换成实数块对角矩阵
norm	矩阵的范数值	rref	转换成逐行递减的阶梯矩阵
normest	矩阵的 2-范数估值	rsf2csf	实数块对角矩阵转换成复数对角矩阵
rank	矩阵的秩	rot90	矩阵逆时针方向旋转 90°
orth	矩阵的正交化运算	fliplr	左、右翻转矩阵
rcond	矩阵的逆条件数的估值	flipud	上、下翻转矩阵
trace	矩阵的迹	reshape	改变矩阵的维数
triu	上三角变换	funm	一般的矩阵函数
tril	下三角变换		

矩阵的条件数在数值分析中是一个重要的概念，在工程计算中也是必不可少的，它用于刻画一个矩阵的"病态"程度。

对于非奇异矩阵 A，其条件数的定义为：

$$\text{cond}(A)_v = \| A^{-1} \|_v \| A \|_v，\text{其中} v = 1, 2, \cdots。$$

它是一个大于或等于 1 的实数，当 A 的条件数相对较大，即 $\text{cond}(A)_v \gg 1$ 时，矩阵 A 是"病态"的，反之是"良态"的。

范数是数值分析中的一个概念，它是向量或矩阵大小的一种度量，在工程运算中有着重要的作用。对于向量 $x \in R^n$，常用的向量范数有以下几种。

- x 的 ∞ -范数：$\|x\|_\infty = \max\limits_{1\le i\le n} |x_i|$。

- x 的 1-范数：$\|x\|_1 = \sum\limits_{i=1}^{n} |x_i|$。

- x 的 2-范数（欧氏范数）：$\|x\|_2 = (x^T x)^{\frac{1}{2}} = \left(\sum\limits_{i=1}^{n} x_i^2\right)^{\frac{1}{2}}$。

- x 的 p -范数：$\|x\|_p = \left(\sum\limits_{i=1}^{n} |x_i|^p\right)^{\frac{1}{p}}$。

对于矩阵 $A \in R^{m\times n}$，常用的矩阵范数有以下几种。

- A 的行范数（∞ -范数）：$\|A\|_\infty = \max\limits_{1\le i\le m} \sum\limits_{j=1}^{n} |a_{ij}|$。

- A 的列范数（1-范数）：$\|A\|_1 = \max\limits_{1\le j\le n} \sum\limits_{i=1}^{m} |a_{ij}|$。

- A 的欧氏范数（2-范数）：$\|A\|_2 = \sqrt{\lambda_{\max}(A^T A)}$，其中 $\lambda_{\max}(A^T A)$ 表示 $A^T A$ 的最大特征值。

- A 的 Forbenius 范数（F-范数）：$\|A\|_F = \left(\sum\limits_{i=1}^{m}\sum\limits_{j=1}^{n} a_{ij}^2\right)^{\frac{1}{2}} = \text{trace}\left(A^T A\right)^{\frac{1}{2}}$。

例 2-27：矩阵函数的示例。

解： MATLAB 程序如下：

```
>> A=pascal(4)          % 创建 4 阶帕斯卡矩阵
A =
    1    1    1    1
    1    2    3    4
    1    3    6   10
    1    4   10   20
>> rank(A)              % 求矩阵的秩
ans =
    4
>> det(A)              % 求矩阵的行列式值
ans =
    1.0000
>> trace(A)            % 求矩阵的迹
ans =
   29
>> norm(A)             % 求矩阵的 2-范数，即最大奇异值
ans =
  26.3047
>> normest(A)          % 求矩阵的 2-范数的估值
ans =
  26.3047
>> cond(A)             % 求矩阵的条件数
ans =
  691.9374
```

3．矩阵分解函数

1）特征值分解

矩阵的特征值分解也需要调用函数 eig，还要在调用时进行一些形式上的变化，其调用格式如下：

```
[V,D]=eig(A)
```

这个函数格式的功能是得到矩阵 **A** 特征值的对角矩阵 **D**，以及列为相应特征值的特征向量矩阵 **V**，于是矩阵的特征值分解后满足 $A \times V = V \times D$。

例 2-28：矩阵特征值分解的示例。

解：MATLAB 程序如下：

```
>> A=[3 8 9;0 3 3;7 9 5];          % 创建一个 3×3 的矩阵
>> [V,D]=eig(A)                    % 对 A 进行特征值分解
V =
-0.6897    -0.5873     0.5909
-0.1860    -0.3101    -0.6653
-0.6998     0.7476     0.4563
D =
14.2898     0          0
0          -4.2323     0
0           0          0.9425      % 读者可以自行输入 A*V 和 V*D，以验证计算结果
```

2）奇异值分解

矩阵的奇异值分解由函数 svd 实现，其调用格式如表 2-17 所示。

表 2-17　svd 函数的调用格式

调 用 格 式	说　明
S=svd(A)	返回矩阵 **A** 的奇异值向量 **S**
[U,S,V]=svd(A)	返回矩阵 **A** 的奇异值分解因子 **U**、**S**、**V**，A=U*S*V′
[__]=svd(A,"econ")	返回 m×n 矩阵 **A** 的"经济型"奇异值分解。若 m>n，则只计算 **U** 的前 n 列，**S** 是一个 n×n 矩阵；若 m=n，则等效于 svd(**A**)；若 m<n，则只计算 **V** 的前 m 列，**S** 是一个 m×m 矩阵
[U,S,V]=svd(A,0)	若 m>n，等效于 svd(**A**,"econ")；否则等效于 svd(**A**)，不建议使用此格式
[__]=svd(___,outputForm)	outputForm 用于指定奇异值的输出格式

例 2-29：矩阵奇异值分解的示例。

解：MATLAB 程序如下：

```
>> A=magic(4);               % 创建一个 4 阶魔方矩阵
>> [U,S,V]=svd(A)            % 对 A 进行奇异值分解
U =
  -0.5000     0.6708     0.5000    -0.2236
  -0.5000    -0.2236    -0.5000    -0.6708
  -0.5000     0.2236    -0.5000     0.6708
```

```
       -0.5000     -0.6708      0.5000      0.2236        % 左奇异向量
S =
   34.0000          0           0           0
        0     17.8885          0           0
        0           0      4.4721          0
        0           0           0      0.0000           % 对角元素是以降序排列的非负奇异值
V =
   -0.5000      0.5000      0.6708     -0.2236
   -0.5000     -0.5000     -0.2236     -0.6708
   -0.5000     -0.5000      0.2236      0.6708
   -0.5000      0.5000     -0.6708      0.2236           % 右奇异向量
>> r=rank(A)                       % 求矩阵 A 的秩，与上面 S 的非零对角元素的个数一致
r =
    3                              % 读者可以自行输入 U*S*V'，以验证计算结果是否等于矩阵 A
```

3）LU 分解

LU 分解由函数 lu 实现，其调用格式见表 2-18 所示。

表 2-18　lu 函数的调用格式

调 用 格 式	说　　明
[L,U]=lu(A)	对矩阵 **A** 进行 LU 分解，其中 **L** 为单位下三角阵或其变换形式，**U** 为上三角阵
[L,U,P]=lu(A)	对矩阵 **A** 进行 LU 分解，其中 **L** 为单位下三角阵，**U** 为上三角阵，**P** 为置换矩阵，满足 **A**=**P'*****L*****U**
[L,U,P]=lu(A,outputForm)	以 outputForm 指定的格式返回 **P**
[L,U,P,Q]=lu(S)	将稀疏矩阵 **S** 分解为一个单位下三角矩阵 **L**、一个上三角矩阵 **U**、一个行置换矩阵 **P** 以及一个列置换矩阵 **Q**，并满足 **P*****S*****Q**=**L*****U**
[L,U,P,Q,D]=lu(S)	返回一个对角缩放矩阵 **D**，并满足 **P***(**D\S**)***Q**=**L*****U**
[_ _]=lu(S,thresh)	thresh 用于指定分解时使用的主元选择策略的阈值
[_ _]=lu(_ _,outputForm)	以 outputForm 指定的格式返回 **P** 和 **Q**

例 2-30：矩阵 LU 分解的示例。

解：MATLAB 程序如下：

```
>> A=magic(4);
>> [L,U] = lu(A)
L =
    1.0000          0           0           0
    0.3125      0.7685      1.0000          0
    0.5625      0.4352      1.0000      1.0000
    0.2500      1.0000          0           0          % 单位下三角阵或其变换形式
U =
   16.0000      2.0000      3.0000     13.0000
        0     13.5000     14.2500     -2.2500
        0           0     -1.8889      5.6667
        0           0           0      0.0000          % 上三角阵，读者可输入 L*U 以验证计算结果
```

4）乔列斯基（Cholesky）分解

使用函数 chol 可对正定矩阵进行乔列斯基分解，该函数的调用格式如表 2-19 所示。

表 2-19　chol 函数的调用格式

调 用 格 式	说　　明
R=chol(A)	将对称正定矩阵 A 分解成满足 $A=R'*R$ 的上三角阵 R。如果 A 是非对称矩阵，则 chol 将矩阵视为对称矩阵，并且只使用 A 的对角线和上三角形阵
R=chol(A,triangle)	triangle 用于指定在计算分解时使用 A 的哪个三角因子。若 triangle 为'lower'，则使用 A 的对角线和下三角部分；若 triangle 为 upper，则使用 A 的对角线和上三角部分
[R,flag]=chol(＿＿)	在上面任一语法格式的基础上，返回指示 A 是否为对称正定矩阵的 flag（若 flag =0，则输入矩阵是对称正定矩阵，否则不是对称正定矩阵）
[R,flag,P]=chol(S)	分解稀疏矩阵 S，返回一个置换矩阵 P，表示获得的稀疏矩阵 S 的预先排序。如果 flag=0，则 S 是对称正定矩阵，R 是满足 $R'*R=P'*S*P$ 的上三角矩阵
[R,flag,P]=chol(＿＿, outputForm)	使用上述语法中的任何输入参数组合，outputForm 用于指定返回置换信息 P 的形式：'matrix'（矩阵）或'vector'（向量）

例 2-31：矩阵乔列斯基分解的示例。

解： MATLAB 程序如下：

```
>> A = pascal(5)              % 创建 5 阶帕斯卡矩阵
A =
    1    1    1    1    1
    1    2    3    4    5
    1    3    6   10   15
    1    4   10   20   35
    1    5   15   35   70
>> [R,flag]=chol(A)
R =
    1    1    1    1    1
    0    1    2    3    4
    0    0    1    3    6
    0    0    0    1    4
    0    0    0    0    1      % 乔列斯基分解因子 R，是上三角阵
flag =
    0                          % 对称正定标志
>> isequal(A,R'*R)
ans =
  logical
    1                          % R'*R=A，这种分解是唯一存在的
```

5）QR 分解

QR 分解由函数 qr 实现，其调用格式如表 2-20 所示。

表 2-20　qr 函数的调用格式

调用格式	说　明
R=qr(A,0)	返回 QR 分解 $A=Q*R$ 的上三角阵 R，R 为 $A^{\mathrm{T}}A$ 的乔列斯基分解因子，即满足 $R^{\mathrm{T}}R=A^{\mathrm{T}}A$
[Q,R]=qr(A)	返回正交矩阵 Q 和上三角阵 R，Q 和 R 满足 $A=Q*R$；若 A 为 $m×n$ 矩阵，则 Q 为 $m×m$ 矩阵，R 为 $m×n$ 矩阵
[Q,R,P]=qr(A)	返回的 P 为置换矩阵，满足 $A*P=Q*R$，并使得 R 的对角线元素按绝对值大小降序排列
[_ _]=qr(A,"econ")	使用上述任意输出参数组合进行矩阵 A 的"经济型"分解。输出取决于 $m×n$ 矩阵 A 的大小：若 $m>n$，则仅返回 Q 的前 n 列和 R 的前 n 行；否则，返回与常规分解相同
[Q,R,P]=qr(A,outputForm)	outputForm 用于指定置换信息 P 是以矩阵（"matrix"，默认值）还是向量（"vector"）形式返回
[_ _]=qr(A,0)	等效于 qr(A,"econ","vector")，不建议使用此格式
[C,R]=qr(S,B)	计算 $C=Q'*B$ 和上三角阵 R。该格式可计算稀疏线性系统 $S*X=B$ 和 $X=R\backslash C$ 的最小二乘解
[C,R,P]=qr(S,B)	还返回置换矩阵 P，选择该矩阵是为了减少 R 中的填充。可以使用 C、R 和 P 计算稀疏线性系统 $S*X=B$ 和 $X=P*(R\backslash C)$ 的最小二乘解
[_ _]=qr(S,B,"econ")	对矩阵 S 进行"经济型"分解。输出的大小取决于 $m×n$ 稀疏矩阵 S 的大小：若 $m>n$，则仅计算 C 和 R 的前 n 行；否则，返回与常规分解相同
[C,R,P]=qr(S,B,outputForm)	outputForm 用于指定置换信息 P 是以矩阵还是向量形式返回。若 outputForm 为 "vector"，则 $S*X=B$ 的最小二乘解是 $X(P,:)=R\backslash C$；若 outputForm 为"matrix"（默认值），则 $S*X=B$ 的最小二乘解是 $X=P*(R\backslash C)$
[_ _]=qr(S,B,0)	等效于 qr(S,B,"econ","vector")，不建议使用此格式

例 2-32：矩阵 QR 分解的示例。

解： MATLAB 程序如下：

```
>> rng("default")        % 使用默认算法和种子初始化 MATLAB 随机数生成器
>> A=rand(4);            % 创建 4 行 4 列随机矩阵 A
>> [Q,R]=qr(A)          % 对矩阵 A 进行 QR 分解，并返回正交矩阵 Q 和上三角阵 R
Q =
  -0.5332    0.4892    0.6519    0.2267
  -0.5928   -0.7162    0.1668   -0.3284
  -0.0831    0.4507   -0.0991   -0.8833
  -0.5978    0.2112   -0.7331    0.2462
R =
  -1.5279   -0.7451   -1.6759   -0.9494
        0    0.4805    0.0534    0.5113
        0         0    0.0580    0.5216
        0         0         0   -0.6143     % 读者可输入 Q*R 以验证计算结果
```

6）舒尔（Schur）分解

舒尔分解在半定规划、自动化等领域有着重要而广泛的应用，在 MATLAB 中，舒尔分解由函数 schur 实现。常用的调用格式有以下几种。

● 函数调用格式 1：

```
T=schur(A)
```

这个函数格式的功能是产生舒尔矩阵 **T**，即 **T** 是主对角线元素为特征值的三角阵。

● 函数调用格式 2：

```
T=schur(A,flag)
```

这个函数格式的功能是：若 **A** 有复特征根，则 flag='complex'，否则 flag='real'。

● 函数调用格式 3：

```
[U,T]=schur(A,...)
```

这个函数格式的功能是返回酉矩阵 **U** 和舒尔矩阵 **T**，满足 **A=U*T*U′**。

例 2-33：矩阵的舒尔分解示例。

解：MATLAB 程序如下：

```
>> A=pascal(4);                % 创建 4 阶帕斯卡矩阵 A
>> [U,T]=schur(A)              % 对矩阵 A 进行舒尔分解
U =
    0.3087   -0.7873    0.5304    0.0602
   -0.7231    0.1632    0.6403    0.2012
    0.5946    0.5321    0.3918    0.4581
   -0.1684   -0.2654   -0.3939    0.8638
T =
    0.0380         0         0         0
         0    0.4538         0         0
         0         0    2.2034         0
         0         0         0   26.3047        % 对角线元素为特征值
>> e=eig(A)                    % 计算方阵 A 的特征值，以验证计算结果
e =
    0.0380
    0.4538
    2.2034
   26.3047
```

例 2-34：求矩阵 $\begin{bmatrix} 1 & 2 & 3 \\ 2 & 3 & 1 \\ 1 & 3 & 0 \end{bmatrix}$ 的复舒尔分解。

解：方法一：

```
>> A=[1 2 3;2 3 1;1 3 0];
>> [U,T]=schur(A,'complex')
U =
   0.5965 + 0.0000i   0.0236 - 0.7315i  -0.3251 + 0.0532i
   0.6552 + 0.0000i  -0.2483 + 0.4056i   0.1803 - 0.5586i
```

```
    0.4635 + 0.0000i    0.3206 + 0.3681i    0.1636 + 0.7212i
T =
    5.5281 + 0.0000i   -0.2897 + 1.0108i    0.4493 - 0.6519i
    0.0000 + 0.0000i   -0.7640 + 0.9292i   -1.6774 + 0.0000i
    0.0000 + 0.0000i    0.0000 + 0.0000i   -0.7640 - 0.9292i
```

方法二：

```
>> [U,T]=schur(A)              % 求实矩阵 A 的舒尔分解，返回酉矩阵 U 和舒尔矩阵 T
U =
    0.5965   -0.8005   -0.0582
    0.6552    0.4438    0.6113
    0.4635    0.4028   -0.7893
T =
    5.5281    1.1062    0.7134
         0   -0.7640    2.0905
         0   -0.4130   -0.7640
>> [U,T]=rsf2csf(U,T)          % 利用函数将实数形式的 U、T 转换为复矩阵
U =
    0.5965 + 0.0000i    0.0236 - 0.7315i   -0.3251 + 0.0532i
    0.6552 + 0.0000i   -0.2483 + 0.4056i    0.1803 - 0.5586i
    0.4635 + 0.0000i    0.3206 + 0.3681i    0.1636 + 0.7212i
T =
    5.5281 + 0.0000i   -0.2897 + 1.0108i    0.4493 - 0.6519i
    0.0000 + 0.0000i   -0.7640 + 0.9292i   -1.6774 + 0.0000i
    0.0000 + 0.0000i    0.0000 + 0.0000i   -0.7640 - 0.9292i
```

2.4.2　向量运算

向量可以看作一种特殊的矩阵，因此矩阵的运算对向量同样适用。除此之外，向量还是矢量运算的基础，所以还有一些特殊的运算，主要包括向量的点积、叉积和混合积。

1. 向量的四则运算

向量的四则运算与一般数值的四则运算相同，相当于将向量中的元素拆开，分别进行四则运算，最后将运算结果重新组合成向量。

（1）对向量进行定义、赋值。

```
>> a=2:7                       % 冒号法对向量赋值
a =
     2     3     4     5     6     7
>> b=logspace(0,5,6)           % 函数法对向量赋值
b =
         1        10       100      1000     10000    100000
```

（2）对向量进行加法运算。

```
>> a+b
ans =
```

| 3 | 13 | 104 | 1005 | 10006 | 100007 |

（3）对向量进行减法运算。

```
>> b-a
ans =
      -1        7       96      995     9994    99993
```

（4）对向量进行乘法运算。

```
>> a.*b                  % 对应的向量元素相乘
ans =
       2       30      400     5000    60000   700000
```

（5）对向量进行除法运算。

```
>> b/2
ans =
  1.0e+04 *
   0.0001   0.0005   0.0050   0.0500   0.5000   5.0000
```

（6）对向量进行简单四则运算。

```
>> a+b-a.*b
ans =
       1      -17     -296    -3995   -49994  -599993
```

2. 向量的点积运算

在数学中，点积（也称为数量积、点乘）是接受在实数 R 上的两个向量并返回一个实数值标量的二元运算，它是欧几里得空间的标准内积。MATLAB 提供了直接计算点积的函数 dot，其调用格式见表 2-21。也可以利用 sum(a.*b) 得到向量 a、b 的点积。

表 2-21　dot 函数的调用格式

调用格式	说　明
c=dot(a,b)	返回向量 a 和 b 的点积。需要说明的是，a 和 b 必须长度相同。另外，当 a、b 都是列向量时，dot(a,b) 等同于 $a'*b$
c=dot(a,b,dim)	返回向量 a 和 b 在 dim 维度上的点积

例 2-35：向量的点积运算示例。

解：MATLAB 程序如下：

```
>> a=[6 9 8 3 4];        % 创建两个向量
>> b=[2 8 7 0 5];
>> s=sum(a.*b)           % 使用 sum 函数求向量 a、b 的点积
s =
   160
>> c=dot(a,b)            % 使用 dot 函数求向量 a、b 的点积
c =
    160
```

3. 向量的叉积运算

叉积也称为向量积或外积，是一种在向量空间中对两个向量进行的二元运算，运算结果是一个伪向量而不是一个标量，并且与参与运算的两个向量都垂直。MATLAB 使用函数 cross 计算向量的叉积，其调用格式见表 2-22。

表 2-22　cross 函数的调用格式

调用格式	说　　明
c=cross(a,b)	返回向量 *a* 和 *b* 的叉积。需要说明的是，*a* 和 *b* 必须是长度为 3 的向量
c=cross(a,b,dim)	返回向量 *a* 和 *b* 在 dim 维的叉积。需要说明的是，*a* 和 *b* 必须有相同的维数，size(a,dim) 和 size(b,dim) 的结果必须为 3

例 2-36：向量的叉积运算示例。

解： MATLAB 程序如下：

```
>> A=[6 9 8 3 4];        % 创建长度为 5 的向量 A
>> B=[2 8 7 0 5];        % 创建长度为 5 的向量 B
>> C=cross(A,B)          % 求向量的叉积
错误使用 cross
在获取交叉乘积的维度中，A 和 B 的长度必须为 3。
>> A=[6 9 8];
>> B=[2 8 7];
>> C=cross(A,B)          % 求向量的叉积
C =
    -1   -26    30
```

4. 向量的混合积运算

混合积又称三重积，是三个向量中的一个和另两个向量的叉积相乘得到的点积。在 MATLAB 中，向量的混合积运算可由函数 dot 和 cross 共同实现。

例 2-37：向量的混合积运算示例。

解： MATLAB 程序如下：

```
>> a=[6 9 8];
>> b=[2 8 7];
>> c=[4 3 5];
>> d=dot(a,cross(b,c))
d =
     68
```

2.5　M 文件

MATLAB 作为一种高级计算机语言，不仅可以使用人机交互式的命令行方式工作，还可以像其他计算机高级语言一样编写程序。M 文件是以.m 作为文件扩展名，使用 MATLAB 语言编写的

程序代码文件，可以通过任何文本编辑器或字处理器创建或编辑。MATLAB 提供了 M 文件编辑器，可以便捷、高效地编写或编辑 M 文件。M 文件可以分为两种类型：一种是函数式文件（Function）；另一种是命令式文件，也称为脚本文件（Script）。

在"主页"选项卡单击"新建脚本"按钮，或在命令行窗口中执行 edit 命令，即可打开如图 2-4 所示的 MATLAB 脚本编辑器，在编辑器中即可编写程序。

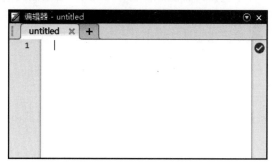

图 2-4　脚本编辑器

例 2-38：生成矩阵。

解： 在命令行窗口中执行 edit 命令，打开如图 2-4 所示的 MATLAB 脚本编辑器，输入下面的简单程序以创建一个函数文件：

```
function f=Mdemo
% 该文件演示 M 文件的用法
% 该文件的功能是创建一个 4 阶 Hilbert 矩阵
for i=1:4
    for j=1:4
        a(i,j)=1/(i+j-1);          % 利用 for 循环创建 Hilbert 矩阵
    end
end
a
```

单击"编辑器"选项卡中的"保存"按钮，或直接按 **Ctrl+S** 键，在弹出的"选择要另存的文件"对话框中，使用默认的文件名 Mdemo.m 和保存类型，将文件保存在搜索路径下。

对于函数式文件，文件名必须与函数名相同。如果 M 文件没有保存在搜索路径下，在运行 M 文件之前，应将 M 文件所在目录设置为当前工作目录。

在 MATLAB 命令行窗口中输入 M 文件名称并运行，即可得到创建的矩阵。

```
>> Mdemo
a =
    1.0000    0.5000    0.3333    0.2500
    0.5000    0.3333    0.2500    0.2000
    0.3333    0.2500    0.2000    0.1667
    0.2500    0.2000    0.1667    0.1429
```

2.5.1 命令式文件

命令式文件是指由实现某项功能的一串 MATLAB 命令组成的 M 文件。命令式文件不仅能操作工作区内已存在的变量，并且能将创建的变量及运行结果保存在 MATLAB 工作区。此外，命令式文件执行后的结果既可以显示输出，又能够使用 MATLAB 的绘图函数输出图形。

由于命令式文件的运行相当于在命令行窗口中逐行输入并运行，因此用户在编制此类文件时，只需要把要执行的命令按行编辑到指定的文件中，且变量不需要预先定义，也不存在文件名的对应问题。

例 2-39：建立命令式文件。

解：在 MATLAB 命令行窗口中执行 edit 命令调出 M 文件编辑器，然后在 M 文件编辑器中输入以下内容：

```
% 这是一个演示文件
% 绘制两个三角函数（正弦函数和余弦函数）的曲线
x=[0:0.1:2*pi];
y1=sin(x);
y2=cos(x);
plot(x,y1,x,y2)
```

将 M 文件以文件名 exam_1.m 保存在搜索路径下，然后在 MATLAB 命令行窗口中输入文件名称：

```
>> exam_1
```

按 Enter 键即可得到如图 2-5 所示的图形，这就是上述 M 文件的输出结果。

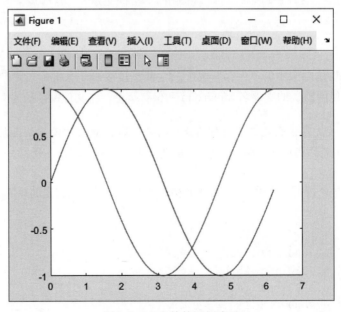

图 2-5　M 文件的运行演示

提示

在运行函数之前，一定要把函数文件所在的目录添加到 MATLAB 的搜索路径中，或者将函数文件所在的目录设置成当前目录。

"%" 后面的内容为注释内容，函数运行时，这部分内容不执行，但可以使用 help 命令查询。

文件的扩展名必须是.m。

为保持程序的可读性，应该建立良好的书写风格。

help 命令运行后，所显示的是 M 文件的注释语句的第一个连续块。被空行隔离的其他注释语句将被 MATLAB 的 help 帮助系统忽略。

lookfor 命令运行后，显示出函数文件的第一注释行，所以，用户编制程序时，应在第一行尽可能多地包含函数的特征信息。

在 MATLAB 命令行窗口中输入：

```
>> help exam_1
```

即可输出文件 exam_1.m 的注释行的内容，如下所示：

```
这是一个演示文件
绘制两个三角函数（正弦函数和余弦函数）的曲线
```

例 2-40：执行计算演示。

解： 在 MATLAB 命令行窗口中输入 edit 调出 M 文件编辑器，然后在文件编辑器中输入以下内容：

```
% 这是一个演示文件
% 不绘制函数图形，而是计算函数表达式 sin(x.^2)在 x=5 处的值
x=5;
y=sin(x.^2)
```

以文件名 exam_2.m 保存在搜索路径下。

在 MATLAB 命令行窗口中输入 exam_2，按 Enter 键即可得到文件的输出结果如下：

```
>> exam_2
y =
    -0.1324
```

2.5.2　函数式文件

函数通常是指已设计好的、完成某种特定的运算或实现某种特定功能的子程序。MATLAB 函数或函数文件是 MATLAB 语言中最重要的组成部分，MATLAB 提供的各种各样的工具箱几乎都是以函数形式给出的。这些函数在使用时是作为命令来对待的，所以函数有时又称为函数命令。

MATLAB 中的函数即函数文件，是 M 文件的主要形式。函数是能够接受输入参数并返回输出参数的 M 文件。在 MATLAB 中，函数名和 M 文件名必须相同。

值得注意的是，命令式 M 文件在运行过程中可以调用 MATLAB 工作域内的所有数据，并且所产生的所有变量均为全局变量。也就是说，这些变量一旦生成，就一直保存在内存空间中，直到

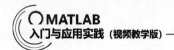

用户执行命令 clear 或 quit 时为止。而在函数式文件中的变量除特殊声明外，均为局部变量。

函数式文件的标志为文件内容的第一行为 function 语句。函数式文件可以有返回值，也可以只执行操作而无返回值，大多数函数式文件有返回值。函数式文件在 MATLAB 中应用十分广泛，MATLAB 所提供的绝大多数功能都是由函数式文件实现的，这足以说明函数式文件的重要性。函数式文件执行之后，只保留最后的结果，而不保留任何中间过程，所定义的变量也只在函数的内部起作用，并随着变量调用的结束而被清除。

例 2-41：求两个数或矩阵之和。

解：（1）创建函数文件 sum_ab.m：

```
function c=sum_ab
% 此函数用来求两个数或矩阵之和
a=input('请输入 a\n');
b=input('请输入 b\n');
[ma,na]=size(a);
[mb,nb]=size(b);
if ma~=mb|na~=nb
    error('a 与 b 维数不一致！');          % 如果矩阵维数不同，则返回错误提示
else
    c=a+b;
end
```

（2）调用函数：

```
>> c=sum_ab
请输入 a
[4 5;3 4]                    % 用户通过键盘输入
请输入 b
[1 2;2 3]                    % 用户通过键盘输入
c =
     5     7
     5     7                 % 返回求和结果
```

2.6 操作实例——判断矩阵可否对角化

矩阵对角化在实际应用中可以大大简化矩阵的各种运算。对于矩阵 $A \in \mathbb{C}^{n \times n}$，所谓的矩阵对角化，就是找一个非奇异矩阵 P，使得

$$P^{-1}AP = \begin{bmatrix} \lambda_1 & & \\ & \ddots & \\ & & \lambda_n \end{bmatrix}$$

其中，$\lambda_1, \cdots, \lambda_n$ 为 A 的 n 个特征值。

下面的三个定理给出了矩阵对角化的条件。

定理 1：n 阶矩阵 A 可对角化的充要条件是 A 有 n 个线性无关的特征向量。

定理 2：矩阵 A 可对角化的充要条件是 A 的每个特征值的几何重复度等于代数重复度。

定理 3：实对称矩阵 A 总可以对角化，且存在正交矩阵 P 使得

$$P^{\mathrm{T}}AP = \begin{bmatrix} \lambda_1 & & \\ & \ddots & \\ & & \lambda_n \end{bmatrix}$$

其中，$\lambda_1,\cdots,\lambda_n$ 为 A 的 n 个特征值。

并非每个矩阵都是可以对角化的，本实例根据上面的定理 1 编写一个判断矩阵是否可以对角化的函数，然后对给定的矩阵 $A = \begin{bmatrix} 1 & 2 & 0 & -4 \\ 5 & 0 & 7 & 0 \\ 2 & 3 & 1 & 0 \\ 0 & 1 & 1 & -1 \end{bmatrix}$ 进行判断。

操作步骤如下：

步骤 01　创建一个 M 文件编写判断程序（misdiag.m）。

```
function y=misdiag(A)
%该函数用来判断矩阵 A 是否可以对角化
%若返回值为 1，则说明 A 可以对角化，若返回值为 0，则说明 A 不可以对角化

[m,n]=size(A);                    % 求矩阵 A 的阶数
if m~=n                          %  若 A 不是方阵，则肯定不能对角化
    y=0;
    message = '输入的矩阵不能对角化';
    disp(message);               % 输出判断结果的信息
    return;
else
    [V,D]=eig(A);                % 计算矩阵的特征值和特征向量
    if rank(V)==n                % 判断 A 的特征向量是否线性无关
        y=1;
        message = '输入的矩阵能够对角化';
    else
        y=0;
        message = '输入的矩阵不能对角化';
    end
    disp(message);               % 输出判断结果的信息
end
```

步骤 02　在命令行窗口中输入函数名之后的结果：

```
>> A=[1 2 0 -4;5 0 7 0;2 3 1 0;0 1 1 -1];        % 输入 4 阶方阵 A
>> y=misdiag(A)                  % 使用自定义函数 misdiag 判断矩阵 A 是否可以对角化
输入的矩阵能够对角化
y =
```

1

由此可知给定的矩阵可以对角化。

2.7 新手问答

问题 1：根据作用域不同，MATLAB 中的变量类型有哪些？

MATLAB 中的变量有 3 种类型，具体如下。

（1）局部变量：MATLAB 中的每一个函数都有自己的局部变量，这些变量存储在该函数独立的工作区中，与其他函数的变量及主工作区中的变量分开存储。当该函数调用结束后，这些变量随之被删除，不会保存在内存中。

（2）全局变量：全局变量在定义该变量的全部工作区中有效。当在一个工作区内改变该变量的值时，该变量在其余工作区内的值也将改变。

（3）持久变量：持久变量用 persistent 声明，只能在 M 文件函数中定义和说明，只允许声明它的函数存取。当声明它的函数退出时，MATLAB 不会从内存中清除它。

问题 2：MATLAB 输入代码有哪些注意事项？

输入代码时，建议将输入法切换到英文状态下，以免出现一些拼写错误等不规范问题。

建议书写代码时养成添加注释的好习惯，使代码清晰易懂，在便于代码的检查与维护。

强烈建议准备一个专用文档，用于存储一些比较常用的字符写法，这样会使代码书写提高一个层次，也可以增强代码的易读性。

问题 3：如何输入多行程序？

如果希望输入多行程序，则需要在行尾使用 Shift+Enter 组合键来换行。

问题 4：如何保存工作区中的变量？

在工作区窗口中，右击需要保存的变量名，在弹出的快捷菜单中选择"另存为"命令，将该变量保存为 MAT 文件。

问题 5：M 文件保存的命名规则有哪些？

- 文件名命名要用英文字符，第一个字符不能是数字或下画线。
- 文件名不要取为 MATLAB 的一个固有函数，M 文件的命名尽量不要是简单的英文单词，最好是由大小写英文、数字、下画线等组成的。原因是简单的单词命名容易与 MATLAB 内部函数名同名，结果会出现一些莫名其妙的错误。
- 文件存储路径一定要使用英文。
- M 文件起名不能有空格，如 three phase，应该写成 three_phase 或 ThreePhase。
- 不可以使用纯数字对文件进行命名，比如 1.m，否则文件无法运行。
- 文件名中不能出现中文。

- 不能用类似 m1.1.m 的形式来命名，文件名只能使用字母、数字和下画线。
- 文件名最多只能有 63 个字符。

问题 6：快速添加与取消注释有哪些方法？

- 在 M 文件中使用快捷键可快速添加与取消注释。
- 按 Ctrl+R 组合键，可注释光标所在的代码行或选中的代码行。
- 按 Ctrl+T 组合键，可取消注释光标所在的代码行或选中的代码行。

问题 7：矩阵运算有哪些常见错误？

进行运算的两个矩阵的维数必须满足一定的条件，否则由于某些运算符两边的运算对象维数不匹配，容易出错。

2.8　上机实验

【练习 1】求解区间数值。

1．目的要求

本练习设计的程序是创建一个从 10 开始，到 211 结束，包含 4 个数据元素的向量 *x*。本练习的目的是通过上机实验帮助读者掌握向量的创建方法。

2．操作提示

使用线性等分函数 linspace 直接得到结果。

【练习 2】用文本文件中的正弦数据创建矩阵。

1．目的要求

本练习设计的程序用于导入记录正弦数据的文本文件中的数据。本练习的目的是通过上机实验帮助读者掌握数据的导入方法。

2．操作提示

（1）创建文本文件 data.txt，输入正弦数据，并将该文件保存在系统默认目录下。
（2）使用 load 函数将 data.txt 导入命令行窗口中。

【练习 3】定义变量。

1．目的要求

本练习设计的程序用于确定变量 *X* 的值。本练习的目的是通过上机实验帮助读者掌握常用的操作命令。

2. 操作提示

（1）对变量 *X* 赋值。

（2）清除变量的值。

（3）重新对变量进行赋值。

【练习4】变换基本矩阵。

1. 目的要求

本练习设计的程序是对 5 阶全 1 矩阵进行元素赋值变换并求解其稀疏矩阵与伴随矩阵。本练习的目的是通过上机实验帮助读者掌握矩阵的创建方法。

2. 操作提示

（1）创建 5 阶全 1 矩阵。

（2）对第 1 行 3 列、2 行 4 列、1 行 5 列赋值 5。

（3）对第 2 行 3 列、2 行 5 列、3 行 5 列赋值 6。

（4）利用函数 sparse 求稀疏矩阵。

（5）利用函数 compan 求伴随矩阵。

2.9　思考与练习

（1）MATLAB 表达式 22*33^3 的结果是（　　）。

A. 12800　　　　　　　　　　B. 790614

C. 262144　　　　　　　　　　D. 1256

（2）已知 a=0:2:6，b=2:5，下面的运算表达式中，错误的选项是（　　）。

A. a'*b　　　　　　　　　　　B. a.*b

C. a*b　　　　　　　　　　　 D. a-b

（3）下列哪条指令是求矩阵的行列式的值（　　）。

A. inv v　　　　　　　　　　　B. diag

C. det　　　　　　　　　　　　D. linspace

（4）角度 x=[30 45 60]，计算其正弦函数的运算为（　　）。

A. sin(x)　　　　　　　　　　　B. SIN(x)

C. SIN（deg2rad(x)）　　　　　　D. sin（deg2rad(x)）

（5）在循环结构中跳出循环，执行循环后面代码的命令为（　　）。

A. return　　　　　　　　　　　B. break

C. continue   D. keyboard

（6）MATLAB 表达式 norm(magic(2))的结果是（   ）。

A. 5.1167   B. 6.8852

C. 3.2256   D. 1.3698

（7）验证除法结果和除数的乘积是否与被除数相同。

（8）计算随机矩阵的逆矩阵。

第 3 章　程序设计基础

MATLAB 提供的特有的函数功能可以解决许多复杂的科学计算、工程设计问题，但在很多情况下，利用函数无法解决复杂问题，或者解决方法过于烦琐，因此需要编写专门的程序来解决。本章以 M 文件为基础，详细介绍程序的基本编写流程。

知识要点

- MATLAB 程序设计
- 函数句柄
- 函数变量及其作用域
- 子函数与私有函数
- 程序设计的辅助函数
- 文件调用记录

3.1　MATLAB 程序设计

程序设计是以 M 文件为基础的，同时要想编好 M 文件，就必须学好 MATLAB 程序设计。本节着重介绍 MATLAB 中的程序结构及相应的流程控制。

3.1.1　表达式、表达式语句与赋值语句

在 MATLAB 程序中，广泛使用表达式与赋值语句。

1. 表达式

对于 MATLAB 的数值运算，数字表达式是由常量、数值变量、数值函数或数值矩阵用运算符连接而成的数学关系式。而在 MATLAB 符号运算中，符号表达式是由符号常量、符号变量、符号函数用运算符或专用函数连接而成的符号对象。符号表达式有两类：符号函数与符号方程。在 MATLAB 程序中，既经常使用数值表达式，也大量使用符号表达式。

2. 表达式语句

单个表达式就是表达式语句。一行可以只有一个语句，也可以有多个语句。此时语句之间以英文输入状态下的分号或逗号或回车换行而结束。MATLAB 语言中的一个语句可以占多行，由多

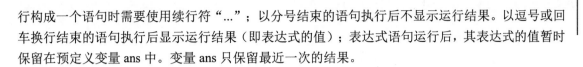

行构成一个语句时需要使用续行符 "..."；以分号结束的语句执行后不显示运行结果。以逗号或回车换行结束的语句执行后显示运行结果（即表达式的值）；表达式语句运行后，其表达式的值暂时保留在预定义变量 ans 中。变量 ans 只保留最近一次的结果。

3. 赋值语句

将表达式的值赋给变量构成赋值表达式。

3.1.2　程序结构

MATLAB 程序结构按程序执行的顺序大致可分为顺序结构、循环结构与分支结构三种。使用不同的程序结构，可以使程序按照不同的执行顺序实现不同的用户需求。下面简要介绍上述三种程序结构。

1. 顺序结构

顺序结构由多个 MATLAB 语句顺序构成，各语句之间用逗号 "," 隔开，若不加逗号，则必须分行编写。运行时，程序按照由上至下的线性顺序执行。

例 3-1： 计算矩阵表达式。

解： 在 M 文件 shunxu_1.m 中输入下面的内容：

```
A=[1 2;3 4],B=[5 6;7 8]          % 用逗号隔开两个语句
C=A*B
D=A^3+B^2
```

在命令行窗口中输入 M 文件的名称，运行结果如下：

```
>> shunxu_1
A =
     1     2
     3     4
B =
     5     6
     7     8
C =
    19    22
    43    50
D =
   104   132
   172   224
```

例 3-2： 计算数学表达式。

解： 在 M 文件 shunxu_2.m 中输入下面的内容：

```
A=[1 2;3 4];
A
B=sin(A)+exp(2);
```

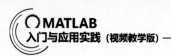

```
B
```

在命令行窗口中输入 M 文件的名称，运行结果如下：

```
>> shunxu_2
A =
    1    2
    3    4
B =
    8.2305    8.2984
    7.5302    6.6323
```

2. 循环结构

在实际应用中，很多问题都无法一次性解决，必须周而复始地反复执行某一动作才能解决。对应程序设计，就要用到循环结构。循环结构就是在满足一定条件的情况下反复执行某一操作，重复执行的语句组称为循环体。MATLAB 常用的循环结构有两种：for-end 循环与 while-end 循环。

1）for-end 循环

for-end 循环可以用来重复执行某些条语句，直到某个条件得到满足，循环次数通常是已知的。语法形式如下：

```
for  变量 = 表达式
    可执行语句 1
    ...
    可执行语句 n
end
```

其中，表达式通常为形如 $m{:}s{:}n$（s 的默认值为 1）的向量，负责循环的起始值和循环次数，即变量的取值从 m 开始，以间隔 s 一直递增到 n，变量每取一次值，循环便执行一次。

例 3-3：实现对矩阵 **A** 的转置操作。

解：在 M 文件 zhuanzhi.m 中编写程序，利用 for 循环修改矩阵元素的值。

```
A=[1 2 3;4 5 6];
for k=1:1:size(A,1)
    B(:,k)=A(k,:)';
    k=k+1;
end
B
```

在命令行窗口中输入 M 文件的名称，运行结果如下：

```
>> zhuanzhi
B =
    1    4
    2    5
    3    6
```

在命令行窗口中显示的结果 **B** 就是矩阵 **A** 的转置矩阵。

2）while-end 循环

while-end 循环结构通过一个条件表达式来控制是否继续反复执行循环体，通常用于循环次数不确定的情况。语法形式如下：

```
while  表达式
    可执行语句1
    ...
    可执行语句n
end
```

其中，表达式是一个条件表达式，也称为循环控制语句，通常是由逻辑运算、关系运算以及一般运算组成的。如果表达式的值为真（非零），则执行循环体，然后重新判断条件表达式的值，直到表达式的结果为假，退出循环。

例 3-4：用 MATLAB 计算 1+4+7+…+121。

解： 编制如下程序：

```
function f=shulie
% 这个函数文件演示 while 的用法
% 功能是计算差值为 3 的等差数列的和
i=1;sum=0;
while i<=121
    sum=sum+i;
        i=i+3;
end
sum
```

在命令行窗口中运行可得：

```
>>shulie
sum =
     2501
```

3．分支结构

这种程序结构会根据不同的判断条件执行不同的代码，因此也叫选择结构。在 MATLAB 中，分支结构主要包括 if-else-end 结构、switch-case-end 结构和 try-catch-end 结构。其中较常用的是前两种，第三种常用于调试程序。

1）if-else-end 结构

这种结构用于根据结果为布尔值的表达式告知程序在某个条件成立时，执行满足该条件的相关语句，它有以下三种形式：

（1）

```
if   表达式
    语句组
end
```

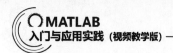

提示

该结构中的表达式可以是一个单纯的布尔变量或常量，也可以是关系表达式，返回的结果是一个布尔值。如果表达式的值非零（真），则执行 if 与 end 之间的语句组，否则直接执行 end 后面的语句。

例 3-5：降序排列。

解：编制如下程序：

```
function f=sortnum(a,b)
% 这个函数文件用于演示 if 的用法
% 这个函数文件的功能是将输入参数 a、b 按降序排列
if a<b
    t=b;
    b=a;
    a=t;
end
disp(a+">"+b)                    % 显示比较结果
```

在命令行窗口中运行可得：

```
>> sortnum(32,45)
45>32
>> sortnum(17,28)
28>17
```

（2）

```
if  表达式
    语句组 1
    else
        语句组 2
end
```

提示

这种结构是分支结构中最常用的一种形式，针对某种条件有选择地执行相应的语句。如果表达式的值非零（真），则执行语句组 1，否则执行语句组 2。

（3）

```
if  表达式 1
        语句组 1
    elseif    表达式 2
            语句组 2
    elseif    表达式 3
            语句组 3
        ...
    else
            语句组 n
end
```

提示 这种结构常用于处理某一事件的多种情况，先判断表达式 1 的值，如果非零，则执行语句组 1，然后执行 end 后面的语句，否则判断表达式 2 的值，如果非零，则执行语句组 2，然后执行 end 后面的语句，否则继续下面的判断过程。如果所有的表达式都不成立，则执行 else 与 end 之间的语句组 *n*。

例 3-6：编写一个求分段函数 $f(x) = \begin{cases} 2-x & x < -1 \\ -3x & -1 \leqslant x \leqslant \dfrac{1}{2} \\ x-2 & x > \dfrac{1}{2} \end{cases}$ 的程序，并用它来求 $f(-0.5)$ 的值。

解： （1）创建函数文件 f_3seg.m：

```
function y=f_3seg(x)
% 此函数用来求分段函数 f(x)的值
% 当 x<-1 时，f(x)=2-x；
% 当-1<=x<=1/2 时，f(x)=-3x；
% 当 x>1/2 时，f(x)=x-2；
if x<-1
   y=2-x;
elseif (x>=-1)&(x<=1/2)
   y=-3*x;
else
   y=x-2;
end
```

（2）求 $f(-0.5)$：

```
>> y=f_3seg(-0.5)
y =
   1.5000
```

2）switch-case-end 结构

这种结构用于检测一个变量是否符合某个条件，如果不符合，则用另一个值检测。这种分支结构一目了然，而且便于后期维护。语法形式如下：

```
switch  变量或表达式
   case      常量表达式 1
      语句组 1
   case      常量表达式 2
      语句组 2
   ...       ...
   case      常量表达式 n
      语句组 n
   otherwise
      语句组 n+1
end
```

如果 switch 语句中的变量或表达式的值与其后某个 case 语句中的常量表达式的值相等，就执行该 case 语句对应的语句组，否则执行 otherwise 后面的语句组 *n*+1。语句组执行完后，退出分支结构执行 end 后面的语句。

3）try-catch-end 结构

这种结构用于调试程序，语法形式如下：

```
try
    语句组 1
catch
    语句组 2
end
```

如果语句组 1 在执行过程中无误，则只执行语句组 1；如果语句组 1 在执行过程中出现错误，则系统捕获错误信息，并存放在 laster 变量中，然后执行语句组 2。如果在执行语句组 2 的过程中程序又出现错误，则程序自动终止，除非相应的错误信息被另一个 try-catch-end 结构所捕获。

3.1.3　控制程序流程

在使用循环结构处理问题时，如果循环还未结束已经处理完所有的任务，则没有必要继续执行循环体，这时就需要中断循环，以节省时间和内存资源。MATLAB 提供了三个实用的程序流程控制指令 break、return 和 pause。

1．中断命令 break

break 指令的作用是满足某种条件时，中断循环语句的执行，强行退出循环，而不是达到循环终止条件时再退出循环。显然，循环体内设置的条件必须在 break 指令之前。对于嵌套的循环结构，break 指令只能退出包含它的最内层循环。

例 3-7：通过计算数列 1,2,3,…,*N* 的和以演示 break 的作用。

解：编制如下程序：

```
function f=series_sum
% 该函数文件用于演示 break 的用法
% 数列和大于 1050 时退出循环，并输出此时的数列和
sum=0;
for i=1:100
    sum=sum+i;
    if sum>1050
        break;
    end
end
disp("i 为"+i+"时退出循环")
disp("数列和为："+sum)
```

在命令行窗口中运行可得：

```
>> series_sum
i 为 46 时退出循环
```

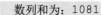

数列和为：1081

从上面的运行结果可以看到：当 sum>1050 时，执行 break 语句，提前结束循环，即不再继续执行其余的循环。

2．return 指令

return 指令的作用是中断函数的运行，返回上一级调用函数。return 指令既可以用在循环体内，也可以用在非循环体内。

3．等待用户反应命令 pause

pause 指令可以暂停程序执行，直到用户按任意键后继续执行。该指令通常用于调试程序，或者在程序运行过程中查看中间结果。该指令有如下几种使用格式。

- pause：暂停程序等待回应。
- pause(n)：程序运行过程中，等待 n 秒后继续运行。
- pause(state)：state 用于启用、禁用或显示当前暂停设置。当 state 为'on'时，启用暂停模式，其后的 pause 指令都会执行；当 state 为'off'时，禁用暂停模式，其后的 pause 指令将不再执行；当 state 为'query'时，查询暂停设置的当前状态。
- oldState=pause(state)：返回当前暂停设置并根据 state 的值设置暂停状态。

3.1.4　人机交互语句

用户可以通过交互式指令协调 MATLAB 程序的执行，通过使用不同的交互式指令不同程度地响应程序运行过程中出现的各种提示。

1．echo 命令

一般情况下，M 文件执行时，文件中的命令不会显示在命令行窗口中。echo 命令可以使 M 文件在执行时可见，这对程序的调试和演示很有用。对于命令式文件和函数式文件，echo 的作用稍微有些不同。

对于 M 文件，echo 的使用比较简单，有如下几种格式：

- echo on：打开命令式文件的回应命令。
- echo off：关闭命令式文件的回应命令。
- echo：在打开/关闭 echo 命令之间切换回显状态。
- echo filename：切换名为 filename 的函数式文件在执行中的回显状态。
- echo filename on：使名为 filename 的函数式文件的代码在执行过程中被显示出来。
- echo filename off：关闭名为 filename 的函数式文件的代码在执行过程中的回显。
- echo on all：显示其后所有函数式文件的执行过程。
- echo off all：关闭其后所有函数式文件的执行过程。

对于函数式文件，当启用回显时，运行某个函数文件，则函数文件的每一行代码都会在命令行窗口中显示出来，这有助于理解和调试函数的执行流程。但是，由于这种执行方式会降低效率，

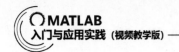

因此一般情况下只用于调试或演示。

2．input 函数

input 函数用于提示用户从键盘输入数据、字符串或表达式，并接收输入值。下面是几种常用的格式。

格式 1：

```
x=input(prompt)
```

这种格式的功能是：以文本字符串形式输出 prompt 中的文本提示信息，并将用户输入的内容赋值给变量 *x*。

格式 2：

```
txt=input(prompt,"s")
```

这种格式的功能是：以文本字符串形式输出 prompt 中的文本提示信息，并将用户输入的内容作为字符串赋值给变量 txt。

例 3-8： input 函数的使用演示。

解：在命令行中输入程序：

```
>> v=input('这支铅笔多少钱？')              % 输入的内容将赋值给变量 v
这支铅笔多少钱？5
v =
     5
>> v=input('这支铅笔多少钱？',"s")          % 输入的内容作为字符串赋值给变量 v
这支铅笔多少钱？5 角
v =
    '5 角'
```

3．keyboard 命令

keyboard 是调用键盘命令。该命令将暂停执行正在运行的程序，将控制权交给键盘，命令行窗口中的提示符显示为"K>>"。此时用户通过操作键盘可以输入各种合法的 MATLAB 指令。当用户输入 dbcont 并按 Enter 键后，控制权交还给 M 文件继续执行。如果要终止键盘控制模式并退出 M 文件，而不是继续执行文件，可以输入 dbquit 命令。

4．listdlg 函数

listdlg 函数的功能是创建一个列表选择对话框供用户选择输入，其调用格式见表 3-1。

表 3-1　listdlg 函数的调用格式

调用格式	说　明
[indx,tf]=listdlg('ListString',list)	创建一个模态对话框，允许用户从指定的列表中选择一个或多个项目。list 值是要显示在对话框中的项目列表。 返回两个输出参数 indx 和 tf，其中包含有关用户选择了哪些项目的信息。对话框中包括"全选""取消"和"确定"按钮

（续表）

调用格式	说　明
[indx,tf]=listdlg('ListString',list,Name,Value)	使用一个或多个名称-值对组参数指定其他选项。例如，使用名称-值对参数 SelectionMode 可以设置列表选择模式，如果值为 single，则只能选择单个列表项，默认值为 multiple

例 3-9：列表选择对话框的演示。

解： MATLAB 程序如下：

```
>> list={'红色','绿色','蓝色'};              % 定义 list 变量
>> [indx,tf] = listdlg('ListString',list,'PromptString','请选择一个颜色')  % 创
建一个列表选择对话框，Name 参数设为'PromptString'，表示设置列表框
```

得到如图 3-1 所示的菜单。

图 3-1　列表选择对话框演示

单击其中的"蓝色"选项并单击"确定"按钮，在命令行窗口中得到：

```
indx =
    3       % 选定行的索引
tf =
    1       % 指示用户是否做出选择的逻辑值
```

3.1.5　MATLAB 程序的调试命令

MATLAB 程序设计完成后，程序不是（也不可能）完美无缺的，还可能存在问题，甚至有些 MATLAB 程序根本无法运行。此时，可以按程序的功能逐一检查其正确性；或者，可以使用 MATLAB 程序的调试命令对程序进行调试。这里要提醒读者，调试命令不能用于非函数文件；在调试模式下，命令行窗口的提示符为"k>>"。

下面简要介绍 MATLAB 中几个常用的调试函数命令。

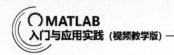

1．dbstop 命令

dbstop 命令的功能是设置断点，用来临时中断一个函数文件的执行，给用户提供一个考察函数局部变量的机会。

2．dbcont 命令

dbcont 命令的功能是用来恢复由于执行 dbstop 指令而导致中断(中断后的提示符为 k)的程序。用 dbcont 命令恢复程序执行，直到遇到它已经设置的断点或出现错误，或者返回基本工作空间。

3．dbstep 命令

dbstep 命令用于从当前断点执行一行或多行代码。在调试模式下，dbstep 命令允许用户实现逐行跟踪。

4．dbstack 命令

dbstack 命令用来列出当前调试状态下的调用关系。

5．dbstatus 命令

dbstatus 命令用来列出全部断点。

6．dbtype 命令

dbtype 命令用来显示带行号的文件内容，以协助用户设置断点。

7．dbquit 命令

dbquit 命令用来退出调试模式。在调试模式下，dbquit 命令立即强制中止调试模式，将控制转向基本工作空间。此时，函数文件的执行没有完成，也没有产生返回值。

3.2　函　数　句　柄

函数句柄是一种 MATLAB 数据类型，包含用于引用函数的信息，用以在使用函数的过程中保存函数的相关信息，尤其是关于函数执行的信息。在进行数学计算时，可以把函数句柄作为参数传递给另一个函数，提高重复操作的性能。

3.2.1　创建函数句柄

函数句柄有两种不同类型：命名的函数句柄和匿名的函数句柄，这两种类型都使用函数句柄算子@创建。

创建命名的函数句柄的语法格式如下：

```
handle = @function
```

例如，下面的程序为函数 new 创建一个函数句柄：

```
>> fun_handle=@new              % 为函数 new 创建函数句柄
fun_handle =
  包含以下值的 function handle:
    @new
```

创建匿名的函数句柄的语法格式如下：

@（输入参数列表）函数表达式

例如，下面的程序创建了两个匿名函数句柄：

```
>> f=@(x) exp(x.^2)
f =
  包含以下值的 function handle:
    @(x)exp(x.^2)
>> g=@(x,y) sqrt(x.^2+y.^2)
g =
  包含以下值的 function handle:
    @(x,y)sqrt(x.^2+y.^2)
```

例 3-10：利用函数句柄传递数据。

解：（1）为 humps 函数创建一个名为 fhandle 的函数句柄。

```
>> fhandle = @humps;              % humps 是 MATLAB 内置的函数，该函数的曲线有两个明显的
```
峰，通常位于 x 轴的大约 0.3 和 0.9 附近

（2）将创建的函数句柄传递给 fminbnd 函数（该函数用于查找单变量函数在定区间上的局部最小值），然后在区间[0,1]上查找指定函数的局部最小值并返回这个最小值点的 x 坐标。MATLAB 程序如下：

```
>> x = fminbnd (fhandle, 0, 1)
x =
    0.6370
```

从上面的示例中可以看到，将函数句柄传递给另一个函数时，会一并传递所有变量。

3.2.2　查看函数句柄属性

函数句柄实际上是一个结构数组，利用函数 functions 可以查看函数句柄的属性，代码如下，返回函数句柄所对应的函数名、类型、文件名等属性。

```
>> fun_handle=@fminbnd;
>> functions(fun_handle)
ans =
  包含以下字段的 struct:
    function: 'fminbnd'
        type: 'simple'
        file: 'D:\Program
Files\MATLAB\R2024a\toolbox\matlab\optimfun\fminbnd.m'
```

函数句柄常见的属性如表 3-2 所示。

表 3-2　函数句柄常见的属性

属性名称	说　明
function	函数句柄对应的函数名。如果与句柄相关联的函数是嵌套函数，则名称的形式为'主函数名/嵌套函数名'
type	函数类型，例如，'simple'（内部函数）、'nested'（嵌套函数）、'scopedfunction'（局部函数）或'anonymous'（匿名函数）
file	带有文件扩展名的函数的完整路径

3.2.3　调用函数句柄

通过 feval 函数可以调用函数句柄，格式如下：

```
[y1,...,yN] = feval(fhandle,x1,...,xM)
```

这种调用相当于执行以参数列表 $x1,\cdots,xM$ 为输入变量的函数句柄 fhandle 所对应的数学函数。

例 3-11：调用函数句柄对输入参数取整。

解： MATLAB 程序如下：

```
>> x=linspace(5,10,12)
x =
  列 1 至 6
    5.0000    5.4545    5.9091    6.3636    6.8182    7.2727
  列 7 至 12
    7.7273    8.1818    8.6364    9.0909    9.5455   10.0000
>> fh=@floor;        % 创建函数句柄，floor 函数可向负无穷方向四舍五入到最接近的整数
>> y=feval(fh,x)     % 计算 floor(x)，对 x 向下取整
y =
    5    5    5    6    6    7    7    8    8    9    9   10
```

3.3　函数变量及其作用域

函数的变量主要有输入变量、输出变量和函数内部变量三种。

输入变量相当于函数的入口数据，也是一个函数操作的主要对象。从某种程度上讲，函数的作用就是对输入变量进行操作以实现一定的功能。如前所述，函数的输入变量为局部变量，函数对输出变量的一切操作和修改如果不依靠输出变量传出的话，将不会影响工作空间中该变量的值。

在 MATLAB 语言中，函数内部定义的变量除特殊声明外，均为局部变量，即不加载到工作空间中。如果需要使用全局变量，则应当使用命令 global 定义，而且在任何时候使用该全局变量的函数中都应该加以定义。在命令行窗口中也不例外。

3.4 子函数与私有函数

1．子函数

与其他的高级程序设计语言类似，MATLAB 中也可以定义子函数，用来扩充函数的功能。在函数文件中题头定义的函数为主函数，而在函数体内定义的其他函数均被视为子函数。子函数只能被主函数或同一主函数下其他的子函数所调用。

2．私有函数

MATLAB 语言中把放置在目录 private 下的函数称为私有函数，这些函数只有 private 目录的父目录中的函数才能调用，其他目录的函数不能调用。

3．子函数和私有函数的区别

子函数和私有函数有以下区别：

第一，局部函数可以被其父目录下的所有函数调用，子函数则只能被其所在的 M 文件的主函数或同一主函数下其他的子函数调用。因此，私有函数在可用的范围上大于子函数。

第二，在函数编辑的结构上，私有函数与一般的函数文件的编辑相同，而子函数只能在主函数文件中编辑。

第三，当在 MATLAB 的 M 文件中调用函数时，将首先检测该函数是否为此文件的子函数，若不是子函数，再检测是否为可用的私有函数，如果仍然未找到，检测该函数是否为 MATLAB 搜索路径上的其他 M 文件。

3.5 程序设计的辅助函数

MATLAB 提供了几组辅助函数，用来支持 M 文件的编辑，包括执行函数、容错函数和时间控制函数等，合理使用这些函数可以丰富函数的功能。

1．执行函数

在 MATLAB 中提供了一系列的执行函数，这些执行函数分别在不同的领域执行不同的功能，具体如表 3-3 所示。

表 3-3 执行函数及功能

函 数 名	功 能	函 数 名	功 能
evalc	执行 MATLAB 表达式	evalin	在工作区中计算表达式
feval	字符串调用 M 文件	assignin	在工作区中分配变量
builtin	外部加载调用内置函数	eval	调用字符串中的表达式（不推荐）
run	运行脚本文件		

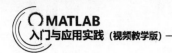
2．容错函数

一个程序设计的好坏在很大程度上取决于其容错能力的大小。MATLAB 语言中也提供了相应的报错和警告的函数。

函数 error 可以在命令行窗口中显示错误信息，以提示用户输入错误或调用错误等，其常用的调用格式为：

```
error(msg)
```

这种格式的功能为：如果调用 M 文件时触发函数 error，则将中断程序的运行，并显示 msg 中包含的文本信息。其他调用格式和相关函数可以查询 MATLAB 中的联机帮助。

3．时间控制函数

在程序设计中，尤其是在数值计算的程序设计中，计时函数很多时候都起到很大的作用，在比较各种算法的执行效率中也起到决定性的作用。MATLAB 系统提供了一些相关函数，说明如下。

1）cputime

以 CPU 时间方式计时。

其常用的调用格式为：

```
tStart = cputime;          % 返回 MATLAB 自启动以来使用的总 CPU 时间，以秒为单位表示
    your_operations;
tEnd = cputime - tStart    % 计算运行程序段之后的总 CPU 时间与开始计时之间的差值
```

其中，your_operations 为需要计时的程序段。

这种格式的功能是：显示运行程序段 your_operations 所占用的 CPU 时间。

2）tic 和 toc

函数 tic 和函数 toc 同时使用来计时。

其常用的调用格式为：

```
tic                % 启动秒表计时器
    your_operations;
toc                % 从秒表读取已用时间
```

这种格式的功能是：以秒为单位显示程序 your_operations 所用的时间。

另外，MATLAB 还提供了其他的时间控制函数，这里以表格形式给出，不再进一步解释，读者可以自行测试，具体如表 3-4 所示。

表 3-4　时间控制函数

函 数 名	作　　用	函 数 名	作　　用
datenum	转换为数值型格式显示日期	calendar	当月的日历表
datetick	指定坐标轴的日期表达形式	eomday	给出指定年月的当月最后一天
weekday	当前日期对应的星期表达	datetime	返回表示时间点的数组（推荐）
datevec	转换为向量形式显示日期	datestr	转换为字符型格式显示日期（不推荐）
date	以字符型显示当前日期	now	以数值型显示当前时间和日期（不推荐）
clock	以向量形式显示当前时间及日期	etime	计算两个时刻的时间差（不推荐）

4．内存管理函数

尽管 MATLAB 具有强大的功能，但是对于 MATLAB 的程序设计来说，仍然有许多需要注意的地方，特别是程序的运行效率。

众所周知，对于存储的合理操作和管理可以提高程序的运行效率。各种系统都是如此，MATLAB 也不例外。

为此，MATLAB 语言提供了一系列的函数用来管理内存，如表 3-5 所示。

表 3-5　管理内存函数

函 数 名	作　　用
load	从磁盘中调出指定变量
clear	从内存中清除所有变量及函数
save	把指定的变量存储至磁盘
quit	退出 MATLAB 环境，释放所有内存

3.6　文件调用记录

为了分析程序执行过程中各个函数的耗时情况，MATLAB 提供了记录 M 文件调用过程的功能，以此来了解文件执行过程中出现的瓶颈问题。

3.6.1　profile 函数

使用 profile 函数可以探查函数的执行时间，具体的调用格式如表 3-6 所示。

表 3-6　profile 函数的调用格式

调用格式	含　　义
profile action	探查函数的执行时间，参数 action 的含义如表 3-7 所示
profile action option1 ... optionN	使用指定的选项启动或重新启动探查器
profile option1 ... optionN	设置指定的探查器选项
p=profile('info')	使探查器停止并显示包含结果的结构体
s=profile('status')	返回包含探查器状态信息的结构体

表 3-7　action 参数

参 数 值	功　　能
on	启动探查器，并清除以前的记录
off	停止探查器
clear	停止探查器并清除记录
viewer	停止探查器并在"探查器"窗口中显示结果
info	停止探查器并返回包含结果的结构体
resume	重新启动探查器，而不清除以前记录的统计信息
status	返回包含探查器状态信息的结构体

3.6.2 显示调用记录结果

编制如下 M 文件:

```
function f=mprof
% 此函数专门用于演示 profile 函数的使用
profile on
plot(magic(35))
profile viewer
profsave(profile('info'),'profile_results')
profile on -history
plot(magic(4));
 p = profile('info');
for n = 1:size(p.FunctionHistory,2)
   if p.FunctionHistory(1,n)==0
      str = 'entering function: ';
   else
      str = ' exiting function: ';
   end
     disp([str p.FunctionTable(p.FunctionHistory(2,n)).FunctionName]);
end
```

在命令行窗口中运行后得到:

```
>> mprof
entering function: mprof
entering function: magic
 exiting function: magic
entering function: prepareAxes
entering function: newplot
entering function: gobjects
 exiting function: gobjects
entering function: gobjects
 exiting function: gobjects
entering function: gobjects
 exiting function: gobjects
entering function: observeFigureNextPlot
entering function: mustBeScalarOrEmpty
 exiting function: mustBeScalarOrEmpty
 exiting function: observeFigureNextPlot
...
 exiting function: graphics\private\clo
 exiting function: cla
 exiting function: newplot
 exiting function: prepareAxes
 exiting function: mprof
```

并得到如图 3-2 所示的探测器窗口和如图 3-3 所示的 HTML 页面。

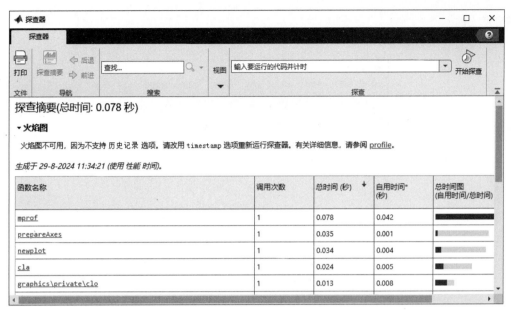

图 3-2　探查器窗口

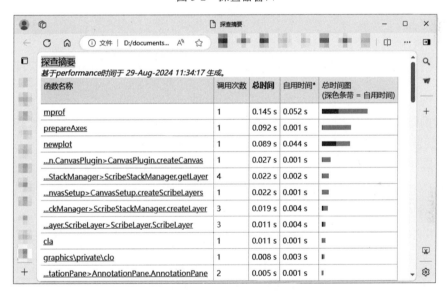

图 3-3　探查摘要的 HTML 页面

　　探查摘要页面包括函数名称（包括内置函数、私有函数和子函数等）、调用次数、总时间、自用时间和总时间图。

　　函数名称列表（见图 3-3 的左栏）中包含摘要文件代码调用的所有函数。

　　总时间给出函数列表中每个函数总的调用时间，也就是说，包括函数内部的子函数所耗用的时间。

　　自用时间给出了每个函数执行过程中在该函数体内的时间，不包括花费在子函数上的时间，但是包括由于调用 profile 函数而花费的时间。

　　通过对调用记录结果的分析，可以掌握 M 文件在执行过程中的信息，对于进一步优化编程是非常有意义的。

程序运行结果如图 3-4 所示。

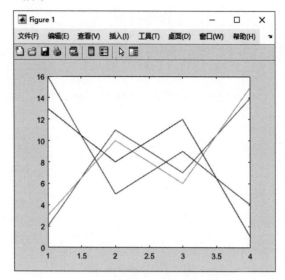

图 3-4　程序运行结果

3.7　操作实例——水平串联矩阵

本实例根据参与运算的两个矩阵的维数判断这两个矩阵能否进行水平串联，如果维数匹配，则水平串联矩阵；否则将错误信息记录在变量 ME 中，返回错误信息的变量值。

操作步骤如下：

步骤01 创建函数文件 connect.m。

```
function f=connect(A,B,C)
% 该函数文件的功能是输出水平连接的矩阵，若矩阵不能水平串联，则返回错误信息
try
    C = [A B];     % 若矩阵 A、B 可以水平串联，则输出串联矩阵 C
catch ME           % 若矩阵 A、B 无法水平串联，则执行下面的操作
    if (strcmp(ME.identifier,'MATLAB:catenate:dimensionMismatch'))% 比较字符串
        msg = ['维度不匹配：第一个输入参数有 ', ...
                num2str(size(A,1)),' 行，而第二个输入参数有 ', ...
                num2str(size(B,1)),' 行.'];       %将数值矩阵 A 转换为字符矩阵
        causeException = MException('MATLAB:myCode:dimensions',msg); % 检测到
msg 引起的错误并引发异常的任何 MATLAB 代码都返回一个 MException 对象，包含有关错误的可检索信息
        ME = addCause(ME,causeException);  % 记录异常的其他原因，帮助诊断错误
    end
    rethrow(ME)    % 返回包含诊断错误信息的变量 ME 的值
end
C
```

步骤 02 构造两个矩阵，查看运行结果。

```
>> A = pascal(5);          % 创建 5 阶帕斯卡矩阵 A
>> B = eye(3);             % 创建 3 阶单位矩阵
>> C=zeros(5,10);          % 初始化结果矩阵 C
>> connect(A,B,C)          % 调用函数文件串联矩阵 A 和 B
错误使用 horzcat
要串联的数组的维度不一致。
出错 connect (第 4 行)
  C = [A B];               % 若矩阵 A、B 可以水平串联，则输出串联矩阵 C
原因：
    维度不匹配：第一个输入参数有 5 行，而第二个输入参数有 3 行。
>> B = eye(5,3);           % 创建 5 行 3 列的单位矩阵
>> connect(A,B,C)
C =
    1    1    1    1    1    1    0    0
    1    2    3    4    5    0    1    0
    1    3    6   10   15    0    0    1
    1    4   10   20   35    0    0    0
    1    5   15   35   70    0    0    0
```

3.8 新手问答

问题 1：MATLAB 如何查看工作区中的变量及其大小和类型？

调用函数 whos 列出工作区中的变量及其大小和类型。

（1）不带输入参数，可按字母顺序列出当前活动工作区中的所有变量的名称、大小和类型。

（2）whos global 列出全局工作区中的变量。

（3）若输入参数为变量名称，则只列出指定变量的信息。

（4）在参数中可以使用正则表达式，显示特定变量的信息。

问题 2：如何在屏幕上显示文件？

调用 type 命令可以显示文件内容。例如，执行命令 type myfile.m，可以在命令行窗口中显示当前工作路径下 myfile.m 的文件内容。读者需要注意，type 命令支持的文件扩展名只有.mlx、.mlapp 和.m 三种。

问题 3：如何计算程序时间？

可以调用函数 tic 和 toc。

函数 tic 启动秒表计时器记录执行命令的内部时间。配合使用 toc 函数，显示已用时间。

问题 4：如何使正在运行的程序暂停？

在不关闭软件的情况下，有两种使用快捷键的方法可以使正在运行的程序暂停：

（1）Ctrl + C。

（2）Ctrl + Break。

问题 5：MATLAB 程序书写格式有哪些注意事项？

（1）每个程序都应以一条注释开头，描述该程序的用途。

（2）在函数定义之间放入一个空行，以便区分函数，并增强程序的可读性。

（3）避免标识符以下画线和双下画线开头。

（4）在二元运算符两端添加一个空格。这样可以突出运算符，增强程序的可读性（运算符号左右添加空格）。

问题 6：while 循环能用 for 循环替代吗？

在 MATLAB 中，while 循环语句通常可以改写为 for 循环语句。不过，for 循环的执行速度远远快于 while 循环（C/C++中相差不大）。因此，尽量用 for 而不是 while。如果空间不足，则使用 while。

3.9 上 机 实 验

【练习 1】创建一个 10 阶 Hilbert 矩阵。

1. 目的要求

本练习设计的程序是使用 for-end 循环创建一个 10 阶 Hilbert 矩阵。

2. 操作提示

（1）指定矩阵的维度大小。

（2）初始化 Hilbert 矩阵。

（3）利用 for 循环对矩阵赋值。

（4）输出矩阵。

【练习 2】利用 while-end 循环实现数值由小到大排列。

1. 目的要求

本练习设计的程序是使用 while-end 循环实现数值由小到大排列。

2. 操作提示

（1）创建函数文件。

（2）编写公式比较数值。

（3）调用函数。

【练习 3】差值计算。

1.　目的要求

本练习设计的程序是利用函数句柄的调用实现数值差值的计算。

2.　操作提示

（1）创建自定义函数的句柄。
（2）查看函数句柄的信息。
（3）调用函数句柄计算 4 和 3 的差值。
（4）调用自定义函数计算 4 和 3 的差值。

3.10　思考与练习

（1）输入矩阵 A=[1 3 2; 3 -5 7; 5 6 9]，使用全下标方式用 A(2,2)取出元素＿＿＿。使用单下标方式用 A(5)取出元素＿＿＿，用 A(8)=[]删除元素＿＿＿。

（2）MATLAB 基本数据类型：＿＿＿＿＿＿＿＿＿＿＿＿＿＿＿＿＿＿＿＿＿＿＿。

（3）根据运行结果分析下面三种表示方法有什么不同的含义？

①f=3*x^3+5*x+2

②f='3*x^3+5*x+2'

③x= sym('x');f=3*x^3+5*x+2

（4）设 a=[1 -2 3;4 5 9;6 3 -8]、b=[2 6 1; -3 2 7;4 8 1]，求 a.*b、a^2 和 2-a。

（5）已知 A=[0 9 6;1 3 0]、B=[1 4 3;1 5 0]，写出 A&B、A./B 命令运行的结果。

（6）编写一个求分段函数 $\begin{cases} x^2+1, & x \geqslant 1 \\ x^2, & -1 \leqslant x < 1 \\ x^2-1, & x < -1 \end{cases}$ 的程序，并用它来求 f(0)的值。

第4章 图形绘制

图形可以更好地帮助人们理解庞大的数值数据，直接转换成直观结果，数值计算与符号计算无论多么正确，都难以直接从大量的数值与符号中感受分析结果的内在本质。MATLAB 提供了大量的绘图函数和命令，可以很好地将各种数据表现出来，供用户解决问题。

本章将介绍 MATLAB 的二维图形和三维图形的绘制。希望通过本章的学习，读者能够掌握 MATLAB 的绘图方法，以及各种绘图的修饰处理。

知识要点

- 二维曲线的绘制
- 图形属性设置
- 三维绘图
- 三维图形修饰处理

4.1 二维曲线的绘制

二维曲线是将平面上的数据连接起来的平面图形，数据点可以用向量或矩阵来提供。MATLAB 大量数据计算给二维曲线提供了应用平台，这也是 MATLAB 有别于其他科学计算的编程语言，实现了数据结果的可视化，具有强大的图形功能。

4.1.1 绘制二维图形

MATLAB 提供了各类函数用于绘制二维图形。

1. figure 函数

在 MATLAB 的命令行窗口中输入 figure，将打开一个如图 4-1 所示的图窗（图形窗口的简称）。

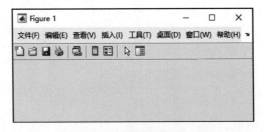

图 4-1　新建的图形窗口

在 MATLAB 的命令行窗口输入绘图函数（如 plot 函数）时，系统会自动建立一个图窗。有时，在输入绘图函数之前已经有图窗打开，这时绘图函数会自动将图形输出到当前窗口。当前窗口通常是最后一个使用的图窗，这个窗口的图形也将被覆盖掉，而用户往往不希望这样。学完本小节内容，读者便能轻松解决这个问题。

在 MATLAB 中，使用函数 figure 建立图窗。该函数主要有下面 5 种调用格式。

- figure：使用默认属性值创建一个图窗作为当前图窗。
- figure(Name,Value)：使用一个或多个名称-值对组参数创建一个新的图窗；对于那些没有指定的属性，采用默认值。
- f=figure(___)：返回 Figure 对象，并可使用 *f* 在创建图窗后查询或修改其属性。
- figure(f)：将 Figure 对象 *f* 指定的图窗作为当前图窗，并将其显示在其他所有图窗的上面。
- figure(n)：查找编号为 *n* 的图窗，并将其作为当前图窗，其中 *n* 是一个正整数。如果图窗不存在，则创建一个编号为 *n* 的新图窗。

figure 函数产生的图窗的编号是在原有编号的基础上加 1，如果用户想关闭图窗，可以使用命令 close。如果用户不想关闭图窗，仅仅是想将该窗口的内容清除，则可以使用函数 clf 来实现。

另外，语句 clf('reset')（也可以使用 clf reset）除了能够消除当前图窗的所有内容外，还可以将该图形除位置和单位属性外的所有属性都恢复为默认状态。当然，也可以通过使用图窗中的菜单项来实现相应的功能，这里不再赘述。

2．plot 绘图函数

plot 函数是 MATLAB 最基本的绘图函数。使用 plot 函数绘图时，系统会自动将图形绘制在最近打开的图窗中，如果开启了 hold 命令，图形会叠加在原图上，否则会覆盖原图。如果调用绘图函数时没有打开的图窗，则系统会自动创建一个新的图窗。

plot 函数有以下几种常见的调用格式。

1）plot(Y)

这种调用格式的功能为：绘制 *Y* 对一组隐式 *x* 坐标的图。

- *Y* 是实向量时，绘制以该向量元素的下标索引为横坐标、以该向量元素的值为纵坐标的一条连续曲线。
- *Y* 是实矩阵时，按列绘制每列元素值相对其下标索引的曲线，曲线条数等于 *Y* 的列数。
- *Y* 是复数矩阵时，按列分别绘制出以元素实部为横坐标、以元素虚部为纵坐标的多条曲线。

例 4-1：随机生成一个行向量 *a*，并用 MATLAB 的 plot 绘图函数作出 *a* 的图像。

解：MATLAB 程序如下：

```
>> rng("default")          % 使用默认算法和种子初始化 MATLAB 随机数生成器
>> a=rand(1,10);           % 生成一个包含 10 个元素的随机行向量
>> plot(a)
```

运行后所得的图像如图 4-2 所示。

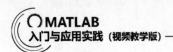

例 4-2： 复数向量的绘图。

解： MATLAB 程序如下：

```
>> clear                        % 清除变量
>> x=[0:2*pi/90:2*pi];          % 生成从 0 开始，增量为 π/45，到 2π 结束的列向量
>> y=x.*exp(i*x);
>> plot(y)                      % 以 y 中的元素实部为横坐标、对应虚部为纵坐标绘制连续曲线
```

得到如图 4-3 所示的图形。

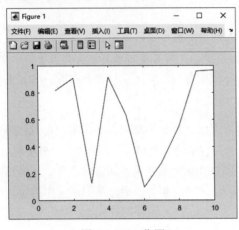

图 4-2　plot 作图 1

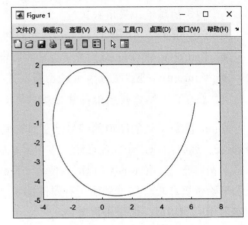

图 4-3　plot 作图 2

2）plot(X,Y)

这种调用格式的功能是：创建 **Y** 中数据对 **X** 中对应值的二维线图。

- 当 **X**、**Y** 是同维向量时，绘制以 **X** 为横坐标、以 **Y** 为纵坐标的曲线。
- 当 **X** 是向量，**Y** 是有一维与 **X** 等维的矩阵时，绘制出多根不同颜色的曲线，曲线数等于 **Y** 阵的另一维数，**X** 作为这些曲线的横坐标。
- 当 **X** 是矩阵，**Y** 是向量时，同上，但以 **X** 的相应列为横坐标。
- 当 **X**、**Y** 是同维矩阵时，以 **X** 对应的列元素为横坐标、以 **Y** 对应的列元素为纵坐标分别绘制曲线，曲线数等于矩阵的列数。

例 4-3： 绘制多条余弦曲线。

解： MATLAB 程序如下：

```
>> t=(0:pi/50:2*pi)';           % 生成从 0 开始，增量为 π/50，到 2π 结束的列向量
>> k=0.4:0.1:1;                 % 生成从 0.4 开始，增量为 0.1，到 1 结束的行向量
>> Y=cos(t)*k;                  % Y 是一个矩阵
>> plot(t,Y)                    % 以 t 为横坐标，对应的 Y 值为纵坐标绘图
```

运行后所得的图像如图 4-4 所示。

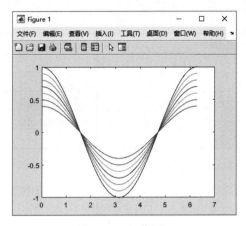

图 4-4   plot 作图 3

3）plot(X1,Y1,…,Xn,Yn)

这种调用格式的功能是：绘制(Xi,Yi)定义的多条曲线，其中 $i=1,2,…,n$。该格式等价于在同一图窗中叠加逐次执行 plot(Xi,Yi)语句绘制图形。

4）plot(X,Y,LineSpec)

LineSpec 为用双引号（旧版本中使用单引号，MATLAB 2024 中同样支持单引号，但为了符合编程的语法规则，建议使用双引号）标记的字符串，用来设置数据点的类型、大小、颜色以及数据点之间连线的类型、粗细、颜色等，如表 4-1~表 4-3 所示。如果省略 LineSpec，则采用默认设置，例如线型为实线。

表 4-1   线型符号及说明

线型符号	符号含义	线型符号	符号含义
-	实线（默认值）	:	点线
--	虚线	-.	点画线

表 4-2   颜色控制字符表

字　　符	色　　彩	RGB 值
b(blue)	蓝色	[0 0 1]
g(green)	绿色	[0 1 0]
r(red)	红色	[1 0 0]
c(cyan)	青色	[0 1 1]
m(magenta)	品红	[1 0 1]
y(yellow)	黄色	[1 1 0]
k(black)	黑色	[0 0 0]
w(white)	白色	[1 1 1]

表 4-3   线型控制字符表

字　　符	数 据 点	字　　符	数 据 点
+	加号	>	向右三角形
o	小圆圈	<	向左三角形

（续表）

字　符	数据点	字　符	数据点
*	星号	v	向下三角形
.	实点	s（square）	正方形
x	交叉号	h（hexagram）	正六角星
d（diamond）	菱形	p（pentagram）	正五角星
^	向上三角形		

5）plot(X1,Y1,LineSpec1,…,Xn,Yn,LineSpecn)

这种调用格式是第 3 种和第 4 种的结合，在同一图窗中叠加绘制多条曲线，并指定每条曲线的样式。

例 4-4：在同一个图窗上画出函数 $y_1 = \sin^2 x$ 和 $y_2 = \sin x^2$ 在区间 $[0, 2\pi]$ 的图像。

解：MATLAB 程序如下：

```
>> x=0:pi/100:2*pi;
>> y1=sin(x).^2;
>> y2=sin(x.^2);
>> plot(x,y1,x,y2)
```

运行结果如图 4-5 所示。

例 4-5：用图形表示指数函数 $y = e^{-x}$ 在[0,1]区间十等分点处的值。

解：MATLAB 程序如下：

```
>> x=0:0.1:1;
>> y=exp(-x);
>> plot(x,y,"b*")              % 使用蓝色型号标记绘图
>> grid on                     % 显示网格线
```

运行结果如图 4-6 所示。

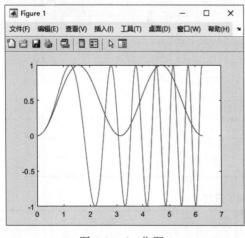

图 4-5　plot 作图 4

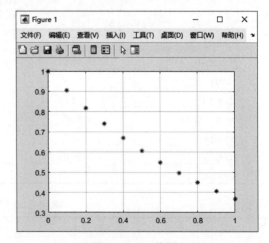

图 4-6　plot 作图 5

4.1.2 多图形显示

在实际应用中，为了比较不同数据，有时需要在同一个图窗下观察不同的图像，这时需要使用不同的函数进行设置。

1. 图形分割

如果要在同一图窗中同时显示多个图形，且每个图形有独立的坐标区，可以用 subplot 函数将图窗视图分割为多个子图。该函数的调用格式如表 4-4 所示。

表 4-4　subplot 函数的调用格式

调 用 格 式	说　明
subplot(m,n,p)	将当前图窗分割成 $m \times n$ 个视图区域，并指定第 p 个视图为当前视图
subplot(m,n,p,'replace')	在上一语法格式的基础上，删除第 p 个子图的坐标区并创建新坐标区
subplot(m,n,p,'align')	将当前图窗分割成 $m \times n$ 个视图区域，创建新坐标区，以便对齐图框。此选项为默认行为
subplot(m,n,p,ax)	将指定坐标区 ax 转换为当前图窗中的子图
subplot('Position',pos)	在 pos 指定的自定义位置创建坐标区，pos 是一个[left bottom width height]形式的四元素向量。如果新坐标区与现有坐标区重叠，则新坐标区将替换现有坐标区
subplot(_ _,Name,Value)	在以上任一语法格式的基础上，使用一个或多个名称值对参数设置坐标区属性
ax=subplot(_ _)	在以上任一语法格式的基础上，返回创建的 Axes 对象、PolarAxes 对象或 GeographicAxes 对象，以便使用 ax 修改坐标区
subplot(ax)	将 ax 指定的坐标区设为父图窗的当前坐标区。如果父图窗不是当前图窗，则此选项不会使父图窗成为当前图窗

使用 subplot 函数分割的子图编号按行从左至右排列，然后从上至下排列。与 plot 函数类似，如果在调用此函数之前没有打开的图窗，则将自动创建一个图窗并分割。

例如，在命令行窗口中输入下面的程序：

```
>> subplot(2,1,1)        % 将当前图窗分割成 2×1 个坐标区，并将第 1 个坐标区设为当前
>> subplot(2,1,2)        % 创建第 2 个坐标区并设为当前
```

弹出如图 4-7 所示的图形显示窗口，在该窗口中显示两行一列两个子图。

例 4-6：显示 2×2 的图形分割（见图 4-8）。

解：MATLAB 程序如下：

```
>> t1=(0:11)/11*pi;
>> t2=(0:400)/400*pi;
>> t3=(0:50)/50*pi;
>> y1=sin(t1).*sin(9*t1);
>> y2=sin(t2).*sin(9*t2);
>> y3=sin(t3).*sin(9*t3);
>> subplot(2,2,1),plot(t1,y1,"r.")      % 分割视图，在第 1 个子图中绘图
```

```
>> axis([0,pi,-1,1]),title(' (1) 点过少的离散图形')      % 设置第 1 个子图的坐标轴、标题
>> subplot(2,2,2),plot(t1,y1,t1,y1,"r.")                   % 在第 2 个子图中绘图
>> axis([0,pi,-1,1]),title(' (2) 点过少的连续图形')      % 设置第 2 个子图的坐标轴、标题
>> subplot(2,2,3),plot(t2,y2,"r.")                         % 在第 3 个子图中绘图
>> axis([0,pi,-1,1]),title(' (3) 点密集的离散图形')      % 设置第 3 个子图的坐标轴、标题
>> subplot(2,2,4),plot(t3,y3)                              % 在第 4 个子图中绘图
>> axis([0,pi,-1,1]),title(' (4) 点足够的连续图形')      % 设置第 4 个子图的坐标轴、标题
```

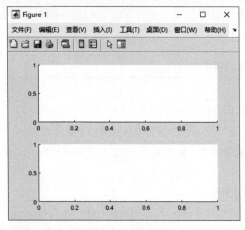

图 4-7　显示图形分割

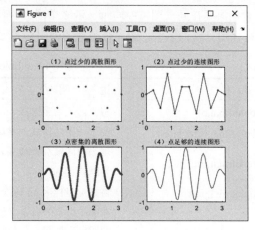

图 4-8　2×2 图形分割

2. 图形叠加

默认情况下，每调用一次绘图函数就刷新一次当前坐标区，坐标区中的图形将被新图形覆盖。如果要在同一个坐标区叠加显示多个图形，则可以使用图形保持命令 hold。

图形保持命令 hold on/off 表示保留/不保留当前坐标区中的原有图形。

例 4-7：保持命令的应用示例。

解： MATLAB 程序如下：

```
>> x = linspace(-pi,pi);        % 将 x 定义为介于-π~π 的线性间隔值
>> y1 =sin(x).*exp(x);
>> plot(x,y1)                    % 显示图形 1，如图 4-9 所示
```

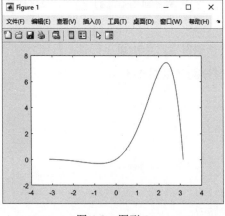

图 4-9　图形 1

```
>> hold on                        % 打开保持命令，保留当前绘图
>> y2 = cos(x).*sin(x);
>> plot(x,y2)                     % 未输入保持关闭命令，叠加显示图形 2，如图 4-10 所示
>> hold off                       % 关闭保持命令，不再保留当前绘图
>> y3 =2*sin(3*x);
>> plot(x,y3)                     % 关闭保持命令，单独显示图形 3，如图 4-11 所示
```

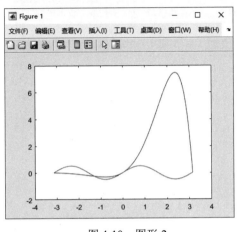

图 4-10　图形 2

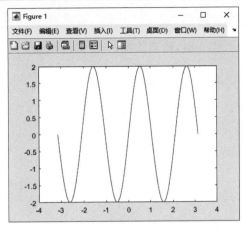

图 4-11　图形 3

4.1.3　绘制函数图形

fplot 函数用于绘制数学表达式或函数句柄的二维曲线图。plot 函数也可以绘制一元函数图像，两个函数的区别如下：

- plot 函数：依据给定的数据点作图，而在实际情况中，由于一般并不清楚数学函数的具体情况，因此选取的数据点可能会忽略数学函数的某些重要特性。
- fplot 函数：采用自适应算法，能够根据数学函数的变化自动选取相对稀疏或稠密的数据点，因此所绘的图形更加光滑、精确。

fplot 函数的调用格式见表 4-5。

表 4-5　fplot 函数的调用格式

调 用 格 式	说　明
fplot(f)	在 x 默认区间[-5 5]内绘制由 f 表示的函数定义的曲线,函数必须是 $y=f(x)$ 的形式,f 通常采用函数句柄的形式，例如@(x)sin(x)
fplot(f,xinterval)	在指定的区间 xinterval（形式为[xmin xmax]）内画出一元函数 f 的图形
fplot(funx,funy)	在 t 的默认区间[-5 5]上绘制由 x=funx(t)和 y=funy(t)定义的曲线
fplot(funx,funy,tinterval)	在指定的区间内绘制，将区间指定为[tmin tmax]形式的二元向量
fplot(＿＿,LineSpec)	LineSpec 用于指定线条的样式、标记符号和线条颜色等属性。例如, '-r' 表示绘制一条红色实线。在前面语法中的任何输入参数组合之后使用此选项
fplot(＿＿,Name,Value)	使用一个或多个名称（Name）-值（Value）对组的参数指定线条属性

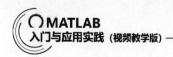

（续表）

调 用 格 式	说　　明
fplot(ax, ___)	将图形绘制到 ax 指定的坐标区中，而不是当前坐标区（gca）中
fp=fplot(___)	返回 FunctionLine 对象或 ParameterizedFunctionLine 对象，具体情况取决于输入。可使用 fp 查询和修改特定线条的属性
[x,y]=fplot(___)	返回函数的横坐标和纵坐标的值并赋给变量 x 和 y，而不绘制图形

例 4-8：绘制函数 $y = x^2 \sin x$ 、 $y = \sin^2 x$ 在定义域 $x \in [5, 20]$ 上的图像。

解：MATLAB 程序如下：

```
>> subplot(2,1,1),fplot(@(x) x.^2.*sin(x), [5, 20]);
>> subplot(2,1,2), fplot(@(x) sin(x).^2, [5, 20]);
```

运行结果如图 4-12 所示。

例 4-9：绘制函数 $y = \sin \dfrac{1}{x}$ 在定义域 $x \in [0.01, 0.02]$ 上的图像。

解：MATLAB 程序如下：

```
>> x=linspace(0.01,0.02,80);
>> y=sin(1./x);
>> subplot(2,1,1),plot(x,y)                          % 通过数值计算绘制的图像
>> subplot(2,1,2),fplot(@(x)sin(1./x),[0.01,0.02])   % 通过符号函数绘制的图像（曲
线更光滑）
```

运行结果如图 4-13 所示。

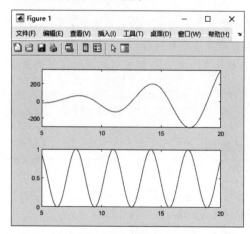

图 4-12　函数图形

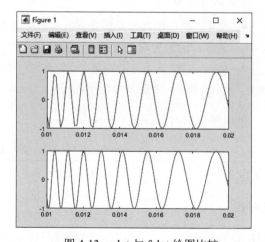

图 4-13　plot 与 fplot 绘图比较

提示

从图 4-13 可以很明显地看出，fplot 函数所作的图要比用 plot 函数所作的图光滑、精确。这主要是因为 plot 函数的分点数量较少，无法精确描述原函数。

执行下面的语句可以查看 fplot 函数使用的数据点的个数：

```
>> fp=fplot(@(x)sin(1./x),[0.01,0.02]);    % 返回函数的图形线条对象 fp
>> size(fp.XData)                          % 返回横坐标的取值点向量大小
```

```
ans =
     1    1635
```

从结果中可以看到，在区间[0.01,0.02]中，fplot 函数选取了 1635 个取值点。如果使用 plot 绘图，也将上述区间等分为 1634 个小区间，那么两者几乎没有任何区别。

例 4-10：分别绘制函数 $f(x)=e^{2x}$、$f(x)=\sin 2x$、$f(x)=e^{2x}+\sin 2x$ 和 $f(x)=e^{2x}\sin 2x$ 在定义域 $x\in\left[-2\pi,2\pi\right]$ 上的图像。

解：MATLAB 程序如下：

```
>> syms x                % 定义一个符号变量 x
>> subplot(2,2,1),fplot(exp(2*x),[-2*pi,2*pi]),title('exp(2*x)')
>> subplot(2,2,2),fplot(sin(2*x),[-2*pi,2*pi]),title('sin(2*x)')
>> subplot(2,2,3),fplot(exp(2*x)+sin(2*x),
[-2*pi,2*pi]),title('exp(2*x)+sin(2*x)')
>> subplot(2,2,4),fplot(exp(2*x)*sin(2*x),
[-2*pi,2*pi]),title('exp(2*x)*sin(2*x)')   % 分别绘制符号表达式在指定区间的图形
```

运行结果如图 4-14 所示。

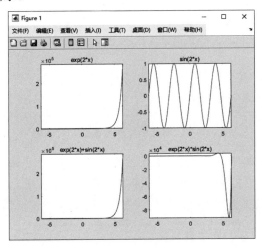

图 4-14　4 个函数的图形

4.2　设置图形属性

本节内容是学习用 MATLAB 绘图最重要的部分，也是学习接下来的内容的基础。在本节中，我们将详细介绍一些常用的控制参数。

4.2.1　图窗的属性

图窗是 MATLAB 数据可视化的平台，这个窗口与命令行窗口是相互独立的。如果能熟练掌握

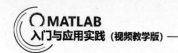

图窗的各种操作，读者便可以根据自己的需要来获得各种高质量的图形。

图窗的工具栏如图 4-15 所示。

图 4-15　图窗的工具栏

下面简要介绍工具栏中各个按钮的功能。

- 📄：单击此图标将新建一个图窗，该窗口不会覆盖当前的图窗，编号紧接着当前打开图窗编号的最后一个顺排。

- 📂：打开图窗文件（扩展名为 .fig）或其他 MATLAB 文件。

- 💾：将当前的图窗以指定的文件格式进行保存。

- 🖨：打印图形。

- 🖥：链接/取消链接绘图。单击该图标，将弹出如图 4-16 所示的对话框，用于指定数据源属性。一旦在变量与图形之间建立了实时链接，对变量的修改将即时反映到图形上。

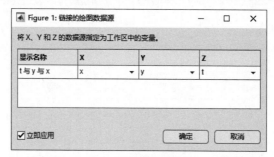

图 4-16　"链接的绘图数据源"对话框

- 📊：插入颜色栏。单击此图标后会在图形的右侧显示一个色轴，如图 4-17 所示（具体参看配套资源中的相关文件）。色轴在编辑图形色彩时很实用。

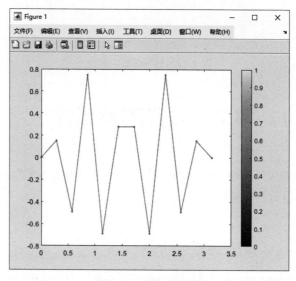

图 4-17　插入颜色栏

- ▥▤：单击此图标后，会在图形的右上角显示图例，双击框内数据名称所在的区域，可以修改图例。
- ▷：单击此图标后，双击图窗中的图形对象，将打开如图 4-18 所示的"属性检查器"对话框，可以对图形对象的属性进行相应的编辑。
- ▤：单击此图标可打开"属性检查器"对话框。

将鼠标指针移到绘图区，绘图区右上角会显示一个工具条，如图 4-19 所示。

图 4-18　"属性检查器"对话框

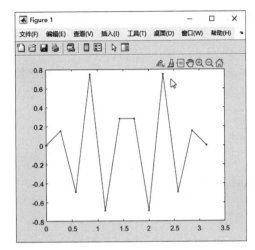

图 4-19　显示编辑工具

其功能说明如下。

- ▨：将图形另存为图片，或者复制为图像或向量图。
- ▨：选中此工具后，在图形上按住鼠标左键拖动，所选区域的数据将默认以红色刷亮显示，如图 4-20 所示。
- ▤：数据提示。单击此图标后，光标会变为空心十字形状 ✚，单击图形的某一点，显示该点在所在坐标系中的坐标值，如图 4-21 所示。

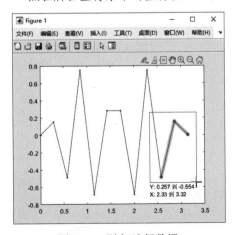

图 4-20　刷亮/选择数据

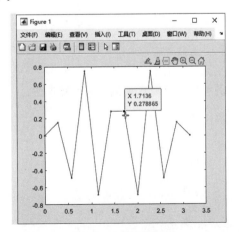

图 4-21　数据提示

- ✋：按住鼠标左键平移图形。
- 🔍：单击或框选图形，可以放大图窗中的整个图形或图形的一部分。
- 🔍：缩小图窗中的图形。
- 🏠：将视图还原到缩放、平移之前的状态。

例 4-11：绘制隐函数 $f(x,y) = \sin^2 x - \cos^3 y = 0$ 在 $x \in [-2\pi, 2\pi]$ 上的图像。

如果方程 $F(x,y) = 0$ 能确定 y 是 x 的函数，也就是说，有些函数关系由某个具体的方程给出，且这个方程依然使 x 和 y 之间具有函数关系，那么称这种方式表示的函数是隐函数。

解：MATLAB 程序如下：

```
>> x = linspace(-2*pi, 2*pi, 100);      % 定义 x 的范围
>> y = zeros(size(x));                   % 初始化 y 值的向量
>> f_y = @(y, x_val) sin(x_val).^2 - cos(y).^3;      % 定义一个函数句柄
>> for i = 1:length(x)
    y(i) = fzero(@(y) f_y(y, x(i)), 0);  % 使用 fzero 函数找到满足 f(x,y)=0 的 y 值
end
>> plot(x, y, "b-");                      % 绘制 y 相对于 x 的曲线
>> title('隐函数 f(x,y)=sin^2(x)-cos^3(y)=0 的 y 相对于 x 的曲线');
```

运行结果如图 4-22 所示。

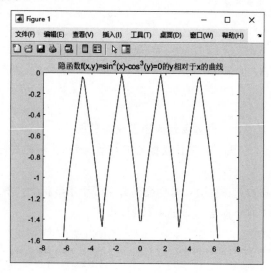

图 4-22　隐函数图形

例 4-12：绘制任意描点的点样式图。

解：MATLAB 程序如下：

```
>> close all
>> x=0:pi/20:2*pi;
>> y1=sin(x)+cos(x);
>> y2=cos(x)-sin(x);
>> y3=cos(x).*sin(x);
>> hold on
>> plot(x,y1,"r*")
```

```
>> plot(x,y2,"kp")
>> plot(x,y3,"bd")
>> hold off
```

运行结果如图 4-23 所示。

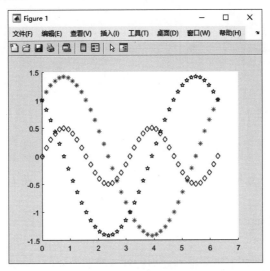

图 4-23   点样式图

 hold on 命令用来使当前轴及图形保持不变，准备接受此后 plot 所绘制的新的曲线。hold off 命令使当前轴及图形不再保持上述性质。

例 4-13： 曲线的属性设置。

绘制并设置以下 3 个函数曲线的显示属性：$y = \sin x$ 、 $y = -\sin x$ 和 $y = \sin x \sin(9x)$ 。

解： MATLAB 程序如下：

```
>> x=(0:pi/100:pi)';                % 定义 0 到 π 的线性间隔列向量，间隔值为 pi/100
>> y1=sin(x)*[1,-1];               % 定义前两个函数的矩阵
>> y2=sin(x).*sin(9*x);
>> x3=pi*(0:9)/9;                  % 定义 0 到 π 的线性间隔值向量，间隔值为 pi/9
>> y3=sin(x3).*sin(9*x3);          % 定义第 3 个函数
>> plot(x,y1,"r:",x,y2,"-bo")      % 绘制前两个函数的曲线
>> hold on
>> plot(x3,y3,"s","MarkerSize",10,"MarkerEdgeColor",...
[0,1,0],"MarkerFaceColor",[1,0.8,0])    % 绘制第 3 个函数的曲线
>> axis([0,pi,-1,1])                     % 调整坐标轴范围，结果如图 4-24 所示
>> hold off
>> plot(x,y1,"r:",x,y2,"-bo",x3,y3,"s","MarkerSize",10,...
"MarkerEdgeColor",[0,1,0],"MarkerFaceColor",[1,0.8,0])    % 绘制 3 个函数的曲线，
如图 4-25 所示
```

运行结果如图 4-24 和图 4-25 所示。

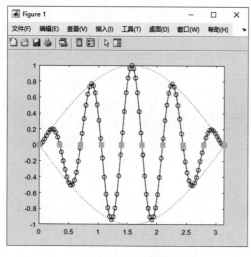

图 4-24　函数图形 1

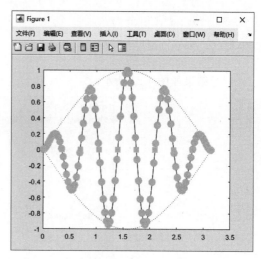

图 4-25　函数图形 2

4.2.2　坐标系与坐标轴

在实际工程中，往往涉及不同坐标系或坐标轴下的图像问题，一般情况下绘图函数使用的都是笛卡儿（直角）坐标系，本小节简单介绍几个工程计算中常用的其他坐标系下的绘图函数，以及调整坐标轴的函数。

1. 在极坐标系下绘图

MATLAB 提供了专门用来绘制极坐标系下的函数图像的函数 polarplot，其常用的两种调用格式见表 4-6。

表 4-6　polarplot 函数常用的调用格式

调用格式	说　　明
polarplot(theta,rho)	在极坐标中绘图，theta 的元素代表弧度角，rho 代表极坐标矢径
polarplot(theta,rho,LineSpec)	在极坐标中绘图，参数 LineSpec 用于指定线条的线型、标记符号和颜色

2. 在半对数坐标系下绘图

MATLAB 提供了 semilogx 与 semilogy 函数，用于在半对数坐标系下绘图。其中，semilogx 函数用来绘制 x 轴为对数刻度的曲线，semilogy 函数用来绘制 y 轴为对数刻度的曲线，两者的调用格式相同。下面以 semilogx 函数为例，介绍这两个函数的调用格式，如表 4-7 所示。

表 4-7　semilogx 函数的常见调用格式

调用格式	说　　明
semilogx(Y)	绘制以 10 为底对数刻度的 x 轴和线性刻度的 y 轴的半对数坐标曲线。若 Y 是实矩阵，则按列绘制每列元素值相对其下标的曲线图；若 Y 为复矩阵，则等价于 semilogx(real(Y),imag(Y))
semilogx(X,Y,LineSpec)	使用指定的线型、标记和颜色绘图

（续表）

调用格式	说　明
semilogx(X1,Y1,...,Xn,Yn)	对坐标对(Xi,Yi) ($i=1,2,\cdots$)绘制所有的曲线，如果(Xi,Yi)是矩阵，则以(Xi,Yi)对应的行或列元素为横纵坐标绘制曲线
semilogx(X1,Y1,LineSpec1,...,Xn,Yn,LineSpecn)	对坐标对(Xi,Yi)($i=1,2,\cdots$)绘制所有的曲线，其中 LineSpeci 是控制曲线线型、标记以及色彩的参数
semilogx(Y)	绘制 Y 对一组隐式 x 坐标的图
semilogx(Y,LineSpec)	使用隐式 x 坐标绘制 Y，并指定线型、标记和颜色
semilogx(ax, ＿＿)	在 ax 指定的坐标区中，而不是在当前坐标区（gca）中创建图形线条
semilogx(＿＿ ,Name,Value)	使用一个或多个名称-值对组参数对 semilogx 函数所生成图形对象的属性进行设置
p=semilogx(＿＿)	返回 Line 图形句柄向量，每条线对应一个句柄

除上面的半对数坐标系绘图外，MATLAB 还提供了双对数坐标系下的绘图函数 loglog，其调用格式与半对数坐标系类似，这里不再赘述。

例 4-14：直角坐标系与半对数坐标系的转换。

解：MATLAB 程序如下：

```
>> x = 1:1000;              % 定义向量
>> y = log(x)./x;
>> plot(x,y)               % 在直角坐标系下绘制曲线
>> figure                  % 新建一个图窗
>> semilogx(x,y)           % x 坐标为对数刻度
```

运行结果如图 4-26 所示。

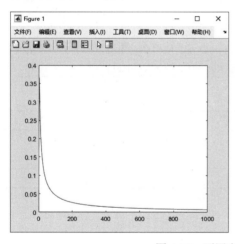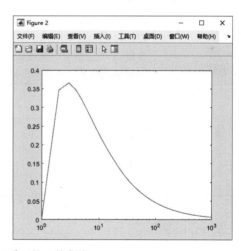

图 4-26　不同坐标系下的函数曲线

3．坐标轴控制

MATLAB的绘图函数可根据要绘制的曲线数据的范围自动选择合适的坐标系，以尽可能清晰地显示曲线。用户也可以根据需要使用axis函数指定坐标范围和显示样式，该函数常用的调用格式如表 4-8 所示。

表 4-8　axis 函数的调用格式

调用格式	说　　明
axis(limits)	limits 用于指定当前坐标区的范围。limits 可以包含 4 个（[xmin xmax ymin ymax]）、6 个（[xmin xmax ymin ymax zmin zmax]）或 8 个（[xmin xmax ymin ymax zmin zmax cmin cmax]）元素
axis style	使用 style 的预定义样式来设置坐标轴的范围和尺度。若 style 为 tight，则把坐标轴的范围定为数据的范围，即将三个方向上的纵高比设为同一个值；若 style 为 equal，则沿每个坐标轴使用相同的数据单位长度；若 style 为 image，则沿每个坐标区使用相同的数据单位长度，并使坐标区框紧密围绕数据；若 style 为 square，则使用相同长度的坐标轴线，同时相应调整数据单位之间的增量；若 style 为 fill，则将坐标轴的取值范围分别设置为绘图所用数据在相应方向上的最大值和最小值；若 style 为 vis3d，则冻结坐标轴的纵横比属性；若 style 为 normal，则自动调整坐标轴的纵横比，还有用于填充图形区域的、显示于坐标轴上的数据单位的纵横比等
axis mode	mode 用于设置 MATLAB 是否自动选择坐标轴范围。若 mode 为 auto，则自动选择所有坐标轴范围；若 mode 为 manual，则将所有坐标轴范围冻结在它们的当前值。若 mode 为'auto x'、'auto y'、'auto z'、'auto xy'、'auto xz'、'auto yz'，则仅自动选择相应的坐标轴范围
axis ydirection	ydirection 用于设置 y 轴方向。ydirection 的默认值为 xy，即将原点放在左下角，y 值按从下到上的顺序逐渐增加；若将 ydirection 设为 ij，则将原点放在坐标区的左上角，y 值按从上到下的顺序逐渐增加
axis visibility	visibility 用于设置坐标区背景的可见性。visibility 的默认值为 on，即显示坐标区背景；若 visibility 为 off，则关闭坐标区背景的显示
lim=axis	返回当前坐标区的 x 坐标轴和 y 坐标轴范围。对于三维坐标区，还会返回 z 坐标轴范围。对于极坐标区，返回 theta 轴和 r 坐标轴范围
[m,v,d]=axis('state')	返回表明当前坐标轴的设置属性的三个参数：mode、visibility、ydirection，它们的可能取值见表 4-9
＿＿＿=axis(ax, ＿＿＿)	使用 ax 指定的坐标区或极坐标区，而不是使用当前坐标区。另外，需要将字符向量类型的输入参数用单引号引起来，例如 axis(ax,'equal')

表 4-9　参数

参　　数	可能取值
mode	manual、auto、'auto x'、'auto y'、'auto z'、'auto xy'、'auto xz'、'auto yz'
visibility	on 或 off
ydirection	xy 或 ij

4.2.3　图形注释

为图形添加一些注释，可以增强图形的可读性。本小节介绍 MATLAB 中提供的几个常用的图形标注函数。

1. 添加图形标题及轴名称

为图形添加标题可表明图形的主旨，标注坐标轴名称则便于查看各个坐标轴的数据。

MATLAB 使用 title 函数为图形对象添加标题，其调用格式如表 4-10 所示。

表 4-10　title 函数的调用格式

调用格式	说　明
title(titletext)	在当前坐标轴上方正中央放置 titletext 的文本作为图形标题
title(titletext,subtitletext)	还可以在标题下添加副标题（使用 subtitletext 的文本）
title(___,Name,Value)	使用一个或多个名称-值对组的参数修改标题外观
title(target, ___)	将标题添加到指定的目标对象，利用 gcf 与 gca 命令可以获取当前图窗与当前坐标区的句柄
t=title(___)	返回用于标题的对象 t，可以使用 t 来修改标题
[t,s]=title(___)	返回用于标题和副标题的对象 t 和 s，使用 s 可以修改副标题

使用 xlabel、ylabel、zlabel 函数可分别对 x 轴、y 轴、z 轴进行标注。它们的调用格式相同。xlabel 的调用格式如表 4-11 所示，其他两个函数的调用格式与此相同，不再赘述。

表 4-11　xlabel 函数的调用格式

调用格式	说　明
xlabel(txt)	在当前坐标区对象中的 x 轴添加标签 txt
xlabel(target,txt)	为指定的目标对象添加标签
xlabel(___,Name,Value)	使用一个或多个名称-值对组的参数修改标签外观
t=xlabel(___)	返回用作 x 轴标签的文本对象，使用 t 可对标签进行修改

例 4-15：绘制正切曲线。

解：MATLAB 程序如下：

```
>> x = linspace(-pi/2 + 0.01, pi/2 - 0.01, 1000);   % 定义向量 x，且避开奇点
>> plot(x,tan(x))                                    % 绘制正切曲线
>> title('正切曲线')                                 % 添加标题
>> xlabel('x 坐标')                                  % 添加 x 轴标签
>> ylabel('y 坐标')                                  % 添加 y 轴标签
>> axis([-pi/2, pi/2, -10, 10])
% 设置坐标轴范围
```

运行结果如图 4-27 所示。

2．图形标注

使用函数 text 与 gtext，可以在图形中添加标注内容。其中，text 用于在指定坐标位置添加文本或 TeX 字符串，而 gtext 不用指定坐标位置，可通过鼠标在任意位置添加标注内容。

text 函数的调用格式见表 4-12。

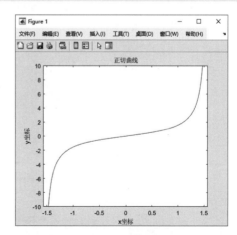

图 4-27　正切曲线

表 4-12　text 函数的调用格式

调用格式	说　明
text(x,y,txt)	在二维图形中指定的位置（x,y）添加由 txt 指定的文本。标注文本支持 TeX 和 LaTeX 字符串，可以直接使用其中的一些希腊字母、常用数学符号、二元运算符号、关系符号以及箭头符号
text(x,y,z,txt)	在三维图形中指定的位置（x,y,z）添加由 txt 指定的文本
text(＿＿,Name,Value)	在上述调用格式的基础上，使用一个或多个名称-值对组的参数指定标注的样式。使用 get 命令和 set 命令可以分别获取、设置属性值
text(ax, ＿＿)	在 ax 指定的坐标区而不是在当前坐标区（gca）中添加文本标注
t=text(＿＿)	返回一个或多个文本对象 t，以便修改标注的属性

例 4-16：绘制积分函数。

解：MATLAB 程序如下：

```
>> syms x q
>> y=2/3*exp(-x/2)*cos(sqrt(3)/2*x)
>> s=subs(int(y,x,0,q),q,x);  % 求函数 y 关于变量 x 在区间[0 q]的积分，将计算结果中的
q 替换为 x
>> subplot(2,1,1)
>> fplot(y,[0,4*pi]),ylim([-0.2,0.7])   % 绘制符号表达式的函数曲线并指定坐标范围
>> grid on                              % 显示网格线
>> title('y =(2 exp(-x/2)cos((3^{x/2}x)/2))/3')    % 使用修饰符"^{ }"设置上标
>> subplot(2,1,2)
>> fplot(s,[0,4*pi])
>> grid on
>> title('s = \int y(x)dx')             % 使用修饰符"\int"表示积分符号
```

运行结果如图 4-28 所示。

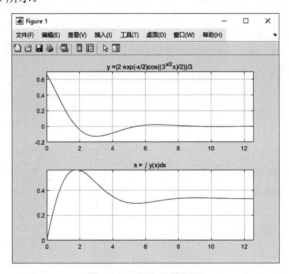

图 4-28　积分函数图形

gtext 函数的调用格式如表 4-13 所示。

表 4-13 gtext 函数的调用格式

调用格式	说　明
gtext(str)	在使用鼠标选择的位置处插入文本 str
gtext(str,Name,Value)	在上述调用格式的基础上，使用一个或多个名称-值对组的参数指定文本属性
t=gtext(＿＿)	在以上任一语法格式的基础上，返回由 gtext 创建的文本对象的数组，以便使用 t 来修改标注的属性

调用 gtext 函数时，图窗中的鼠标指针显示为十字准线。将鼠标指针移至要添加标注的位置单击，或按下键盘上的任意键，即可在光标所在位置添加指定的文本标注。

例 4-17：画出正切函数在区间$[-\pi/2, \pi/2]$上的图像，标出函数在取值点-1.5 和 1.5 的值在图像上的位置，并在曲线上标出函数名。

解：MATLAB 程序如下：

```
>> x = linspace(-pi/2 + 0.01, pi/2 - 0.01, 1000);  % 定义向量 x，且避开奇点
>> plot(x,tan(x))
>> title('正切函数')
>> xlabel('x 坐标'),ylabel('tan(x)')
>> axis([-pi/2, pi/2, -20, 20])
>> text(-1.5,tan(-1.5),'<---tan(-1.5)')
>> text(1.5,tan(1.5),'tan(1.5)\rightarrow','HorizontalAlignment','right')
>> gtext('y=tan(x)')
```

运行结果如图 4-29 所示。

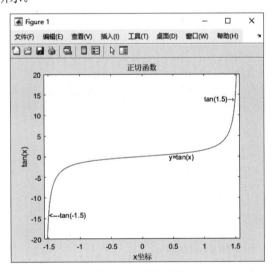

图 4-29 标注图形

3. 添加图例

如果在同一图窗或坐标区中绘制了多条曲线，有时很难区分。这种情况下，用户可以利用 legend 函数在图形中添加图例，以区分不同的曲线，其调用格式如表 4-14 所示。

表 4-14 legend 函数的调用格式

调用格式	说　　明
legend	为每个绘制的数据序列创建一个带有描述性标签的图例
legend(label1,···,labelN)	以字符向量或字符串列表的形式指定图例标签
legend(labels)	使用字符向量元胞数组、字符串数组或字符矩阵设置标签
legend(subset,＿＿)	仅在图例中包括图形对象向量 subset 列出的数据序列的项
legend(target,＿＿)	在 target 指定的坐标区或图中添加图例
legend(＿＿,'Location',lcn)	lcn 可指定图例位置，其取值包括'north'、'south'、'east'、'west'、'northeast'等
legend(＿＿,'Orientation',ornt)	ornt 表示图例排列方式，默认值'vertical'表示垂直堆叠图例项，'horizontal'表示并排显示图例项
legend(＿＿,Name,Value)	使用一个或多个名称–值对组的参数来设置图例属性
legend(bkgd)	bkgd 用于控制图例背景和轮廓显示与否。bkgd 的默认值为'boxon'，即显示图例背景和轮廓；若设置为'boxoff'，则不显示图例背景和轮廓
lgd=legend(＿＿)	返回 Legend 对象。可使用 lgd 在创建图例后查询和设置图例属性
legend(vsbl)	vsbl 用于控制图例的可见性，其取值为'hide'（隐藏图例）、'show'（显示图例或创建图例（如果不存在））或'toggle'（切换图例的可见性）
legend('off')	删除当前坐标区中的图例

例 4-18： 添加绘图注释。

解： MATLAB 程序如下：

```
>> t=[0:0.1:5];                              % 定义向量 t
>> x=exp(-0.5*t).*sin(2*t);                  % 定义 t 时刻的位移
>> y=diff(x);                                % 计算 x 的近似导数，即求速度
>> y1=[0.2 y];                               % 对 y 增加一个初始的数据点
>> plot(t,x,"r-",t,y1,"m:")                  % 绘制位移 x 和速度 y1 的图形
>> title('位置与速度曲线');legend('位置','速度');   % 添加图形标题并添加图例
>> xlabel('时间 t');ylabel('位置 x,速度 dx/dt');    % 添加 x 轴和 y 轴的标签
>> grid on                                   % 显示网格线
```

在图窗中得到如图 4-30 所示的效果。

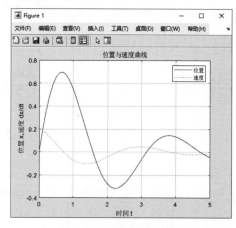

图 4-30　绘图注释函数

4. 网格线控制

在图形中显示网格线，可以更直观地对比图形不同位置的数据。在 MATLAB 中，利用 grid 函数可以在二维或三维图形的坐标面控制网格线显示与否，其调用格式如表 4-15 所示。

表 4-15　grid 函数的调用格式

调用格式	说　　明
grid on	在当前坐标区显示主网格线（主网格线出现在每个刻度线）
grid off	隐藏当前坐标区中的所有网格线
grid	切换当前坐标区中的主网格线的显示状态
grid minor	切换次网格线的可见性。次网格线出现在刻度线之间。读者要注意的是，并非所有类型的图都支持次网格线
grid(target, _ _ _)	控制 target 所指定坐标区网格线的显示状态

4.3　三　维　绘　图

在 MATLAB 中，常见的三维图形包括三维曲线图、三维曲面图、三维网格图、三维等高线图。在显示三维图时，可以根据需要调整观察视角。MATLAB 提供了丰富的三维绘图函数和详细的联机帮助，可帮助用户快速掌握三维图形的绘制方法。

4.3.1　三维曲线绘图函数

1. plot3 函数

与 plot 函数类似，plot3 函数也用于绘制曲线图，不同的是，plot3 函数的调用格式中多了一个第三维的信息，绘制的是三维曲线。读者可以参照 plot 函数的格式使用 plot3 函数。

例 4-19：绘制函数的二维和三维图形。

解：MATLAB 程序如下：

```
>> x = linspace(0,4*pi,1000);
% 创建由1000个介于0~4π的元素组成的
向量 x
>> y = cos(x.^2);
% 定义 y 坐标函数表达式
>> z=sin(x.^2);
% 定义 z 坐标函数表达式
>> plot(x,y)
% 绘制二维图形，如图 4-31 所示
>> plot3(x,y,z)
% 绘制三维图形，如图 4-32 所示
```

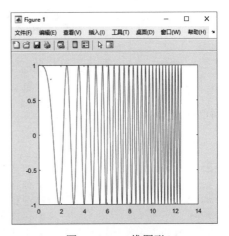

图 4-31　二维图形

109

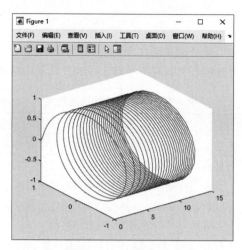

图 4-32　三维图形

例 4-20： 绘制空间线。

解： MATLAB 程序如下：

```
>> t=(0:0.02:2)*pi;
>> x=sin(t);y=cos(t);z=cos(2*t);
>> plot3(x,y,z,'b-',x,y,z,'bd')
```

运行上述命令后，在图窗出现如图 4-33 所示的图形。

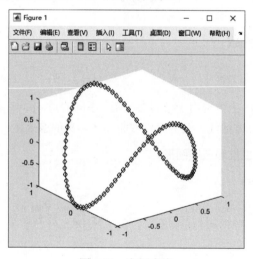

图 4-33　空间直线

例 4-21： 绘制多条重叠曲线。

解： MATLAB 程序如下：

```
>> x=linspace(0,3*pi);        % 定义向量 x
>> z1=sin(x);                 % 计算 z1
>> z2=sin(2*x);               % 计算 z2
>> z3=sin(3*x);               % 计算 z3
>> y1=zeros(size(x));         % 定义 y1 为 0 向量
```

```
>> y2=zeros(size(x));          % 定义 y2 为 0 向量
>> y3=y2/2;                    % 定义 y3 为 0 向量
>> plot3(x,y1,z1,x,y2,z2,x,y3,z3);              % 绘制三维曲线图
>> xlabel('x轴');ylabel('y轴');zlabel('z轴');   % 添加坐标轴标签
>> legend('sin(x)','sin(2x)','sin(3x)')         % 添加图例
```

运行结果如图 4-34 所示。

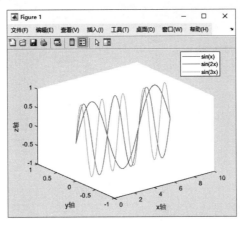

图 4-34 多条曲线

2. fplot3 函数

与 fplot 函数类似，fplot3 函数专门用于绘制符号函数的三维曲线图，其调用格式如表 4-16 所示。

表 4-16 fplot3 函数的调用格式

调用格式	说　明
fplot3(funx,funy,funz)	在变量 t 的默认区间[-5,5]绘制由 x=funx(t)、y=funy(t)和 z=funz(t)定义的参数化曲线
fplot3(funx,funy,funz,tinterval)	tinterval 用于指定 t 的区间，可指定为[$t$min $t$max]形式的二元素向量
fplot3(___,LineSpec)	LineSpec 用于设置三维曲线的线型、标记符号和线条颜色
fplot3(___,Name,Value)	使用一个或多个名称-值对组的参数指定线条属性
fplot3(ax, ___)	在 ax 指定的坐标区，而不是当前坐标区中绘制图形
fp=fplot3(___)	返回 ParameterizedFunctionLine 对象 fp，可使用 fp 查询和修改特定线条的属性

例 4-22：绘制下面的三维弹簧函数的图形：

$$\begin{cases} x = \sin\theta \\ y = \cos\theta \\ z = \theta \end{cases} \quad (\theta \in [0,10\pi])$$

解：MATLAB 程序如下：

```
>> syms t                              % 定义符号变量
>> fplot3(sin(t),cos(t),t,[0,10*pi])   % 绘制符号函数的三维曲线图
```

```
>> title('螺旋曲线')                                        % 添加图形标题
>> xlabel('sin(t)'),ylabel('cos(t)'),zlabel('t')          % 添加坐标轴标签
```

运行上述命令后，在图窗出现如图 4-35 所示的图形。

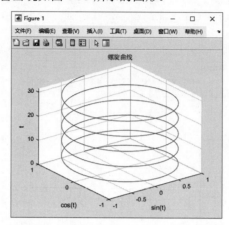

图 4-35　螺旋曲线

例 4-23：画出下面的圆锥螺线的图像：

$$\begin{cases} x = t\cos t \\ y = t\sin t \\ z = t \end{cases} \qquad t \in [0, 20\pi]$$

解：MATLAB 程序如下：

```
>> syms t                                                  % 定义符号变量
>> x=t*cos(t);
>> y=t*sin(t);
>> z=t;
>> fplot3(x,y,z,[0,20*pi])                                % 在指定区间绘图
>> title('圆锥螺线')                                        % 添加图形标题
>> xlabel('t*cos(t)'),ylabel('t*sin(t)'),zlabel('t')      % 添加坐标轴标签
```

运行结果如图 4-36 所示。

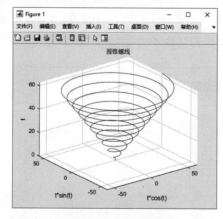

图 4-36　圆锥螺线

4.3.2　三维网格函数

在 MATLAB 中，常用的三维网格函数有 mesh 和 fmesh，后者常用于绘制符号函数的网格图。在绘制网格图之前，通常会使用 meshgrid 函数生成网格坐标。

1．meshgrid 函数

meshgrid 函数用来生成二元函数 $z = f(x,y)$ 或三元函数 $u = f(x,y,z)$ 在 xy 平面或 xyz 空间的网格数据点矩阵，其调用格式如表 4-17 所示。

表 4-17　meshgrid 函数的调用格式

调用格式	说　明
[X,Y]=meshgrid(x,y)	基于向量 x 和 y 中包含的坐标返回二维网格坐标。X 是一个矩阵，每一行是 x 的一个副本；Y 也是一个矩阵，每一列是 y 的一个副本。坐标 X 和 Y 表示的网格有 length(y) 个行和 length(x) 个列
[X,Y]=meshgrid(x)	等价于形式[X,Y]=meshgrid(x,x)
[X,Y,Z]=meshgrid(x,y,z)	返回由向量 x、y 和 z 定义的三维网格坐标。X、Y 和 Z 表示的网格大小为 length(y)×length(x)×length(z)
[X,Y,Z]=meshgrid(x)	等价于形式[X,Y,Z]=meshgrid(x,x,x)

2．mesh 函数

使用 mesh 函数可以创建一个边有颜色，面无颜色的三维网格曲面图，其调用格式如表 4-18 所示。

表 4-18　mesh 函数的调用格式

调用格式	说　明
mesh(X,Y,Z)	根据给定的坐标绘制三维网格曲面图，将矩阵 Z 中的值绘制为由 X 和 Y 定义的 x-y 平面中的网格上方的高度。边颜色取决于 Z 指定的高度
mesh(Z)	将 Z 中元素的列索引和行索引用作 x 坐标和 y 坐标，绘制三维网格图
mesh(Z,C)	在上一语法格式的基础上，C 用于指定边的颜色
mesh(___,C)	C 用于进一步指定边的颜色
mesh(ax,___)	在 ax 指定的坐标区中绘制三维网格图
mesh(___,Name,Value,)	在以上任一语法格式的基础上，通过一个或多个名称-值对组的参数指定网格曲面的属性
s=mesh(___)	返回一个图曲面对象 s，以便修改网格图的属性

默认情况下，绘制的三维网格图会自动启用隐线消除模式，即仅绘制未被三维视图中其他对象遮住的线条。如果希望显示被遮住的线条，则可以利用 hidden 函数禁用隐线消除模式，其调用格式如表 4-19 所示。

表 4-19　hidden 函数的调用格式

调用格式	说　明
hidden on	消除隐线，网格显示为不透明状态

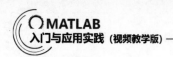
（续表）

调用格式	说　明
hidden off	不消除隐线，网格显示为透明状态
hidden	在上面两种格式之间切换
hidden(ax, ＿＿＿)	修改由 ax 指定的坐标区而不是当前坐标区上的曲面对象

例 4-24：绘制马鞍面函数 $z = -x^4 + y^4 - x^2 - y^2 - 2xy$（$x, y \in [-4, 4]$）的图形。

解：MATLAB 程序如下：

```
>> close all
>> x=-4:0.25:4;                    % 定义向量 x
>> y=x;
>> [X,Y]=meshgrid(x,y);           % 利用向量 x、y 生成二维网格坐标 X、Y
>> Z=-X.^4+Y.^4-X.^2-Y.^2-2*X.*Y;
>> mesh(Z)                        % 绘制三维网格曲面图
>> title('马鞍面')
>> xlabel('x'),ylabel('y'),zlabel('z')
```

运行结果如图 4-37 所示。

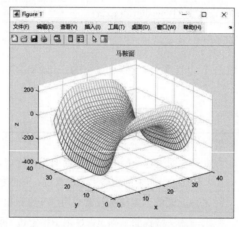

图 4-37　马鞍面

例 4-25：绘制函数 $z = x^2 + y^2$（$x, y \in [-4, 4]$）的网格曲面图。

本实例根据给定函数绘制两个网格曲面图，一个不显示其背后的网格，一个显示其背后的网格。

解：MATLAB 程序如下：

```
>> close all
>> t=-4:0.1:4;
>> [X,Y]=meshgrid(t);
>> Z=X.^2+Y.^2;
>> subplot(1,2,1)
>> mesh(X,Y,Z),hidden on        % 消除隐线，不显示曲面背后的网格
>> title('不显示网格')
>> subplot(1,2,2)
```

```
>> mesh(X,Y,Z),hidden off          % 禁用隐线消除模式，显示曲面背后的网格
>> title('显示网格')
```

运行结果如图 4-38 所示。

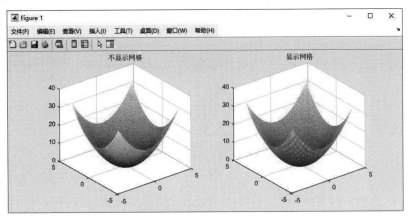

图 4-38　消除隐线与禁用消除隐线的对比

3．fmesh 函数

如果要绘制符号函数 $f(x,y)$（即 f 是关于 x、y 的数学函数的字符串表示）的网格曲面图形，可以使用 fmesh 函数，其调用格式如表 4-20 所示。

表 4-20　fmesh 函数的调用格式

调用格式	说　明
fmesh(f)	在 x 和 y 的默认区间[-5 5]绘制表达式 $z=f(x,y)$ 的三维网格图
fmesh(f,xyinterval)	在 x 和 y 的指定区间[min max]或[$x$min $x$max $y$min $y$max]绘制表达式 $z=f(x,y)$ 的三维网格图
fmesh(funx,funy,funz)	在默认区间[-5 5]（对于 u 和 v）绘制由 $x=$funx(u,v)、$y=$funy(u,v)、$z=$funz(u,v) 定义的参数化三维网格图
fmesh(funx,funy,funz,uinterval)	uvinterval 用于指定区间。可将 uvinterval 指定为[min max]形式的二元素向量或[$u$min $u$max $v$min $v$max]形式的四元素向量
fmesh(＿＿,LineSpec)	LineSpec 用于设置网格的线型、标记符号和颜色
fmesh(＿＿,Name,Value)	使用一个或多个名称-值对组的参数指定网格的属性
fmesh(ax, ＿＿)	在由 ax 指定的坐标区中绘制图形，而不是在当前的坐标区（gca）中
fs=fmesh(＿＿)	返回值 fs 是一个 FunctionSurface 对象或 ParameterizedFunctionSurface 对象，具体情况取决于输入。使用 fs 可查询和修改特定曲面的属性

例 4-26：绘制下面函数的三维网格表面图：

$$f(x,y) = e^y \sin x + e^x \cos y \qquad (-\pi \leqslant x, y \leqslant \pi)$$

解：MATLAB 程序如下：

```
>> close all
>> syms x y
>> f=exp(y) * sin(x) + exp(x) * cos(y);
```

```
>> fmesh(f,[-pi,pi])
>> title('带网格线的三维表面图')
```

运行结果如图 4-39 所示。

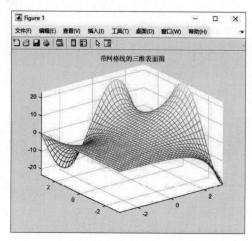

图 4-39　fmesh 作图的示例

4.3.3　三维曲面函数

本小节介绍两个常用的三维曲面绘图函数：surf 和 fsurf。其中，fsurf 专门用于绘制符号函数的三维曲面图。在介绍曲面绘制函数之前，读者有必要先了解网格图和曲面图的区别：网格图的边线有颜色，而边线之间的面没有颜色；而曲面图的边线默认为黑色，边线之间的面有颜色。

1．surf 函数

surf 函数用于绘制具有实色边和实色面的三维曲面图，其调用格式与 mesh 函数相同，此处不再赘述。

例 4-27：绘制函数 $z = x^2 + y^2$（$x, y \in [-4, 4]$）的图像。

解：MATLAB 程序如下：

```
>> x=-4:4;
>> y=x;
>> [X,Y]=meshgrid(x,y);
>> Z=X.^2+Y.^2;
>> surf(X,Y,Z);
>> colormap(hot)              % 将内置的颜色图 hot 设置为当前图窗的颜色图
>> hold on
>> stem3(X,Y,Z,'bo')         % 绘制三维坐标定义的针状图
>> hold off
>> xlabel('x'),ylabel('y'),zlabel('z')
>> axis([-5,5,-5,5,0,inf])
>> view([-70,50])            % 调整视角，方位角为-70，仰角为 50
```

运行结果如图 4-40 所示。

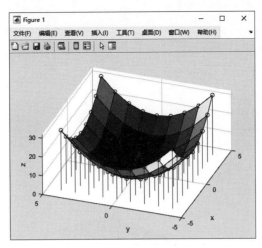

图 4-40　曲面图形

surf 有两个同类的函数：surfc 与 surfl，分别用于绘制有基本等值线的曲面图和有亮度的曲面图。

2．fsurf 函数

如果要绘制符号函数 $f(x,y)$（即 f 是关于 x、y 的数学函数的字符串表示）的三维曲面，可以使用 fsurf 函数，其调用格式见表 4-21。

表 4-21　fsurf 函数的调用格式

调用格式	说　明
fsurf(f)	在默认区间[-5 5]（对于 x 和 y）绘制函数 $z=f(x,y)$ 的曲面图
fsurf(f,xyinterval)	在由 xyinterval 指定的区间[min max]或[$x$min $x$max $y$min $y$max]绘制函数 $z=f(x,y)$ 的曲面图
fsurf(funx,funy,funz)	在默认区间[-5 5]（对于 u 和 v）绘制由 x=funx(u,v)、y=funy(u,v)、z=funz(u,v) 定义的参数化曲面图
fsurf(funx,funy,funz,uvinterval)	uvinterval 用于指定 u 和 v 的区间。若使用相同的区间，则可指定为[min max]；若使用不同的区间，则可指定为[$u$min $u$max $v$min $v$max]
fsurf(＿＿,LineSpec)	LineSpec 用于设置线型、标记符号和曲面颜色
fsurf(＿＿,Name,Value)	使用一个或多个名称-值对组参数指定曲面属性
fsurf(ax, ＿＿＿)	在由 ax 指定的坐标区而不是当前坐标区（gca）中绘制曲面图
fs=fsurf(＿＿)	返回 FunctionSurface 对象或 ParameterizedFunctionSurface 对象 fs，具体情况取决于输入。fs 用于查询和修改特定曲面的属性

例 4-28：绘制参数曲面 $\begin{cases} x = \sin^2(s+t) \\ y = \cos^2(s-t) \\ z = \sin s \cos t \end{cases}$（$-\pi \leqslant s,t \leqslant \pi$）的图像。

解：MATLAB 程序如下：

```
>> close all
```

```
>> syms s t
>> x=sin(s+t).^2;
>> y=cos(s-t).^2;
>> z=sin(s).*cos(t);
>> fsurf(x,y,z,[-pi,pi])
>> title('符号函数曲面图')
```

运行结果如图 4-41 所示。

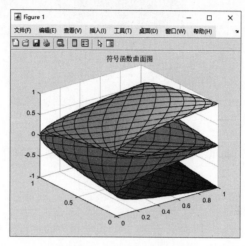

图 4-41　fsurf 作图的示例

由于所有的 MATLAB 作图函数都忽略值为 NaN 的数据点，因此将部分曲面数据设置为 NaN，即可在曲面的相应位置打个"孔"，此时可以查看曲面背后的图形。

4.3.4　柱面与球面

MATLAB 提供了专门绘制柱面与球面的函数 cylinder 与 sphere。

1. 柱面

在 MATLAB 中，使用 cylinder 函数可以绘制柱面，其调用格式如表 4-22 所示。

表 4-22　cylinder 函数的调用格式

调用格式	说　明
[X,Y,Z]=cylinder	返回 3 个大小为 2×21 的矩阵，其中包含圆柱的 x、y 和 z 坐标，但不对其绘图。圆柱的半径为 1、高度为 1，底面平行于 xy 平面，圆周上有 20 个等间距点。要绘制圆柱，可将 X、Y 和 Z 传递给 surf 或 mesh 函数
[X,Y,Z]=cylinder(r,n)	返回具有指定剖面曲线 r 和圆周上 n 个等距点的圆柱的 x、y 和 z 坐标。该格式将 r 中的每个元素视为沿圆柱单位高度的等距高度的半径。每个坐标矩阵的大小为 $m×(n+1)$，其中 m=numel(r)。如果 r 是标量，则 m=2
[X,Y,Z]=cylinder(r)	与[X,Y,Z]=cylinder(r,20)等价
cylinder(＿＿)	没有任何的输出参量，直接绘制圆柱体
cylinder(ax, ＿＿)	在 ax 指定的坐标区绘制圆柱体

提示 用 cylinder 可以绘制棱柱的图像，例如运行 cylinder(2,6)将绘出底面为正六边形、半径为 2 的棱柱。

2. 球面

使用 sphere 可以在三维直角坐标系中绘制球面，其调用格式见表 4-23。

表 4-23　sphere 函数的调用格式

调用格式	说　明
[X,Y,Z]=sphere	以 3 个 21×21 矩阵的形式返回半径为 1，由 20×20 个面组成的球面的 x、y 和 z 坐标而不对其绘图
[X,Y,Z]=sphere(n)	以 3 个 $(n+1)×(n+1)$ 矩阵形式返回半径等于 1 且包含 $n×n$ 个面的球面的 x、y 和 z 坐标
sphere(__)	绘制球面而不返回坐标。请将此语法与上述语法中的任何输入参数结合使用
sphere(ax, __)	在 ax 指定的坐标区中，而不是在当前坐标区中绘制球面

例 4-29：绘制三维陀螺锥面。

解：MATLAB 程序如下：

```
>> t1=[0:0.1:0.9]; t2=[1:0.1:2]; r=[t1,-t2+2];   % 使用向量定义圆柱半径
>> [X,Y,Z]=cylinder(r,30);                        % 返回柱面坐标，不绘制图形
>> surf(X,Y,Z)                                     % 绘制坐标矩阵定义的三维曲面图
```

运行结果如图 4-42 所示。

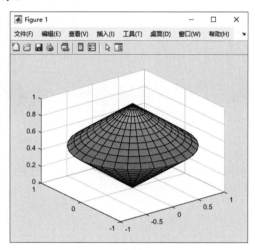

图 4-42　三维陀螺锥面

例 4-30：绘制球体并设置颜色。

解：MATLAB 程序如下：

```
>> close all
>> k = 5;
>> n = 2^k-1;
```

```
>> [X,Y,Z] = sphere(n);              % 返回 n×n 个面组成的球面坐标
>> c = hadamard(2^k);                % 创建 2^k 阶的 Hadamard（哈达玛）矩阵，是由+1 和-1
元素构成的正交方阵
>> surf(X,Y,Z,c);                    % 绘制 X、Y、Z 定义的曲面图，矩阵 c 指定曲面颜色
>> colormap([1 1 0; 0 1 1])          %利用 RGB 值定义曲面的颜色图
>> axis equal
>> xlabel('x轴'),ylabel('y轴'),zlabel('z轴')
```

运行结果如图 4-43 所示。

例 4-31： 绘制一个半径变化的柱面。

解： MATLAB 程序如下：

```
>> close all
>> t=0:pi/10:2*pi;
>> [X,Y,Z]=cylinder(2*cos(t),30);% 返回圆柱体表面网格的坐标。该圆柱体半径在高度方向
上的变化由表达式 2*cos(t)定义，圆柱体的高度为 1，圆周上有 30 个等距点
>> surf(X,Y,Z)
>> axis square
>> xlabel('x轴'),ylabel('y轴'),zlabel('z轴')
```

运行结果如图 4-44 所示。

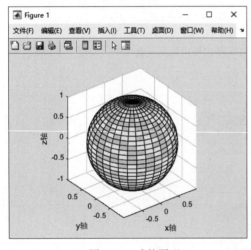

图 4-43　球体图形

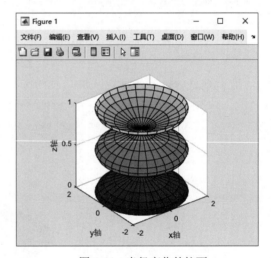

图 4-44　半径变化的柱面

4.3.5　三维图形等值线

在军事、地理等学科中经常会用到等值线。MATLAB 提供了丰富的等值线绘制函数，可绘制
二维等值线、三维等值线和填充的等值线图。本小节将介绍几个常用的等值线绘制函数。

1．contour3 函数

contour3 函数用于绘制曲面的三维等值线图，其调用格式见表 4-24。

表 4-24　contour3 函数的调用格式

调用格式	说　明
contour3(Z)	绘制三维空间角度观看矩阵 Z 的等值线图,其中 Z 的元素被认为是距离 x-y 平面的高度,矩阵 Z 至少为 2 阶的。等值线的条数与高度是自动选择的。若[m,n]=size(Z),则 x 轴的范围为[1,n],y 轴的范围为[1,m]
contour3(X,Y,Z)	用 X 与 Y 定义 x 轴与 y 轴的范围。若 X 为矩阵,则 X(1,:)定义 x 轴的范围;若 Y 为矩阵,则 Y(:,1)定义 y 轴的范围;若 X 与 Y 同时为矩阵,则它们必须同型;若 X 或 Y 有不规则的间距,contour3 还是使用规则的间距计算等值线,然后将数据转变给 X 或 Y
contour3(＿＿,levels)	levels 用于指定等高线层级,它可以为整数标量或向量。若 levels 指定为标量值 n,则将在 n 个自动选择的层级(高度)上显示等高线;若 levels 指定为单调递增值的向量,则将在某些特定高度绘制等高线;若 levels 指定为二元素行向量[k k],则将在一个高度(k)绘制等高线
contour3(＿＿,LineSpec)	LineSpec 用于指定等高线的线型和颜色
contour3(＿＿,Name,Value)	使用一个或多个名称-值对组的参数指定等高线图的其他选项
contour3(ax, ＿＿)	在 ax 指定的目标坐标区中显示等高线图
M=contour3(＿＿)	返回等高线矩阵 M,其中包含每个层级的顶点的(x,y)坐标
[M,c]=contour3(＿＿)	绘制等高线图的同时返回等值线矩阵 M 和等高线对象 c

例 4-32:绘制函数的等值线图。

解:MATLAB 程序如下:

```
>> t=-4:0.1:4;          % 创建-4 到 4 的向量 t,元素间隔为 0.1
>> [X,Y]=meshgrid(t);   % 定义二维网格矩阵 X、Y
>> Z =sqrt(X.^2+Y.^2);  % 函数表达式 Z
>> contour3(X,Y,Z);     % 在 x 轴与 y 轴的坐标范围内创建一个包含矩阵 Z 的等值线的三维等高
线图
>> title('函数等值线图');
>> xlabel('x 轴'),ylabel('y 轴'),zlabel('z 轴')
```

运行结果如图 4-45 所示。

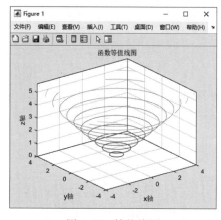

图 4-45　等值线图

2. contour 函数

contour 函数用来绘制二维等值线，可以看作一个三维曲面向 x-y 平面上的投影，其调用格式见表 4-25。

表 4-25　contour 函数的调用格式

调用格式	说　明
contour(Z)	把矩阵 $\boldsymbol{Z}$ 中的值作为一个二维函数的值，等值线是一个平面的曲线，平面的高度是 MATLAB 自动选取的。$\boldsymbol{Z}$ 的列和行索引分别是平面中的 x 和 y 坐标
contour(X,Y,Z)	$\boldsymbol{X}$ 和 $\boldsymbol{Y}$ 用于指定矩阵 $\boldsymbol{Z}$ 中各值的 x 和 y 坐标
contour(＿＿,levels)	levels 用于指定等值线层级，它可以为整数标量或向量。使用此参数可控制等值线的数量和位置。若 levels 为标量值 n，则将在 n 个自动选择的层级（高度）上显示等值线；若 levels 为单调递增值的向量，则将在某些特定高度绘制等值线；若 levels 为二元素行向量[$k\ k$]，则将在一个高度（k）绘制等值线
contour(＿＿,LineSpec)	LineSpec 用于指定等值线的线型和颜色
contour(＿＿,Name,Value)	使用一个或多个名称-值对组参数指定等高线图的其他选项
contour(ax, ＿＿)	在 ax 指定的目标坐标区中显示等高线图
M=contour(＿＿)	返回等值线矩阵 $\boldsymbol{M}$，其中包含每个层级的顶点的（x,y）坐标
[M,c]=contour(＿＿)	返回等值线矩阵 $\boldsymbol{M}$ 和等高线对象 c，显示等高线图后，可使用 c 设置属性

例 4-33：绘制函数 $z = \cos^2 x + \sin y$ 在定义域 $x \in [-2\pi, 2\pi]$，$y \in [-2\pi, 2\pi]$ 的曲面图像及其在 x-y 面的等值线图。

解：MATLAB 程序如下：

```
>> close all
>> x=linspace(-2*pi,2*pi,50);
>> y=x;
>> [X,Y]=meshgrid(x,y);
>> Z= cos(X).^2+sin(Y);
>> subplot(1,2,1);
>> surf(X,Y,Z);
>> title('曲面图像');
>> subplot(1,2,2);
>> contour(X,Y,Z,'ShowText','on')    % 在 x-y 平面上绘制等值线图，并显示等值线的标签
>> title('二维等值线图')
```

运行结果如图 4-46 所示。

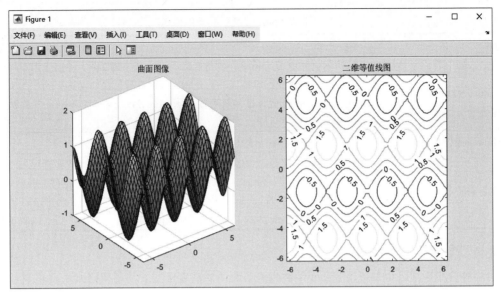

图 4-46   contour 作图

3．contourf 函数

contourf 函数先绘制等值线，然后用同一颜色填充相邻等值线之间的区域，填充颜色取决于当前的色图颜色。该函数的调用格式见表 4-26。

表 4-26   contourf 函数的调用格式

调用格式	说　明
contourf(Z)	创建一个包含矩阵 Z 的等值线的填充等值线图，其中 Z 包含 x-y 平面上的高度值。MATLAB 会自动选择要显示的等高线。Z 的列和行索引分别是平面中的 x 和 y 坐标
contourf(X,Y,Z)	X 与 Y 用于指定 x 轴与 y 轴的范围
contourf(_ _ _,levels)	levels 用于指定等高线层级，它可以为整数标量或向量。此参数可控制等值线的数量和位置。若 levels 为标量值 n，则将在 n 个自动选择的层级（高度）上显示等值线；若 levels 为单调递增值的向量，则将在某些特定高度绘制等值线；若 levels 为二元素行向量[k k]，则将在一个高度（k）绘制等值线
contourf(_ _ _,LineSpec)	LineSpec 用于指定等值线的线型和颜色
contourf(_ _ _,Name,Value)	使用一个或多个名称-值对组参数指定等值线图的其他选项
contourf(ax, _ _ _)	在 ax 指定的目标坐标区中显示填充等高线图
M=contourf(_ _ _)	返回等高线矩阵 M，其中包含每个层级的顶点的（x,y）坐标
[M,c]=contourf(_ _ _)	显示等高线图后，返回等高线矩阵 M 和等值线对象 c。使用 c 可设置属性

4．contourc 函数

该函数可计算 contour、contour3 和 contourf 等函数使用的等值线矩阵 M。矩阵 Z 中的值确定与平面相关的等高线的高度。contourc 函数的调用格式见表 4-27。

表 4-27　contourc 函数的调用格式

调用格式	说　明
M=contourc(Z)	从矩阵 $\boldsymbol{Z}$ 中计算等值矩阵，其中 $\boldsymbol{Z}$ 的维数至少为 2 阶，等值线为矩阵 $\boldsymbol{Z}$ 中数值相等的单元，等值线的数目和相应的高度值是自动选择的。其中需要注意，contourc 返回的矩阵可能与 contour、contourf 和 contour3 函数的结果不一致
M=contourc(X,Y,Z)	$\boldsymbol{X}$、$\boldsymbol{Y}$ 用于确定 x、y 的坐标轴范围
M=contourc(＿＿,levels)	levels 用于指定等高线层级，它可以为整数标量或向量。此参数可控制等值线的数量和位置。若 levels 为标量值 n，则将在 n 个自动选择的层级（高度）上显示等值线；若 levels 为单调递增值的向量，则将在某些特定高度绘制等值线；若 levels 为二元素行向量 $[k\ k]$，则将在一个高度（k）绘制等值线

5. clabel 函数

绘制等值线后，还可以使用 clabel 函数为等值线添加高度标签，其调用格式见表 4-28。

表 4-28　clabel 函数的调用格式

调　用　格　式	说　明
clabel(M,h)	把标签 h 旋转到恰当的角度，再插入等值线中，只有等值线之间有足够的空间时才加入，这决定于等值线的尺度，其中 $\boldsymbol{M}$ 为等值线矩阵
clabel(M,h,v)	在指定的高度 v 上显示标签 h
clabel(M,h,'manual')	手动设置标签。用户用鼠标左键或空格键在最接近指定位置的地方放置标签，用键盘上的 Enter 键结束该操作
t=clabel(M,h,'manual')	返回创建的文本对象 t
clabel(M)	使用"+"符号和垂直向上的文本为等值线添加标签
clabel(M,v)	在给定的位置 v 上显示垂直向上的标签
clabel(M,'manual')	允许用户通过鼠标来给等值线添加标签
tl=clabel(＿＿)	以向量形式返回创建的文本和线条对象 th
clabel(＿＿,Name,Value)	使用一个或多个 Name-Value（名称-值）对组的参数修改标签外观

对于上面的调用格式，需要说明的一点是，如果参数中指定了等高线对象 h，则会对标签进行恰当的旋转，否则标签会竖直放置，且在恰当的位置显示一个"+"号。

例 4-34：等高线图及其修饰。

解：MATLAB 程序如下：

```
>> subplot(221);contour(peaks(20),6);           % 绘制 6 个自动选择的高度的等高线
>> subplot(222);contour3(peaks(20),10);         % 绘制 10 个自动选择的高度的等高线
>> subplot(223);clabel(contour(peaks(20),4));   % 添加高度标签
>> subplot(224);clabel(contour3(peaks(20),3));  % 添加高度标签
```

运行结果如图 4-47 所示。

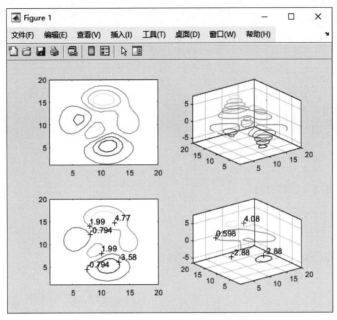

图 4-47 等高线及修饰

6．fcontour 函数

fcontour 函数专门用来绘制符号函数 $f(x,y)$（即 f 是关于 x、y 的数学函数的字符串表示）的等值线图，其调用格式见表 4-29。

表 4-29 fcontour 函数的调用格式

调用格式	说　明
fcontour(f)	根据 x 和 y 的默认区间[−5 5]和 z 的固定级别值绘制 $z=f(x,y)$ 函数的等高线
fcontour(f,xyinterval)	在指定区间 xyinterval 绘图。若 x 和 y 区间相同，则 xyinterval 为[min max]形式的二元素向量；若 x 和 y 区间不同，则 xyinterval 为[$xmin\ xmax\ ymin\ ymax$]形式的四元素向量
fcontour(_ _ _,LineSpec)	LineSpec 用于设置等高线的线型和颜色
fcontour(_ _ _,Name,Value)	在以上任一语法格式的基础上，使用一个或多个名称-值对组参数指定线条属性
fcontour(ax, _ _ _)	在 ax 指定的坐标区中绘制等值线图
fc=fcontour(_ _ _)	返回 FunctionContour 对象 fc，使用 fc 可查询和修改特定 FunctionContour 对象的属性

7．fsurf 函数

fsurf 函数用于绘制三维曲面，通过指定属性'ShowContours'的值为'on'，可以在曲面下方绘制等值线。

例 4-35：在区域 $x \in [-\pi, \pi]$，$y \in [-\pi, \pi]$ 上绘制下面函数的带等值线的三维曲面图。

$$f(x,y) = e^{\sin(x+y)}$$

125

解： MATLAB 程序如下：

```
>> close all
>> syms x y
>> f=exp(sin(x+y));
>> subplot(1,2,1);
>> fsurf(f,[-pi,pi]);
>> title('曲面图');
>> subplot(1,2,2);
>> fsurf(f,[-pi,pi],'ShowContours','on');  % 绘制函数 f 的三维曲面图，并显示曲面图
下的等值线
>> title('带等值线的曲面图')
```

运行结果如图 4-48 所示。

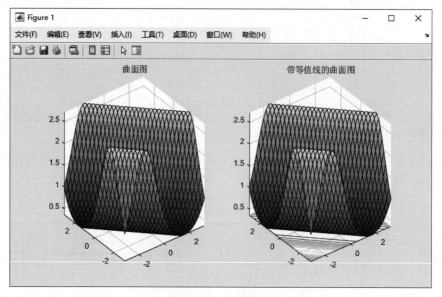

图 4-48　三维曲面图

4.4　三维图形修饰处理

在 MATLAB 中绘制三维图形后，还可以对图形进行修饰处理，例如调整视角、渲染颜色、添加光照效果等。

4.4.1　视角处理

在实际应用中，经常需要从不同视角或位置查看三维图形，从而了解数据的分布和特点。利用 MATLAB 提供的 view 函数，可以控制三维图形的观察点和视角，其调用格式见表 4-30。

表 4-30　view 函数的调用格式

调用格式	说　明
view(az,el)	设置三维空间观察点的方位角 az 与仰角 el
view(v)	根据 v（二元素或三元素数组）来设置视线。若 v 为二元素数组，则其值分别是方位角和仰角；若 v 为三元素数组，则其值是从图框中心点到相机位置所形成向量的 x、y 和 z 坐标（MATLAB 使用指向同一方向的单位向量来计算方位角和仰角）
view(dim)	对二维或三维绘图使用默认视线。对于默认的二维视图，将 dim 指定为 2；对于默认的三维视图，将 dim 指定为 3
view(ax, ___)	在 ax 指定的坐标区中设置视线
[caz,cel]=view(___)	将方位角 az 和仰角 el 返回为 caz 和 cel

在三维坐标系中作一个通过视点且与 z 轴平行的平面，会与 xy 平面有一条交线。该交线与 y 轴反方向的、按逆时针方向（从 z 轴的方向观察）计算的夹角，就是观察点的方位角 az；如果角度为负值，则按顺时针方向计算。在通过视点与 z 轴的平面上，用一条直线连接视点与坐标原点，该直线与 xy 平面的夹角就是观察点的仰角 el；如果仰角为负值，则观察点转移到曲面下面。

例 4-36：在同一窗口中绘制马鞍面函数 $z = -x^4 + y^4 - x^2 - y^2 - 2xy$（$x,y \in [-5,5]$）的各种视图。

解：MATLAB 程序如下：

```
>> [X,Y]=meshgrid(-5:0.25:5);          % 创建矩阵 X 和 Y
>> Z=-X.^4+Y.^4-X.^2-Y.^2-2*X.*Y;      % 计算矩阵 Z
>> subplot(2,2,1)
>> surf(X,Y,Z),title('三维视图')        % 在第 1 个坐标区绘图
>> subplot(2,2,2)
>> surf(X,Y,Z),view(90,0)              % 在第 2 个坐标区绘图并调整视线
>> title('侧视图')
>> subplot(2,2,3)
>> surf(X,Y,Z),view(0,0)               % 在第 3 个坐标区绘图并调整视线
>> title('正视图')
>> subplot(2,2,4)
>> surf(X,Y,Z),view(0,90)              % 在第 4 个坐标区绘图并调整视线
>> title('俯视图')
```

运行结果如图 4-49 所示。

例 4-37：在区域 $x \in [-\pi,\pi]$，$y \in [-\pi,\pi]$ 上绘制函数 $f(x,y) = e^{\sin(x+y)}$ 的各种视图。

解：MATLAB 程序如下：

```
>> close all
>> [X,Y]=meshgrid(-5:0.25:5);          % 创建矩阵 X 和 Y
>> Z=exp(sin(X+Y));                     % 计算矩阵 Z
>> subplot(2,2,1)
>> surf(X,Y,Z),title('三维视图')        % 在第 1 个坐标区绘图
>> subplot(2,2,2)
```

```
>> surf(X,Y,Z),view(90,0)          % 在第 2 个坐标区绘图并调整视线
>> title('侧视图')
>> subplot(2,2,3)
>> surf(X,Y,Z),view(0,0)           % 在第 3 个坐标区绘图并调整视线
>> title('正视图')
>> subplot(2,2,4)
>> surf(X,Y,Z),view(0,90)          % 在第 4 个坐标区绘图并调整视线
>> title('俯视图')
```

运行结果如图 4-50 所示。

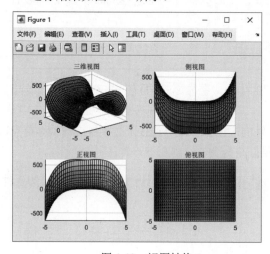

图 4-49　视图转换 1

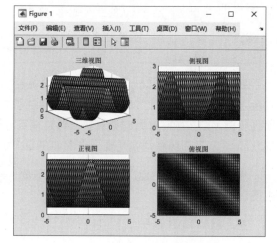

图 4-50　视图转换 2

4.4.2　颜色处理

为增强图形的视觉效果，可以对三维图形进行颜色处理，例如调整色图明暗、设置颜色图范围、使用不同方式渲染图形、添加色轴等。

1．控制色图明暗

如果要调整三维图形的色彩强度，可以使用 brighten 函数控制色图明暗，其调用格式如表 4-31 所示。

表 4-31　brighten 函数的调用格式

调用格式	说　明
brighten(beta)	增强或减小颜色图中所有色彩的强度。若 beta 介于 0 和 1 之间，则增强色图强度，颜色变亮；若 beta 介于 −1 和 0 之间，则减小色图强度，颜色变暗。此语法可以调整当前图窗中使用颜色图的所有图形对象的颜色
brighten(map,beta)	调整颜色图 map 指向的对象的色彩强度 beta
newmap=brighten(＿＿)	在以上任一语法格式的基础上，返回一个调整后的新颜色图，当前图窗不受影响
brighten(f,beta)	调整图窗 f 指定的色图强度，其他图形对象（例如坐标区、坐标区标签和刻度）的颜色也会受到影响

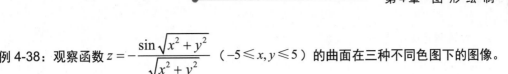

例 4-38：观察函数 $z = -\dfrac{\sin\sqrt{x^2+y^2}}{\sqrt{x^2+y^2}}$ （$-5 \leqslant x, y \leqslant 5$）的曲面在三种不同色图下的图像。

解：MATLAB 程序如下：

```
>> x=-5:0.2:5;
>> [X,Y]=meshgrid(x);
>> Z=-sin(sqrt(X.^2+Y.^2))./sqrt(X.^2+Y.^2);
>> surf(Z);                       % 绘制函数的表面图
>> title('当前色图')
>> figure;                        % 新建图窗
>> surf(Z),brighten(-0.8)         % 亮度值介于-1 和 0 之间，颜色变暗
>> title('减弱色图')
>> figure;                        % 新建图窗
>> surf(Z),brighten(0.6)          % 亮度值介于 0 和 1 之间，颜色变亮
>> title('增强色图')
```

运行时会弹出 3 个图窗分别显示不同强度色图下的图形，如图 4-51 所示。

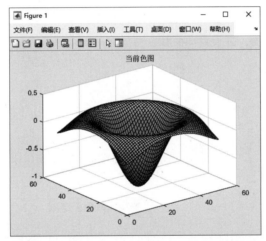

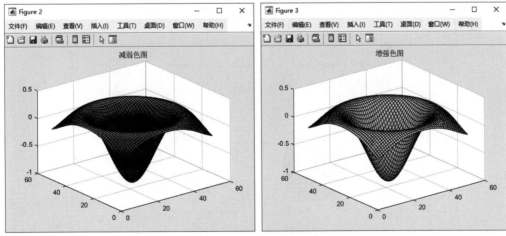

图 4-51　色图强弱对比

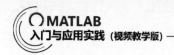
2．设置颜色图范围

clim 函数通过将当前坐标区的颜色图索引数组中的值映射到指定区间，从而改变颜色图的范围。clim 函数的调用格式见表 4-32。

表 4-32　clim 函数的调用格式

调用格式	说　明
clim(limits)	limits 用于设置当前坐标区的颜色图范围，它是[$cmin$ $cmax$]形式的二元素向量。颜色图索引数组中小于 $cmin$ 或大于 $cmax$ 的数据，将分别映射于颜色图的第一行与最后一行；处于 $cmin$ 与 $cmax$ 之间的数据将线性地映射于当前色图
clim("auto")或 clim auto	系统自动计算颜色图索引数组中数据的最大值与最小值对应的颜色范围，这是系统的默认状态。数据中的 Inf 对应最大颜色值，−Inf 对应最小颜色值，颜色值设置为 NaN 的面或边界将不显示
clim("manual")或 clim manual	冻结当前颜色坐标轴的刻度范围。这样，当 hold 设置为 on 时，可使后面的图形函数使用相同的颜色范围
clim(target, ＿＿＿)	为 target 指定的坐标区或独立可视化设置颜色图范围
lims=clim	返回包含当前正在使用的颜色范围的二维向量 lims=[$cmin$ $cmax$]

例 4-39：创建一个球面，并设置球面颜色图范围。

解：MATLAB 程序如下：

```
>> close all
>> [X,Y,Z]=sphere;              % 返回由 20×20 个面组成的单位球面坐标矩阵 X、Y、Z
>> C=cos(X)+sin(Y).^3;          % 创建矩阵 C
>> ax(1)=subplot(1,2,1);
>> surf(X,Y,Z,C);               % 绘制球面图，矩阵 C 指定球面的颜色
>> title('图 1');
>> ax(2)=subplot(1,2,2);
>> surf(X,Y,Z,C),clim([-1 0]);  % 设置球面颜色图范围
>> title('图 2')
>> axis(ax,'equal')             % 沿每个坐标轴使用相同的数据单位长度
```

运行结果如图 4-52 所示。

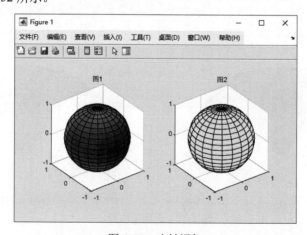

图 4-52　映射颜色

3. 显示色轴

在 MATLAB 中显示带颜色的图形时,使用色轴(也称为颜色栏)不仅可以使图形图像更美观,还便于查看图形各个部分的数据值在颜色图中的映射值。在 MATLAB 中,显示色轴的函数为 colorbar,在图窗工具栏中也有相应的功能图标。该函数的调用格式如表 4-33 所示。

表 4-33　colorbar 函数的调用格式

调用格式	说　明
colorbar	在当前图窗中显示色轴
colorbar(location)	location 用于设置色轴相对于坐标区的位置,包括'eastoutside'(默认)、'north'、'south'、'east'、'west'、'northoutside'等
colorbar(___,Name,Value)	使用一个或多个名称-值对组作为参数来修改颜色栏的外观。其中,'Location' 表示相对于坐标区的位置;'TickLabels'表示刻度线标签;'TickLabelInterpreter' 表示刻度标签中字符的解释方式,其值可选项有'tex'(默认)、'latex'、'none'; 'Ticks'表示刻度线位置;'Direction'表示色阶的方向,其值可选项有'normal'(默认)或'reverse';'FontSize'表示字体大小;等等
colorbar(target, ___)	在 target 指定的坐标区或图上放置一个色轴,若图形宽度大于高度,则将色轴水平放置
c=colorbar(___)	返回 ColorBar 对象,可以在创建色轴后使用此对象设置属性
colorbar('off')	删除与当前坐标区或图关联的所有色轴
colorbar(target,'off')	删除与目标坐标区或图 target 相关联的所有色轴

4. 控制颜色渲染

shading 函数用来设置图形的颜色着色属性,控制曲面和补片图形对象的颜色着色,其调用格式见表 4-34。

表 4-34　shading 函数的调用格式

调用格式	说　明
shading flat	每个网格线段和面具有恒定颜色,该颜色由该线段的端点或该面的角边处具有最小索引的颜色值确定
shading faceted	使用叠加的黑色网格线进行单一着色。这是默认的渲染模式
shading interp	通过在每个线条或面中对颜色图索引或真彩色值进行插值来改变该线条或面中的颜色
shading(axes_handle,...)	将着色类型应用于 axes_handle 指定的坐标区而非当前坐标区中的对象

例 4-40:针对剖面函数 $y = 2 + \sin x$ 定义的圆柱,比较不同渲染模式得出的图形。

解:MATLAB 程序如下:

```
>> t = 0:pi/10:2*pi;
>> subplot(131)
>> cylinder(2+sin(t))          % 绘制函数定义的圆柱,使用默认的黑色网格线渲染图形
>> title('黑色网格线单一着色(默认渲染模式)')
>> subplot(132)
>> cylinder(2+sin(t))
```

```
>> shading flat                    % 使用网格颜色渲染图形
>> title('网格颜色渲染模式')
>> subplot(133)
>> cylinder(2+sin(t))
>> shading interp                  % 利用插值颜色渲染图形
>> title('插值颜色渲染模式')
```

运行结果如图 4-53 所示。

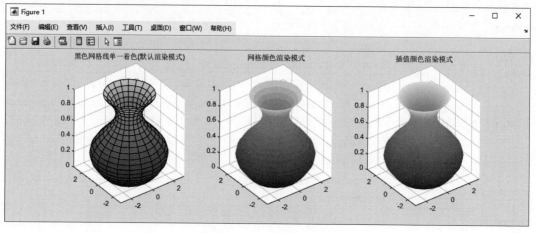

图 4-53　颜色渲染控制图

4.4.3　光照处理

在 MATLAB 中绘制三维图形时，不仅可以画出基于颜色图的光照的曲面，还能在绘图时添加光源，指定光照模式。

1．带光照模式的三维曲面

surfl 函数用来画一个带光照模式的三维曲面图，该函数显示一个带阴影的曲面，结合了周围的、散射的和镜面反射的光照模式。如果要获得较平滑的颜色过渡，则需要使用有线性强度变化的色图（如使用 gray、copper、bone、pink 等函数）。

surfl 函数的调用格式如表 4-35 所示。

表 4-35　surfl 函数的调用格式

调用格式	说　　明
surfl(Z)	以矩阵 Z 的元素生成一个三维的带阴影的曲面，其中阴影模式中的默认光源方位为从当前视角开始，逆时针转 45°
surfl(X,Y,Z)	以矩阵 X、Y、Z 生成一个三维的带阴影的曲面，其中阴影模式中的默认光源方位为从当前视角开始，逆时针转 45°
surfl(_ _ _,'light')	用一个 MATLAB 光源对象（light object）生成一个带颜色和光照的曲面，这与用默认光照模式产生的效果不同
surfl(_ _ _,s)	指定光源与曲面之间的方位 s，其中 s 为一个二维向量[azimuth,elevation]，或者三维向量[sx,sy,sz]，默认光源方位为从当前视角开始，逆时针转 45°

(续表)

调用格式	说　　明
surfl(X,Y,Z,s,k)	指定反射常系数 k，其中 k 为一个定义环境光（ambient light）系数（$0 \le ka \le 1$）、漫反射（diffuse reflection）系数（$0 \le kb \le 1$）、镜面反射（specular reflection）系数（$0 \le ks \le 1$）与镜面反射亮度（以像素为单位）的四维向量[ka,kd,ks,shine]，默认值为 $k=$[0.55 0.6 0.4 10]
surfl(ax, ＿＿＿)	在 ax 指定的坐标区中绘制图形
s=surfl(＿＿＿)	返回一个曲面图形对象 s。如果使用'light'选项将光源指定为光源对象，则 s 将以图形数组形式返回，其中包含曲面图形对象和光源对象。在创建曲面和光源对象后，可使用 s 对其进行修改

对于这个函数的调用格式，需要说明的一点是，参数 **X**、**Y**、**Z** 中点的排序定义参数曲面的内部和外部，如果希望曲面的另一侧有光照，使用 surfl(**X'**,**Y'**,**Z'**)即可。

例 4-41：绘出球面函数在有光照情况下的三维图形。

解：MATLAB 程序如下：

```
>> close all
>> [X,Y,Z] = sphere;        % 返回由 20×20 个面组成的单位球面坐标矩阵
>> subplot(1,2,1)
>> surfl(X+3,Y-2,Z)         % 绘制外面带光照模式的以（3,-2,0）为中心的球面
>> title('外面有光照')
>> axis equal
>> subplot(1,2,2)
>> surfl(X',Y',Z')          % 创建里面带光照模式的球面
>> title('里面有光照')
>> axis equal
```

运行结果如图 4-54 所示。

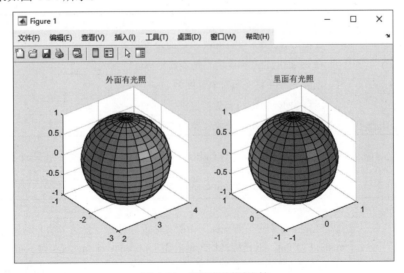

图 4-54　光照控制图比较

133

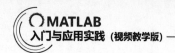

2. 光源位置及照明模式

在绘制带光照的三维图像时，可以利用 light 函数与 lightangle 函数在当前坐标区中创建一个光源，光源仅影响补片和曲面图对象。

light 函数的调用格式如表 4-36 所示。

表 4-36　light 函数的调用格式

调用格式	说　明
light	在当前坐标区中创建一个 Light 对象
light(Name,Value)	在当前坐标区创建一个光源，使用一个或多个名称-值对组参数设置光源属性。Light 属性可以控制 Light 对象的外观和行为，常用的属性如表 4-37 所示
light(ax, ＿＿)	在 ax 指定的坐标区而不是当前坐标区创建光源
lt=light(＿＿)	返回创建的 Light 对象 *lt*，可以使用 *lt* 修改光源的属性

表 4-37　Light 对象的常用属性

属性名称	说　明
Color	光的颜色，取值可为 RGB 三元组、十六进制颜色代码、颜色名称或短名称。默认值为 RGB 三元组[1 1 1]，对应白色
Style	光源类型，其取值有两个。若将其设为'infinite'（默认值），则将光源放置于无穷远处，并利用 Position 属性指定光源发射出平行光的方向；若将其设为'local'，则将光源放置在 Position 属性指定的位置，光是从该位置向所有方向发射的点源
Position	光源位置，指定为[*x y z*]形式的三元素向量，默认值为[1 0 1]，以数据单位定义从坐标区原点到（*x,y,z*）坐标的向量元素。光源的实际位置取决于 Style 属性的值

lightangle 函数用于在球面坐标中创建或定位光源对象，其调用格式如表 4-38 所示。

表 4-38　lightangle 函数的调用格式

调用格式	说　明
lightangle(az,el)	在由方位角 az 和仰角 el 指定的位置放置光源
lightangle(ax,az,el)	在 ax 指定的坐标区而不是当前坐标区创建光源
lgt=lightangle(＿＿)	创建光源并将光源对象返回为 lgt
lightangle(lgt,az,el)	设置由 lgt 指定的光源的位置
[az,el]=lightangle(lgt)	返回由 lgt 指定的光源位置的方位角和仰角

在创建光源对象后，还可以根据需要使用 lighting 函数指定光照模式，如表 4-39 所示。

表 4-39　lighting 函数的调用格式

调用格式	说　明
lighting method	指定 Light 对象在当前坐标区中照亮曲面和补片（多边形面）时使用的方法。若 method 为 flat，则光源将均匀地应用于每个面；若 method 为 gouraud，则首先计算顶点处的光照，然后在各个面中进行光照插值；若 method 为 none，则关闭光照
lighting(ax,method)	设置由 ax 指定的坐标区的光照模式

例 4-42：球体的色彩变换。

解：MATLAB 程序如下：

```
>> close all
>> [x,y,z]=sphere(40);              % 返回 40×40 个面组成的球面坐标
>> colormap(jet)
>> ax(1)=subplot(1,2,1);
>> surf(x,y,z),shading interp
>> light('position',[2,-2,2],'style','local')    % 在指定坐标点创建点光源
>> lighting gouraud                 % 在各个面中线性插值，产生连续的明暗变化
>> title('lighting gouraud');
>> ax(2)=subplot(1,2,2);
>> surf(x,y,z,-z),shading flat      % 反转曲面颜色，使用恒定颜色渲染曲面图的线段和面
>> light,lighting flat             % 创建光源，在每个面上产生均匀分布的光照
>> light('position',[-1 -1 -2],'color','y')   % 在无穷远处添加指定方向的黄色平行光
>> light('position',[-1,0.5,1],'style','local','color','w')        % 在指定位置添
加白色点光
>> title('lighting flat');
>> axis(ax,'equal')                % 沿每个坐标轴使用相同的数据单位长度
```

运行结果如图 4-55 所示。

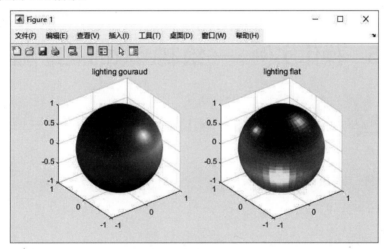

图 4-55　光源控制图比较

例 4-43：绘制下面的函数的曲面图，在方位角和仰角指定的位置添加一个光源。

$$z = \frac{\sin\sqrt{x^2+y^2}}{\sqrt{x^2+y^2}} \quad (-7.5 \leqslant x,y \leqslant 7.5)$$

解：MATLAB 程序如下：

```
>> [X,Y]=meshgrid(-7.5:0.4:7.5);
>> Z=sin(sqrt(X.^2+Y.^2))./sqrt(X.^2+Y.^2);
>> subplot(1,2,1);
>> surf(X,Y,Z),shading interp
>> title('未添加光源的曲面图');
```

```
>> subplot(1,2,2), surf(X,Y,Z), shading interp
>> h=light('position',[0,0,0.5],'style','local','color','w'); % 添加白色点光
>> lightangle(h,45,30)            % 在方位角和仰角指定的位置定位光源
>> title('在指定方位角和仰角添加光源');
```

运行结果如图 4-56 所示。

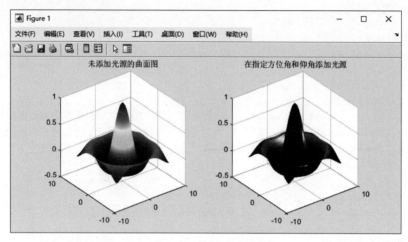

图 4-56　光照控制图

4.5　操作实例——绘制函数的三维视图

已知函数方程为 $z = \dfrac{\sin(x+y)}{x+y}$（$-4\pi \leqslant x, y \leqslant 4\pi$），绘制该函数方程的三维视图。

操作步骤如下：

步骤 01 绘制三维图形。

```
>> [X,Y]=meshgrid(-4*pi:0.4*pi:4*pi);
>> Z=sin(X+Y)./(X+Y);
>> subplot(2,3,1)
>> surf(X,Y,Z),title('主视图')
```

运行结果如图 4-57 所示。

步骤 02 转换视图。

```
>> subplot(2,3,2)
>> surf(X,Y,Z),view(20,15),title('三维视图') % 使用 20 度的方位角和 15 度的仰角显示
曲面图
```

运行结果如图 4-58 所示。

步骤 03 填充图形。

```
>> ax3=subplot(2,3,3);
>> colormap(ax3,hot)
```

```
>> surf(X,Y,Z)
>> hold on
>> stem3(X,Y,Z,'ro'),view(20,15),title('填充图')    % 绘制三维针状图, 调整视角
```

运行结果如图 4-59 所示。

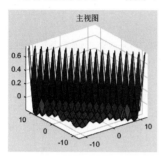

图 4-57 主视图

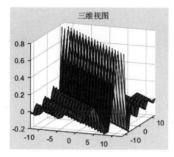

图 4-58 转换视角

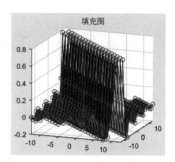

图 4-59 填充结果

步骤 04 半透明视图。

```
>> ax4=subplot(2,3,4);
>> surf(X,Y,Z),view(20,15)
>> shading interp          % 插值颜色渲染图形
>> alpha(0.5)              % 设置曲面图形透明度为 0.5
>> colormap(ax4,summer)
>> title('半透明图')
```

运行结果如图 4-60 所示。

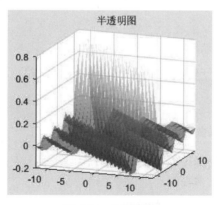

图 4-60 半透明图

步骤 05 透视图。

```
>> ax5=subplot(2,3,5);
>> surf(X,Y,Z),view(20,15)
>> shading interp
>> hold on,mesh(X,Y,Z),colormap(ax5,hot)    % 创建有边颜色, 无面颜色的网格图, 然后设
置颜色图, 结果如图 4-61 所示
>> hold off
>> hidden off        % 对当前网格图禁用隐线消除模式
>> axis equal,
```

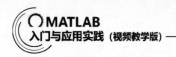

```
>> title('透视图')
```

转换坐标系后运行结果如图 4-62 所示。

步骤 **06** 裁剪处理。

```
>> ax6=subplot(2,3,6);
>> surf(X,Y,Z), view(20,15)
>> ii=find(abs(X)>6|abs(Y)>6);    %在 X、Y 中查找绝对值大于 6 的元素，返回索引矩阵 ii
>> Z(ii)=zeros(size(ii));            % 将查找到的元素赋值为 0
>> surf(X,Y,Z),shading interp;colormap(ax6,copper)% 插值颜色渲染曲面，设置颜色图
>> light('position',[0,-15,1]);lighting gouraud    % 添加向量[0 -15 1]定义光线
方向的平行光，在曲面图每个面上产生连续的明暗变化
>> material([0.8,0.8,0.5,10,0.5])        % 设置曲面的环境、漫反射、镜面反射强度、镜面
反射指数和镜面反射颜色
>> title('裁剪图')
```

运行结果如图 4-63 所示。

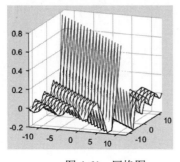

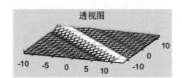

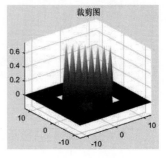

图 4-61　网格图　　　　　　图 4-62　坐标系转换结果　　　　图 4-63　裁剪图

4.6　新手问答

问题 1：绘图时如何将两幅曲线图合并？

调用 hold on 命令打开图形保持命令，然后叠加显示图形；或者调用 subplot 函数将视图分割为两个子图，在子图中分别绘制曲线图。

问题 2：什么是图形句柄？图形句柄有什么用途？

定义：绘图函数将不同的曲线或曲面绘制在图窗中，而图窗由不同的对象（坐标轴、曲线、曲面、文字等）组成，MATLAB 给每个图形对象配置一个标志符，这个分配的值（名字）称为图形句柄。

作用：通过图形句柄可以方便地获得已经创建并保存的图形属性，可以设置和修改该图形的属性，从而使得自主绘图更为方便。

4.7　上 机 实 验

【练习 1】绘制如图 4-64 所示的函数图形。

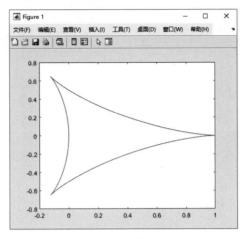

图 4-64　函数图形

1.　目 的 要 求

本练习设计的程序是在图窗中显示函数 $\begin{cases} x = \cos(2t)\cos^2(t) \\ y = \sin(2t)\sin^2(t) \end{cases}$ 在已知的区间 $t \in [0, 2\pi]$ 取值计算

的结果。

2.　操 作 提 示

（1）输入区间的 t 向量。
（2）输入函数公式。
（3）利用绘图函数 plot 绘图。

【练习 2】绘制如图 4-65 所示的函数图形。

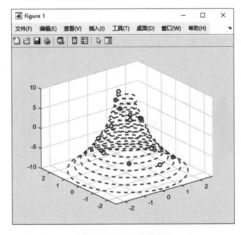

图 4-65　函数图形

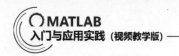
1. 目的要求

本练习设计的程序是在图窗中显示下面的螺旋线函数的图像。

$$\begin{cases} x = e^{-0.1t}\sin 5t \\ y = e^{-0.1t}\cos 5t \\ z = t \end{cases} \quad (t \in [-10, 10])$$

2. 操作提示

（1）输入符号定义的表达式 x。
（2）输入符号定义的表达式 y。
（3）输入符号定义的表达式 z。
（4）利用绘图函数 fplot3 绘图，绘制三维参数化曲线，设置曲线为红色虚线，标记符号为圆圈，线宽为 2。

【练习 3】 绘制如图 4-66 所示的函数图形。

1. 目的要求

本练习设计的程序是在图窗中显示函数 $z = \sin x \sin y$ 的三维曲面图。

2. 操作提示

（1）利用 linspace 函数创建 -2π 到 2π 的向量 x，默认元素个数为 100。
（2）利用 linspace 函数创建 0 到 4π 的向量 y，默认元素个数为 100。
（3）利用函数 meshgrid，通过向量 x、y 定义网格数据 X、Y。
（4）通过数学表达式定义 Z。
（5）将视图分割为 1×2 的窗口，在第一个窗口中利用绘图函数 surface 绘制曲面对象。
（6）利用 view 函数更改视图角度。
（7）将视图分割为 1×2 的窗口，在第二个窗口中利用绘图函数 mesh 绘制三维网格曲面。
（8）利用 title 函数添加标题。

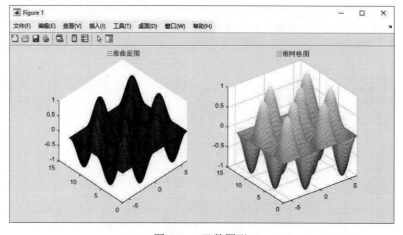

图 4-66　函数图形

4.8　思考与练习

（1）图窗的打开方式有几种？

（2）在同一个窗口中绘制多条二维曲线，包括几种方法？

（3）绘制下面函数的曲线。

① $y = \sqrt{x^2 - 4x}$ （ $x \in [5,100]$ ）。

② $y = \dfrac{\mathrm{e}^x}{5\sin x}$ （ $x \in [1,100]$ ）。

③ $y = \dfrac{1}{1 - \mathrm{e}^x}$ （ $x \in [1,10]$ ）。

④ $y = \sin(4\pi x)\cos(4\pi x)$ （ $x \in [0,1]$ ）。

⑤ $y = \log(5x) + x$ （ $x \in [1,100]$ ）。

（4）在同一坐标系下画出下面函数在 $[-\pi, \pi]$ 上的图形：

$$y_1 = \mathrm{e}^{\sin x + \cos x}, \quad y_2 = \mathrm{e}^{\sin x - \cos x}$$

（5）分别在下面的条件下绘制不同的正弦函数 $y = \sin x$ （ $x \in [-\pi, \pi]$ ）的曲线。

①红色，三角。

②蓝色，加号。

③黄色，点画线，方形。

第5章 图形与图像的处理

为了满足用户绘制向量图形和输出图形的各种需求，MATLAB 提供了绘制多种向量图形的函数，以及对图形与图像的高级处理方法。本章介绍绘制罗盘图、羽毛图和箭头图的方法，同时，还将介绍读写、显示图像，以及将图形图像保存为动画帧，进行动画演示的方法。

知识要点 ////////////////////

- 向量图形
- 图像处理及动画演示

5.1 向 量 图 形

在某些工程和学科应用中，有时需要绘制一些带方向的图形，即向量图。MATLAB 提供了绘制这类图形的相关函数，本节简要介绍其中常用的罗盘图、羽毛图和箭头图的绘制函数。

1. 罗盘图

罗盘图以圆形网格的坐标原点（0,0）为起点绘制箭头表示二维或三维向量，并在坐标区中显示 theta 轴和 r 轴刻度标签。在 MATLAB 中，使用 compass 函数绘制罗盘图，其使用格式见表 5-1。

表 5-1　compass 函数的使用格式

调用格式	说　明
compass(U,V)	绘制从点(0,0)出发，指向笛卡儿坐标[$U(i),V(i)$]的箭头。U 与 V 为 n 维向量，其中 U 表示 x 坐标，V 表示 y 坐标，箭头数量与 U 中的元素数相同
compass(Z)	使用由 Z 指定的复数值的实部和虚部绘制指向[real(Z),imag(Z)]的箭头。参数 Z 为 n 维复数向量，等效于 compass(real(Z),imag(Z))
compass(_ _,LineSpec)	在以上任一语法格式的基础上，使用参数 LineSpec 指定箭头的线型、标记符号、颜色等属性
compass(ax, _ _ _)	在 ax 指定的坐标区（而不是当前坐标区）中绘制箭头
c=compass(_ _ _)	返回由 Line 对象组成的向量 c，可通过 c 来控制箭头的外观

2. 羽毛图

羽毛图是在横坐标上等距地绘制以 x 轴为起点的箭头表示向量的图形。MATLAB 提供 feather 函数绘制羽毛图，使用格式见表 5-2。

表 5-2 feather 函数的使用格式

调用格式	说　明
feather(U,V)	绘制以 x 轴为起点的箭头。使用笛卡儿分量 U 和 V 指定箭头方向，其中 U 表示 x 分量，V 表示 y 分量。第 n 个箭头的起始点位于 x 轴上的 n。箭头的数量与 U 和 V 中的元素数相匹配
feather(Z)	等价于 feather(real(Z),imag(Z))，使用 Z 指定的复数值的实部和虚部绘制箭头
feather(＿＿,LineSpec)	在以上任一语法格式的基础上，用参数 LineSpec 设置箭头的线型、标记符号、颜色等属性
feather(ax, ＿＿)	在 ax 指定的坐标区中绘制羽毛图
f=feather(＿＿)	返回由包含 length(U)+1 个元素的 Line 对象组成的向量 f。前 length(U)个元素表示各个箭头，最后一个元素表示沿 x 轴的水平线。创建绘图后，使用这些 Line 对象来控制绘图的外观

例 5-1：已知笛卡儿坐标系下 x 坐标的向量为 u=[5 3 -4 -3 5]，y 坐标的向量 v 为=[1 5 3 -2 -6]，根据向量 u 和 v 绘制罗盘图与羽毛图。

解：MATLAB 程序如下：

```
>> u = [5 3 -4 -3 5];          % 定义向量 u
>> v = [1 5 3 -2 -6];          % 定义向量 v
>> subplot(1,2,1)
>> compass(u,v)                % 绘制罗盘图
>> title('罗盘图')
>> subplot(1,2,2)
>> feather(u,v)                % 绘制羽毛图
>> title('羽毛图')
```

运行结果如图 5-1 所示。

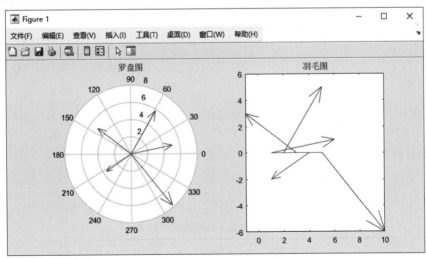

图 5-1 罗盘图与羽毛图 1

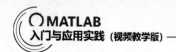

例 5-2：绘制函数 $y = \cos\sqrt{x^2 - x}$（$-2\pi \leqslant x \leqslant 2\pi$）的罗盘图与羽毛图。

解：MATLAB 程序如下：

```
>> x=-2*pi:0.1*pi:2*pi;              % 定义 x 的取值范围和取值点
>> y=cos(sqrt(x.^2-x));
>> subplot(1,2,1)
>> compass(x,y)                      % 绘制罗盘图
>> title('罗盘图')
>> subplot(1,2,2)
>> feather(x,y)                      % 绘制羽毛图
>> title('羽毛图')
```

运行结果如图 5-2 所示。

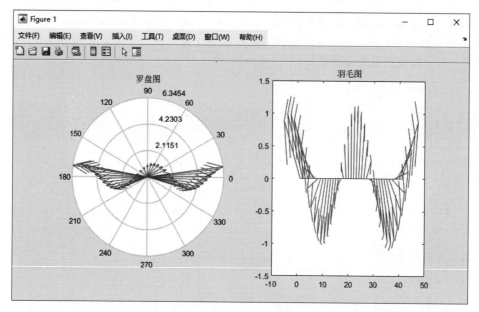

图 5-2　罗盘图与羽毛图 2

3. 箭头图

箭头图也称为向量图，可以用带箭头的线段表示物理量的大小和方向，其中线段长度代表向量的大小，箭头所指代表向量的方向。

MATLAB 提供了函数 quiver 与 quiver3，分别用于绘制二维箭头图和三维箭头图。这两个函数的使用格式类似，经常与其他的绘图函数配合使用。下面以 quiver 命令为例进行介绍，其使用格式见表 5-3。

表 5-3　quiver 函数的使用格式

调用格式	说　明
quiver(X,Y,U,V)	在由 X 和 Y 指定的笛卡儿坐标上绘制具有定向分量 U 和 V 的箭头。第一个箭头源于点 X(1) 和 Y(1)，按 U(1) 水平延伸，按 V(1) 垂直延伸。默认情况下自动缩放箭头长度，使其不重叠

（续表）

调用格式	说　明
quiver(U,V)	在等距点上绘制箭头，箭头的定向分量由 *U* 和 *V* 指定。若 *U* 和 *V* 是向量，则箭头的 *x* 坐标范围是从 1 到 *U* 和 *V* 中的元素数，并且 y 坐标均为 1；若 *U* 和 *V* 是矩阵，则箭头的 *x* 坐标范围是从 1 到 *U* 和 *V* 中的列数，箭头的 *y* 坐标范围是从 1 到 *U* 和 *V* 中的行数
quiver(＿＿,scale)	scale 用于调整箭头的长度。若 scale 为正数，则将箭头长度拉伸 scale 倍；若 scale 为'off'或 0，则禁用自动缩放
quiver(＿＿,LineSpec)	LineSpec 用于设置线型、标记和颜色。标记出现在由 *X* 和 *Y* 指定的点上。若使用 LineSpec 指定标记，则不显示箭尖。要指定标记并显示箭尖，请改为设置 Marker 的属性
quiver(＿＿,LineSpec,'filled')	填充由 LineSpec 指定的标记
quiver(＿＿,Name,Value)	使用一个或多个名称-值对组参数指定箭头图属性
quiver(ax, ＿＿)	在 ax 指定的坐标区而不是当前坐标区（gca）创建箭头图
q=quiver(＿＿)	返回 Quiver 对象 *q*，以使用 *q* 控制箭头图的属性

例 5-3：绘制马鞍面 $z = -x^4 + y^4 - x^2 - y^2 - 2xy$ （$x, y \in [-4,4]$）上的法线方向向量。

解：MATLAB 程序如下：

```
>> close all
>> x=-4:0.25:4;                  % 定义向量 x
>> y=x;
>> [X,Y]=meshgrid(x,y);          % 生成网格坐标
>> Z=-X.^4+Y.^4-X.^2-Y.^2-2*X.*Y;
>> surf(X,Y,Z)
>> hold on
>> [U,V,W]=surfnorm(X,Y,Z);      % 返回三维曲面图法线的 x、y 和 z 分量，不绘制图像
>> quiver3(X,Y,Z,U,V,W,0.1)      % 在(x,y,z)确定的点处绘制由分量(u,v,w)确定方向的
缩放向量
>> title('马鞍面的法向向量图')
>> hold off
```

运行结果如图 5-3 所示。

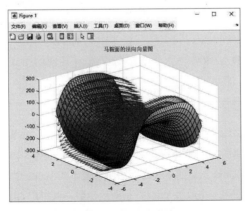

图 5-3　法向向量图

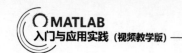

5.2 图像处理及动画演示

除数学计算和图形绘制外，MATLAB 还可以进行一些简单的图像处理与动画制作，本节将简要介绍读写图像、显示图像、查询图像信息以及制作动画的常用操作函数。关于这些功能的详细介绍，感兴趣的读者可以参考其他相关书籍。

5.2.1 读写图像

MATLAB 支持的图像格式有*.bmp、*.cur、*.gif、*.hdf、*.ico、*.jpg、*.pbm、*.pcx、*.pgm、*.png、*.ppm、*.ras、*.tiff、*.xwd 等。对于这些格式的图像文件，MATLAB 提供了相应的读写函数，下面简单介绍常用的图像读写函数。

1. 读取图像

在 MATLAB 中，imread 函数可读入各种图像文件，使用格式如表 5-4 所示。

表 5-4 imread 函数的使用格式

命 令 格 式	说　　明
A=imread(filename)	从 filename 指定的文件读取图像，并从文件内容推断出其格式。如果 filename 为多图像文件，则读取该文件中的第一个图像
A=imread(filename,fmt)	fmt 用于指定图像文件的扩展名
A=imread(＿＿,idx)	读取多帧图像文件中的一帧，idx 用于指定帧号。此格式仅适用于 GIF、PGM、PBM、PPM、CUR、ICO、TIF、SVS 和 HDF4 文件
A=imread(＿＿,Name,Value)	使用一个或多个名称-值对组参数以及前面语法中的任何输入参数指定特定格式的选项
[A,map]=imread(＿＿)	将 filename 指定的索引图像读入 A，并将其关联的颜色图读入 map。图像文件中的颜色图值会自动重新调整到范围[0,1]中
[A,map,transparency]=imread(＿＿)	在上一格式的基础上返回图像透明度 transparency。此语法仅适用于 PNG、CUR 和 ICO 文件。对于 PNG 文件，若存在 alpha 通道，则返回该 alpha 通道；对于 CUR 和 ICO 文件，则返回 AND（不透明度）掩码

2. 写入图像

在 MATLAB 中，imwrite 函数可写入各种图像文件，其使用格式如表 5-5 所示。

表 5-5 imwrite 函数的使用格式

命 令 格 式	说　　明
imwrite(A,filename)	将图像数据 A 写入 filename 指定的文件，并从扩展名推断出文件格式
imwrite(A,map,filename)	将图像矩阵 A 中的索引图像以及颜色映像矩阵 map 写入文件 filename 中
imwrite(＿＿,fmt)	以 fmt 指定的格式写入图像，无论 filename 中的文件扩展名如何
imwrite(＿＿,Name,Value)	使用一个或多个名称-值对组参数，以指定 GIF、HDF、JPEG、PBM、PGM、PNG、PPM 和 TIFF 文件输出的其他参数

当利用 imwrite 函数保存图像时，MATLAB 默认保存为 unit8 数据类型，如果图像矩阵是 double 型的，则 imwrite 在将矩阵写入文件之前，先对其进行偏置，即写入的是 unit8($X-1$)。

例 5-4：读取如图 5-4 所示的彩色图片，并转换图片格式进行保存。

图 5-4 图片

解：MATLAB 程序如下：

```
>> A=imread('car.jpg');                         % 读取图像 car.jpg，返回图像数据矩阵 A
>> imwrite(A,'car.bmp','bmp');                  % 将.jpg 图像保存成.bmp 格式
>> I=rgb2gray(A);                               % 将图像转换为灰度图像 I
>> imwrite(I, 'car_grayscale.bmp', 'bmp');      % 将灰度图像保存为.bmp 格式
```

5.2.2 图像的显示及信息查询

读取图像数据后，可以在 MATLAB 图窗中显示图像内容，并查询图像的一些基本信息。

1. 显示图像

MATLAB 提供了多个显示图像的函数，例如 image、imagesc 以及 imshow 等。image 函数有两种调用格式：一种是通过调用 newplot 函数来确定在什么位置显示图像，并设置相应轴对象的属性；另一种是不调用任何函数，直接在当前图窗中显示图像，这种用法的参数列表只能包括属性名称值对。该函数的常用调用格式如表 5-6 所示。

表 5-6 image 函数的调用格式

调用格式	说　明
image(C)	将矩阵 C 中的数据以图像形式显示出来。生成的图像是一个 $m \times n$ 的像素网格，其中 m 和 n 分别是 C 的行数和列数。C 的每个元素指定图像的一个像素的颜色。这些元素的行索引和列索引确定了对应像素的中心
image(x,y,C)	x、y 用于指定图像位置。x 和 y 可指定与 $C(1,1)$ 和 $C(m,n)$ 对应的边角的位置。若同时指定两个边角，则将 x 和 y 设置为二元素向量；若指定第一个边角并自动确定另一个，则将 x 和 y 设为标量值，图像将根据需要进行拉伸和定向
image(__ __,Name,Value)	使用一个或多个名称-值对组参数指定图像属性
image(ax, __ __)	在由 ax 指定的坐标区而不是当前坐标区（gca）中创建图像
im=image(__ __)	返回创建的 Image 对象 im，使用 im 可设置图像的属性

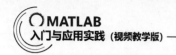

例 5-5：图片的颜色转换。

解：MATLAB 程序如下：

```
>> ax(1)=subplot(1,2,1);
>> rgb=imread('juice.jpg');        % 返回图像 juice.jpg 的三维数据矩阵 rgb
>> image(rgb);                     % 显示矩阵 rgb 中的数据
>> title('RGB image')
>> ax(2)=subplot(1,2,2)
>> im=mean(rgb,3);                 % 返回图像数据矩阵 rgb 第三个维度的均值
>> image(im);                      % 显示矩阵 im 中的数据
>> title('Intensity Heat Map')
>> colormap(ax(2),hot(256))        % 设置第二个子图的颜色图
>> linkaxes(ax,'xy')               % 同步两个子图坐标区的 x 轴和 y 轴范围
>> axis(ax,'image')                % 每个坐标区使用相同的数据单位长度，坐标区框紧密围绕数据
```

运行结果如图 5-5 所示。

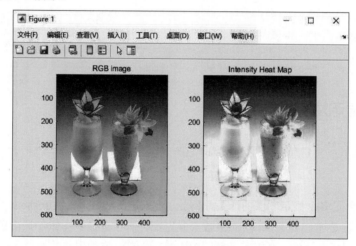

图 5-5　图片颜色变化

演示例 5-5 之前，应将要显示的图片文件保存到搜索目录下，或者将图片路径设置为当前工作路径，否则图片无法读取。

Imagesc 函数与 image 函数类似，不同的是前者可以自动调整值域范围。imagesc 函数常用的调用格式见表 5-7。

表 5-7　imagesc 函数的调用格式

调用格式	说　明
imagesc(C)	将矩阵 C 中的数据以图像形式显示出来，该图像使用颜色图中的全部颜色
imagesc(x,y,C)	x、y 用于指定图像位置
imagesc(___,Name,Value)	使用一个或多个名称-值对组参数指定图像属性
imagesc(___,clims)	其中 clims 为二维向量，它限制了输入矩阵中元素的取值范围
imagesc(ax,___)	在 ax 指定的坐标区而不是在当前坐标区中创建图像
im=imagesc(___)	返回创建的 Image 对象 im，使用 im 可设置图像的属性

imshow 函数可以显示灰度图像、真彩色图像、二值图像，以及带有颜色图的索引图像，其调用格式见表 5-8。

表 5-8　imshow 函数的调用格式

调用格式	说　明
imshow(I)	显示灰度图像 I
imshow(I,[low high])	显示灰度图像 I，其值域为[low high]
imshow(I,[])	显示灰度图像 I，I 中的最小值显示为黑色，最大值显示为白色
imshow(RGB)	显示真彩色图像
imshow(BW)	显示二进制图像 BW
imshow(X,map)	显示索引色图像，X 为图像矩阵，map 为调色板
imshow(filename)	显示存储在由 filename 指定的图形文件中的图像
imshow(_ _ _,Name=Value)	使用名称–值参数控制运算的各个方面来显示图像
himage=imshow(_ _ _)	返回所生成的图像对象的句柄 $himage$

例 5-6：显示图片。

解： MATLAB 程序如下：

```
>> subplot(1,2,1)
>> I=imread('juice.jpg ');        % 读入图像 juice.jpg
>> I=rgb2gray(I);                 % 转换为灰度图
>> imshow(I,[0 200])             % 在指定范围内显示灰度图像 I。I 中小于或等于 0 的值显
示为黑色，大于或等于 200 的值显示为白色。使用默认数量的灰度级别时，介于 0~200 的值显示为灰色的
中间色调
>> subplot(1,2,2)
>> imshow('juice.jpg')           % 显示 RGB 图像
```

运行结果如图 5-6 所示。

图 5-6　图片显示

例 5-7：图片的读取与灰度转换。

解： MATLAB 程序如下：

```
>> load clown    % clown 为 MATLAB 预存的一个.mat 文件，里面包含一个矩阵 X 和一个关联的
色图 map
>> subplot(1,2,1)
>> imagesc(X)              % 使用颜色图中的所有颜色显示索引矩阵 X
>> colormap(gray)         % 设置当前图窗的颜色图
>> subplot(1,2,2)
>> clims=[10 60];         % 设置颜色范围
>> imagesc(X,clims)       % 使用映射的颜色显示图像。X 中小于或等于 10 的值映射到颜色图中
的第一种颜色，大于或等于 60 的值映射到颜色图中的最后一种颜色。介于 10 和 60 之间的值以线性方式映
射到颜色图
```

运行结果如图 5-7 所示。

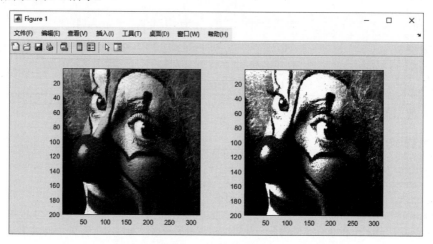

图 5-7　调整图片灰度

2．查询图像信息

如果要查看图像的文件名、文件最后一次修改的时间、文件大小、文件格式、文件格式的版本号、图像的宽度与高度、每个像素的位数以及图像类型等信息，可以利用 imfinfo 函数。该函数具体的调用格式见表 5-9。

表 5-9　imfinfo 函数的调用格式

调用格式	说　明
info=imfinfo(filename)	返回一个结构体 info，该结构体的字段包含有关图形文件 filename 中的图像的信息。如果 filename 为包含多个图像的 TIFF、PGM、PBM、PPM、HDF、ICO、GIF、SVS 或 CUR 文件，则 info 为一个结构体数组，其中每个元素对应文件中的一个图像。Imfinfo 函数既可以查看本地文件，又可以查看 URL 或远程位置的文件
info=imfinfo(filename,fmt)	查询图像文件 filename 的信息，fmt 为文件格式

例 5-8：显示图片信息。

解：MATLAB 程序如下：

```
>> info=imfinfo('lu.jpg')
info =
```

```
包含以下字段的 struct:
           Filename: 'D:\documents\MATLAB\ch05\lu.jpg'
        FileModDate: '03-Sep-2024 17:01:35'
           FileSize: 29714
             Format: 'jpg'
      FormatVersion: ''
              Width: 480
             Height: 480
           BitDepth: 24
          ColorType: 'truecolor'
    FormatSignature: ''
    NumberOfSamples: 3
       CodingMethod: 'Huffman'
      CodingProcess: 'Sequential'
            Comment: {}
```

5.2.3　动画演示

MATLAB 支持将图形或图像画面转换为影片帧，制作一些简单的动画演示，实现这种操作的主要函数为 VideoWriter、getframe 以及 movie。动画演示的步骤如下：

（1）创建一个包含很多列的矩阵 **M**。

（2）利用 getframe 函数捕获图窗中的画面，保存在 **M** 中作为影片帧。

（3）利用 movie 函数按照指定的速度和次数运行该动画，movie(**M**,*n*)可以播放由矩阵 **M** 所定义的画面 *n* 次。

例 5-9：演示山峰函数绕 *z* 轴旋转的动画。

解：MATLAB 程序如下：

```
>> [X,Y,Z]=peaks(30);          % 返回三个 30×30 的矩阵
>> surf(X,Y,Z)
>> axis([-3,3,-3,3,-10,10])
>> axis off
>> shading interp
>> colormap(hot)
>> for i=1:20
view(-37.5+24*(i-1),30)        % 改变视点的方位角
M(:,i)=getframe;               % 将图形保存到 M 矩阵
end
>> movie(M,2)                   % 播放画面 2 次
```

图 5-8 所示为动画的一帧。

例 5-10：循环记录帧的山峰函数的振动动画。

解：MATLAB 程序如下：

```
>> Z = peaks;                  % 返回一个 49×49 的矩阵
>> surf(Z)
```

```
>> axis tight manual      % 将坐标轴范围设置为数据范围，轴框紧密围绕数据；然后冻结坐标轴
范围
>> ax = gca;              % 返回当前坐标区
>> ax.NextPlot = 'replaceChildren'; % 在添加新对象前移除所有句柄未隐藏的坐标区对象，
但不重置图窗属性
>> loops = 40;            % 定义循环变量
>> F(loops) = struct('cdata',[],'colormap',[]);      % 定义结构体数组
>> for j = 1:loops
   X = sin(j*pi/10)*Z;
   surf(X,Z)             % 将 X 中元素的列索引和行索引用作 x 坐标和 y 坐标，Z 指定曲面的颜色
drawnow                  % 更新图窗
F(j) = getframe;         % 图形保存到数组中
end
```

图 5-9 所示为动画的一帧。

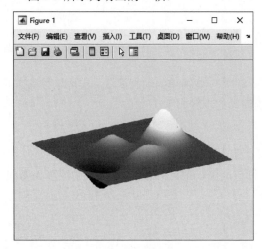

图 5-8 动画演示 1

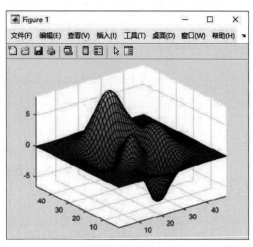

图 5-9 动画演示 2

例 5-11： 演示正弦波的传递动画。

解： MATLAB 程序如下：

```
>> x =linspace(0,2*pi,201);
>> k = linspace(1,20,20);
>> for idx = 1:length(k)
   plot(x,sin(k(idx)*x),"r","LineWidth",2);
   grid on
   ylim([-1 1]);          %固定 y 轴范围，这样动画显示坐标轴不变化，只有曲线在变化
   xlim([0 2*pi]);        %固定 x 轴范围，这样动画显示坐标轴不变化，只有曲线在变化
   xlabel('x');           % x 轴坐标标签
   ylabel('sin(kx)');     % y 轴坐标标签
   title(['k =' num2str(k(idx))]); % 显示出当前的 k 值，num2str 将数值转换成字符串，
[]用来连接字符串
   M(idx) = getframe(gcf); % 保存当前图窗的绘图
   end
```

图 5-10 所示为动画的一帧。

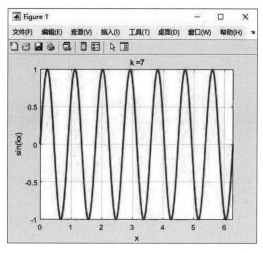

图 5-10 动画演示 3

5.3 操作实例——曲线绘制动画

本实例绘制一条二维曲线，并录制视角转换过程动画。

1. 编辑函数文件

在 MATLAB 编辑器中创建 testp.m 文件，编辑如下绘图程序：

```
function testp()
% This function is used for demostration
x=[0 1949 2023 2348 3018 4789 5982 6193 7389 8899];
% 定义横坐标
y=[0 1.38 2.28 2.37 3.82 4.20 5.28 6.29 7.26 8.01];
% 定义纵坐标
plot(x,y,"*",x,y,"k-")
%绘制曲线
grid on
%显示网格线
xlabel('横坐标');
ylabel('纵坐标');
title('演示曲线');
axis square;                    % 使用相同长度的坐标轴线
axis on;                        % 显示坐标区背景
uiwait(msgbox('曲线绘制完毕'));  % 阻止程序执行，直至弹出消息对话框
for i=1:50
view(-60+30*(i-1),30)           % 改变视点
M(:,i)=getframe;                % 将图形保存到 M 矩阵
end
movie(M,5)                      % 播放画面 5 次
```

上述文件保存到相应的目录后，将工作目录选为该目录。

2. 运行 M 文件

在命令行窗口中执行以下命令：

```
>> testp
```

按 Enter 键执行命令，运行结果如图 5-11 所示。

单击"确定"按钮，曲线的视角将旋转以显示结果，演示绘制动画，动画的其中一帧如图 5-12 所示。

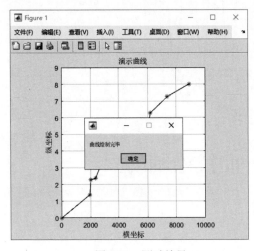

图 5-11　测试结果

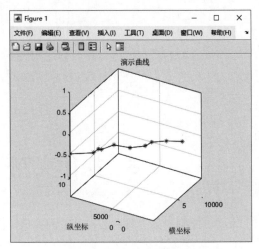

图 5-12　动画演示

5.4　新 手 问 答

问题 1：用 subplot 画出两个不同的曲面图，怎样才能使得这两个曲面图用到不同的颜色图呢？

用 subplot 绘制两个曲面图时，分别返回两个子图的坐标区对象，例如 ax1=subplot(121)。在应用颜色图时，指定在哪个子图中应用颜色图，例如 colormap(ax1,spring)。

问题 2：如何将 figure 窗口中的图形输出到指定的文件中？

调用 print 函数可以将图窗保存为特定的文件格式。例如，执行命令 print('newfig','-dtiff')可将当前图窗中的绘图保存为图像文件 newfig.tiff。

执行命令 print('-clipboard','-dmeta')，可将当前图窗中的绘图复制到系统剪贴板，此时可以将绘图粘贴到其他应用程序中。

如果没有参数，则将当前图窗输出到默认打印机。

问题 3：在 MATLAB 中如何显示一幅图像，但不显示坐标区？

首先使用 imread 函数读取图像，并返回图像数据，例如 I=imread('car.jpg')。然后利用 image 函数显示图像 image(I)。最后执行 axis off 命令，关闭坐标区线条和背景的可见性。

5.5　上机实验

【练习1】绘制如图 5-13 所示的随机矩阵的罗盘图。

1. 目的要求

本练习设计程序在坐标系中显示随机矩阵的罗盘图。

2. 操作提示

（1）创建 20×20 正态分布的随机矩阵 M。
（2）求矩阵 M 的特征向量。
（3）绘制特征向量的罗盘图，并返回线条对象的句柄。
（4）设置罗盘图第一个线条对象的线条样式为点画线。
（5）设置罗盘图第一个线条对象的标记样式。
（6）添加标题。

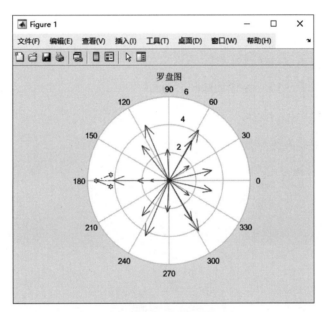

图 5-13　函数图形

【练习2】显示如图 5-14 所示的图像。

1. 目的要求

本练习设计的程序是在图形窗口中显示系统内存中的图片，练习 imshow 函数的使用方法。

图 5-14　图像文件

2. 操作提示

（1）设置工作路径。

（2）调用 imshow 函数显示图像文件。

【练习 3】显示如图 5-15 所示的函数图形动画。

1. 目的要求

本练习设计的程序是在图形窗口中演示球体函数旋转的动画。

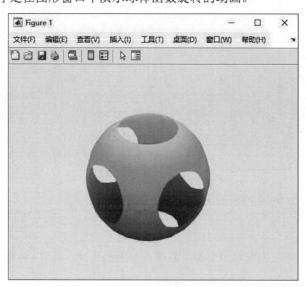

图 5-15　函数图形

2. 操作提示

（1）利用 sphere 函数创建 20×20 的球面坐标。

（2）利用 surf 函数创建具有实色边和实色面的三维曲面。

（3）利用 axis off 命令关闭坐标区线条和背景的可见性。

（4）通过对颜色图索引或真彩色值进行插值改变颜色。

（5）利用 for-end 命令改变缩放因子大小。

（6）利用 movie 函数播放画面 2 次，每秒 5 帧。

5.6　思考与练习

（1）读取一幅图片，缩放图片，并显示图片信息。

（2）读取如图 5-16 所示的图片信息并保存转换后的图片格式。

图 5-16　图片信息

（3）制作函数

$$
\begin{cases}
x = \mathrm{e}^{-0.1|t|} \sin 5t \\
y = \mathrm{e}^{-0.1|t|} \cos 5t \qquad (\, t \in [0, 20\pi] \,) \\
z = t
\end{cases}
$$

曲面图形的光照变换动画。

第6章 高等数学计算

高等数学是指相对于初等数学，数学对象与计算方法较为复杂的数学计算。高等数学是由微积分学、较深入的代数学、几何学及交叉内容所形成的一门科学。本章主要讲解其中的数列、极限、积分、级数等相关知识。

知识要点 >>>>>>>

- 数列
- 级数
- 极限、导数
- 积分
- 复杂函数

6.1 数　列

数列是一种以正整数集（或它的有限子集）为定义域的函数，是一列有序的数，可以是实数，也可以是复数。数列的一般形式可以写为 $a_1, a_2, a_3, \cdots, a_n$，简记为 $\{a_n\}$，数列中的每一个数都叫作这个数列的项。排在第一位的数记作 a_1，称为数列的第 1 项（通常也叫作首项），排在第二位的数记作 a_2，称为第 2 项……排在第 n 位的数记作 a_n，称为第 n 项。

 $\{a_n\}$ 本身是集合的表示方法，与数列有本质的区别。集合中的元素是无序且互异的，而数列中的项必须按一定顺序排列，可以相同。

根据项的排列个数和变化情况，数列有多种分类方式。例如，根据项的个数可分为有穷数列和无穷数列；根据数列的项值变化可分为常数列（每一项相等）、递增（减）数列、周期数列（各项呈周期性变化）。

通常情况下，数列的第 N 项 a_n 与项的序数 n 之间的关系可以用以正整数集 N^*（或它的有限子集 $\{1, 2, \cdots, n\}$）为定义域的函数 $f(n)$ 表示，即 $a_n = f(n)$，这个公式称为数列的通项公式。这里要提醒读者，一个数列的通项公式不唯一。数列是一种特殊的函数，函数不一定有解析式，同样数列也并非都有通项公式。

6.1.1　数列求和

数列求和是指对按照一定规律排列的数进行求和。对于数列 $\{S_n\}$，数列累和 $\sum\limits_{i=1}^{n} S_i$ 可以表示为

$\sum\limits_{i=1}^{n} S_i = S_1 + S_2 + S_3 + \ldots + S_n$，其中 i 为当前项，n 为数列中元素的个数，即项数。常见的方法有公式法、错位相减法、倒序相加法、分组法、裂项法、数学归纳法、通项化归法、并项求和法。

MATLAB 提供了多个求和函数，可以根据需要计算不同情况下的数列各项之和。下面简要介绍几个常用的函数。

1. 累和函数 sum

sum 函数用于计算数组元素的总和，它有以下 4 种常用的调用格式。

- S=sum(A)：返回沿大小大于 1 的第一个数组维度计算的元素之和。
  - ➤ 若 A 是向量，则返回所有元素的和，S 是一个数值。
  - ➤ 若 A 是矩阵，则 S 返回每一列所有元素之和，结果组成行向量。
  - ➤ 若 A 是 n 维数组，相当于 n 个矩阵，则 S 返回 n 个矩阵累和。例如下面的程序：

```
>> rng("default")          % 使用默认算法和种子初始化 MATLAB 随机数生成器
>> A=rand(3,4,2)           % 创建 3×4×2 的随机矩阵 A
A(:,:,1) =
    0.8147    0.9134    0.2785    0.9649
    0.9058    0.6324    0.5469    0.1576
    0.1270    0.0975    0.9575    0.9706
A(:,:,2) =
    0.9572    0.1419    0.7922    0.0357
    0.4854    0.4218    0.9595    0.8491
    0.8003    0.9157    0.6557    0.9340
>> S=sum(A)
S(:,:,1) =
    1.8475    1.6433    1.7829    2.0931    % 返回 A(:,:,1) 的每一列所有元素之和
S(:,:,2) =
    2.2428    1.4794    2.4074    1.8188    % 注意 A(:,:,2) 中第一列计算结果的四舍五入
```

- S=sum(A,dim)：沿指定维度返回元素总和。
  - ➤ 对于向量，只有两种情况：求和和不求和。若 dim=1，则不求和，返回原数列；若 dim=2，则返回数列所有元素之和。
  - ➤ 对于矩阵，也有两种情况：对行求和，对列求和。若 dim=1，则计算每一列的和，结果组成行向量；若 dim=2，则计算每一行的和，结果显示为列向量。
- S=sum(_ _ _,outtype)：这种格式以指定的数据类型返回元素累和，参数 outtype 用于指定输出类型，取值可为 "default"、"double" 或 "native"。
- S=sum(_ _ _,nanflag)：该语法格式在以上任一格式的基础上，指定求和时是否包含其中的 NaN 值。若参数 nanflag 取值为 "includemissing"（默认）或 "includenan"，则表示计算总和时包括 NaN 值，生成 NaN；若其取值为 "omitmissing" 或 "omitnan"，则表示忽略输入中的所有 NaN 值。

例 6-1：练习不同情况下的求和运算。

解：MATLAB 程序如下：

```
>> A = [1 3 2 5; 9 2 6 7; 5 1 7 8;2 4 3 5; 3 5 7 8]
A =
    1    3    2    5
    9    2    6    7
    5    1    7    8
    2    4    3    5
    3    5    7    8
>> S=sum(A,1)                    % 求矩阵各列之和
S =
   20   15   25   33
>> S=sum(A,2)                    % 求矩阵各行之和
S =
   11
   24
   21
   14
   23
>> S=sum(A,3)                    % dim 值大于 A 的维数，返回矩阵 A 本身
S =
    1    3    2    5
    9    2    6    7
    5    1    7    8
    2    4    3    5
    3    5    7    8
```

例 6-2：对矩阵进行求和计算。

解：MATLAB 程序如下：

```
>> A = [2 -0.5 3; -2.95 NaN 3;4 NaN 10];
>> S = sum(A,"omitmissing")      % 移除 NaN 元素后计算矩阵 A 的元素和
S =
  3.0500   -0.5000   16.0000
>> S = sum(A,"includemissing")   % 计算矩阵 A 包含 NaN 的元素和
S =
  3.0500       NaN   16.0000
```

2．求累积和函数 cumsum

累积和是一种序贯分析法，常用于在某个相对稳定的数据序列中检测开始发生异常的数据点。MATLAB 使用 cumsum 函数求解数列的累积和，常用的调用格式如下。

● B=cumsum(A)：从 *A* 中的第一个大小大于 1 的数组维度开始，返回不包括当前项的元素和。若 *A* 是向量，则 *B* 是相同大小的向量，包含 *A* 的累积和；若 *A* 是矩阵，则 *B* 是同样大小的矩阵，包含 *A* 的每列的累积和；若 *A* 是多维数组，则 *B* 是相同大小的数组，包含沿 *A* 的大小大于 1 的第一个数组维度的累积和。

● B=cumsum(A,dim)：沿维度 dim 计算元素的累积和。当 *A* 是向量时，若 dim=1，则不求和，

返回原向量；若 dim=2，则返回行的累积和。当 **A** 为矩阵时，若 dim 为 1，则对 **A** 的列中的连续元素进行求和并返回一个包含每列累积和的行向量；若 dim 为 2，则对 **A** 的行中的连续元素进行求和并返回一个包含每行累积和的列向量；如果 dim 大于 ndims(**A**)，则返回矩阵 **A** 本身。例如下面的程序：

```
>> A=linspace(2,10,5)          % A 为向量，即 A 可以视为一个数列
A =
     2    4    6    8   10
>> cumsum(A,1)                 % dim=1，不求和，返回原向量
ans =
     2    4    6    8   10
>> cumsum(A,2)                 % dim=2，求累积和，等效于 cumsum(A)
ans =
     2    6   12   20   30
```

● B=cumsum(___,direction)：按指定方向计算累积和，参数 direction 用于指定累积方向，可取值为"forward"（默认）或"reverse"。例如下面的程序：

```
>> A=linspace(2,10,5)
A =
     2    4    6    8   10
>> cumsum(A,"forward")        % 从运算维度的 1 到 end 计算累积和
ans =
     2    6   12   20   30
>> cumsum(A,"reverse")        % 从运算维度的 end 到 1 计算累积和
ans =
    30   28   24   18   10
```

3. 求梯形累和函数 cumtrapz

该函数通过梯形法按单位间距或指定的坐标或标量间距计算 **Y** 的近似累积积分，有以下 3 种调用方法。

● Q=cumtrapz(Y)：这种语法格式按单位间距计算 **Y** 的近似累积积分。如果 **Y** 是向量，则计算 **Y** 的累积积分；如果 **Y** 是矩阵，则计算每一列的累积积分；如果 **Y** 是多维数组，则对 **Y** 大小不等于 1 的第一个维度求积分。例如下面的程序：

```
>> A=2:3:14
A =
     2    5    8   11   14
>> Z = cumtrapz(A)             % 通过梯形法按单位间距计算 A 的近似累积积分
Z =
         0    3.5000   10.0000   19.5000   32.0000
```

● Q=cumtrapz(X,Y)：这种格式可根据 **X** 指定的坐标或标量间距对 **Y** 进行积分。若 **X** 是坐标向量，则 length(**X**) 必须等于 **Y** 的大小不等于 1 的第一个维度的大小；如果 **X** 是标量间距，则等效于 **X***cumtrapz(**Y**)。例如下面的程序：

```
>> X = [0:pi/5:pi]';          % 定义向量 X
>> Y=tan(X);                  % 计算 Y
```

```
>> Q=cumtrapz(X,Y)              % 采用非单位间距对数据向量 Y 求积分
Q =
         0
    0.2283
    1.4234
    1.4234
    0.2283
   -0.0000
```

- Q=cumtrapz(___,dim): 这种语法格式沿指定维度 dim 求累积梯形数值积分。

例 6-3：矩阵梯形累和示例。

解：MATLAB 程序如下：

```
>> A=pascal(4)
A =
     1     1     1     1
     1     2     3     4
     1     3     6    10
     1     4    10    20
>> B= cumtrapz(A,1)            % 按列对矩阵 A 求梯形累和
B =
        0        0        0        0
   1.0000   1.5000   2.0000   2.5000
   2.0000   4.0000   6.5000   9.5000
   3.0000   7.5000  14.5000  24.5000
>> C= cumtrapz(A,2)            % 按行对矩阵 A 求梯形累和
C =
        0   1.0000   2.0000   3.0000
        0   1.5000   4.0000   7.5000
        0   2.0000   6.5000  14.5000
        0   2.5000   9.5000  24.5000
```

6.1.2　数列求积

MATLAB 提供了多个函数，用于计算不同情况下的数列项的积，下面介绍其中 4 个常用的函数的功能与使用方法。

1. 元素的乘积函数 prod

该函数用于计算数组元素的乘积，有以下几种常用格式。

- B=prod(A): 计算 *A* 的数组元素的乘积。
  - ➢ 若 *A* 为向量，则返回所有元素的乘积。例如下面的程序：

```
>> A=linspace(3,15,5)         % 定义向量 A
A =
     3     6     9    12    15
>> prod(A)
ans =
```

29160

> 若 **A** 为非空矩阵，则返回每一列所有元素的积组成的行向量。如果 **A** 为空矩阵，则返回 1。例如下面的程序：

```
>> A=magic(3)              % A 为非空矩阵
A =
    8    1    6
    3    5    7
    4    9    2
>> prod(A)
ans =
    96   45   84
>> B=[]                    % B 为空矩阵
B =
    []
>> prod(B)
ans =
    1
```

● B=prod(A,dim)：沿指定维度 dim 计算乘积。若 **A** 为矩阵，当 dim=1 时，按列计算；当 dim=2 时，按行计算；当 dim 大于 ndims(**A**)时，返回 **A**。例如下面的程序：

```
>> A=magic(3)
A =
    8    1    6
    3    5    7
    4    9    2
>> prod(A,1)               % 返回每一列元素的乘积
ans =
    96   45   84
>> prod(A,2)               % 返回每一行元素的乘积
ans =
    48
   105
    72
```

● B=prod(___,outtype)：按 outtype 指定的数据类型输出计算结果，取值可为"double"、"native" 或"default"。

例 6-4：元素求乘积运算示例。

解： MATLAB 程序如下：

```
>> A = single(pascal(3))    % 创建矩阵，设置矩阵元素的数据类型为 single，单精度浮点型
A =
    3×3 single 矩阵
    1    1    1
    1    2    3
    1    3    6
>> B = prod(A,1,"double")    % 按列求乘积，输出类型为 double，B 为 double
B =
```

```
          1      6     18
>> C = prod(A,1,"default")          % 按列求乘积，输出类型为默认，C 为 single
C =
  1×3 single 行向量
     1      6     18
>> D = prod(A,2,"native")           % 按行求乘积，返回与输入数组 A 相同的数据类型
D =
  3×1 single 列向量
     1
     6
    18
```

2. 求累积乘积函数 cumprod

该函数常用的调用方法有如下几种。

- B=cumprod(A)：结果值中的当前元素的值是前一个元素与当前元素的积，后面的元素以此类推，对于第一个元素，默认与 1 相乘；对于矩阵，每一行的第一个元素均与 1 相乘，即保持原值。若 *A* 是向量，则 *B* 是相同大小的向量，包含 *A* 的累积乘积；若 *A* 是矩阵，则 *B* 是相同大小的矩阵，包含 *A* 的每列的累积乘积；若 *A* 是多维数组，则 *B* 是相同大小的数组，包含沿 *A* 中大小大于 1 的第一个数组维度计算的累积乘积。

- B=cumprod(A,dim)：返回沿维度 dim 计算的元素的累积乘积。当 *A* 是向量时，若 dim=1，则不求累积乘积，返回原向量；若 dim=2，则返回行的累积乘积。当 *A* 为矩阵时，若 dim 为 1，则对 *A* 的列中的连续元素进行求积并返回一个包含每列累积乘积的行向量；若 dim 为 2，则对 *A* 的行中的连续元素进行求积并返回一个包含每行累积乘积的列向量；如果 dim 大于 ndims(*A*)，则返回矩阵 *A* 本身。

- B=cumprod(___,direction)：使用参数 direction 指定累积方向，可取值为"forward"（默认）或"reverse"。例如下面的程序：

```
>> A=magic(3)
A =
     8      1      6
     3      5      7
     4      9      2
>> B = cumprod(A)                   % 返回 A 每列的累积乘积
B =
     8      1      6
    24      5     42
    96     45     84
>> C = cumprod(A,2)                 % 使用 A 行中的累积元素，并返回每行的累积乘积
C =
     8      8     48
     3     15    105
     4     36     72
>> D=cumprod(A,"reverse")           % 从运算维度的 end 到 1 运算
D =
    96     45     84
    12     45     14
```

```
      4      9      2
```

3. 阶乘函数

在数学表达式中，阶乘是指以步长 1 按顺序从 1 乘到所要求的非负实整数，使用"!"表示阶乘。例如 10 的阶乘表示为"10!"，即 $10! = 1 \times 2 \times 3 \times 4 \times 5 \times 6 \times 7 \times 8 \times 9 \times 10$。

在 MATLAB 中，阶乘可看作累积乘积的特例，可使用函数 factorial 进行计算，其调用格式如表 6-1 所示。

表 6-1　函数 factorial 的调用格式

调 用 格 式	说　明
f=factorial(n)	返回所有小于或等于 n 的正整数的乘积，其中 n 为非负整数值。如果 n 为数组，则 f 包含 n 的每个值的阶乘。f 与 n 具有相同的数据类型和大小

```
>> factorial(10)
ans =
   3628800
```

阶乘函数不但可以计算整数，还可以计算向量、矩阵等。

例 6-5：矩阵求乘积运算示例。

解： MATLAB 程序如下：

```
>> A=pascal(3)              % 3 阶帕斯卡矩阵
A =
     1     1     1
     1     2     3
     1     3     6
>> factorial(A)            % 帕斯卡矩阵求阶乘
ans =
     1     1     1
     1     2     6
     1     6   720
>> cumprod(A)              % 求矩阵元素的累积乘积
ans =
     1     1     1
     1     2     3
     1     6    18
>> B=linspace(2,6,5)
B =
     2     3     4     5     6
>> factorial(B)           % 向量求阶乘
ans =
     2     6    24   120   720
>> cumprod(B)             % 向量求元素累积乘积
B =
     2     6    24   120   720
```

从上面的计算结果可以看到，对于同一矩阵，阶乘与累积乘积结果不同；对于同一向量，阶乘与累积乘积结果相同。

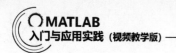

4．伽玛函数

伽玛函数（Gamma Function）是阶乘在实数集和复平面上的延伸与拓展。

在实数域上伽玛函数定义为：$\Gamma(x) = \int_0^{+\infty} t^{x-1} e^{-t} dt$。

在复数域上伽玛函数定义为：$\Gamma(z) = \int_0^{+\infty} t^{z-1} e^{-t} dt$。

MATLAB 利用函数 gamma 计算输入数组的 Gamma 函数。对于正整数 n，n 的 Gamma 函数值为 $n-1$ 的阶乘，即 factorial(n)=n*gamma(n)。

例 6-6：正整数的伽玛函数运算。

解：MATLAB 程序如下：

```
>> factorial(10)          % 求 10 的阶乘
ans =
   3628800
>> gamma(10)              % 求 10 的伽马函数值
ans =
   362880
>> 10*gamma(10)          % 验证 factorial(n)=n*gamma(n)
ans =
   3628800
```

6.2 级 数

级数理论与微积分学都是分析学的分支，二者都以极限为基本工具，分别从离散与连续两个方面研究变量之间的依赖关系——函数。

级数是指将数列的项依次用加号连接起来的函数，是数项级数的简称。典型的级数有正项级数、交错级数、幂级数、傅里叶级数等。

6、–12、18、–24，30 是数列；6 + （–12）+ 18 + （–24）+ （30）是级数。

根据数列中的项数是否有限，级数求和可分为有限项级数求和、无穷级数求和。MATLAB 使用 symsum 函数求级数，其常用的调用格式见表 6-2。

表 6-2　symsum 函数的调用格式

调用格式	说　明
F=symsum(f,k)	返回级数 f 关于索引项 k 的不定项和
F=symsum(f,k,a,b)	返回级数 f 关于索引项 k 从 a 到 b 的有限项和

如果要求数列的无穷级数，将 symsum 函数参数中的求和区间端点指定为无穷即可。

例 6-7： 求级数 $S = \sum_{n=1}^{10} \dfrac{1}{n}$。

解： MATLAB 程序如下：

```
>> syms n
>> S = symsum(1/n, n, 1, 10)        % 计算级数 1/n 关于指数 n 从 1 到 10 的有限项和
S =
7381/2520
```

例 6-8： 求级数 $S = \sum_{i=1}^{n} (10^i - 1)$ 前 n 项和的表达式。

解： MATLAB 程序如下：

```
>> syms i n
>> s=10^i-1;
>> symsum(s,i,1,n)
ans =
(10*10^n)/9 - n - 10/9
```

例 6-9： 求级数 $S = \sum_{n=1}^{10} 4\cos n - 3\tan n$ 前 10 项的和。

解： MATLAB 程序如下：

```
>> syms n
>> s=4*cos(n)-3*tan(n) ;
>> sum10=symsum(s,n,1,10)
sum10 =
4*cos(1) + 4*cos(2) + 4*cos(3) + 4*cos(4) + 4*cos(5) + 4*cos(6) + 4*cos(7) +
4*cos(8) + 4*cos(9) + 4*cos(10) - 3*tan(1) - 3*tan(2) - 3*tan(3) - 3*tan(4) - 3*tan(5)
- 3*tan(6) - 3*tan(7) - 3*tan(8) - 3*tan(9) - 3*tan(10)
>> digits(4)         % 控制运算精度为 4 位有效数字
>> vpa(sum10)        % 利用可变精度浮点算法计算数值，保留 4 位有效数字，默认精度为 32 位
ans =
21.38
```

6.3 极限和导数

由于代数无法处理"无限"的概念，因此引入了"极限"的概念，从而可以利用代数处理代表无限的量。极限是导数的前提。极限与导数都是微积分的重要基石，可以解决许多初等数学无法解决的问题，如求瞬时速度、曲线弧长、曲边形面积、曲面体体积等。

本节介绍如何利用 MATLAB 计算极限、求导的方法。

6.3.1 极限

极限是一个广泛的概念，是自变量无限趋近于某个值时因变量所趋向的数值，也就是极限值。极限在数学计算中用英文 limit 表示，同样，在 MATLAB 中也使用 limit 函数进行求解。

limit 函数的调用格式见表 6-3。

表 6-3　limit 函数的调用格式

调用格式	说　明
limit(f,var,a)	计算符号表达式 f 在自变量 var 趋近于 a 时的双向极限值
limit(f,a)	使用 symvar 识别的默认自变量来计算极限值
limit(f)	计算符号表达式 f 在默认自变量趋近于 0 时的极限值
limit(f,var,a,"right")	计算符号表达式 f 在变量 x 趋近于 a 时的右极限值
limit(f,var,a,"left")	计算符号表达式 f 在变量 var 趋近于 a 时的左极限值

例 6-10：计算 $\lim\limits_{x \to 0} \dfrac{\sin x}{x}$。

解：MATLAB 程序如下：

```
>> clear
>> syms x;
>> f=sin(x)/x;
>> limit(f)              % 计算 x 趋近于 0 的极限值
ans =
1
```

例 6-11：计算 $\lim\limits_{x \to 0} \dfrac{\sin\left(\dfrac{\pi}{2}+x\right)-1}{x}$。

解：MATLAB 程序如下：

```
>> clear
>> syms x;
>> f=(sin(pi/2+x)-1)/x;
>> limit(f,Inf)          % 计算 x 趋近于正无穷时，符号表达式的极限值
ans =
0
```

例 6-12：计算 $\lim\limits_{x \to 0^+} \dfrac{x^2-5x+6}{x^2-8x+15}$。

解：MATLAB 程序如下：

```
>> clear
>> syms x
>> limit((x^2-5*x+6)/( x^2-8*x+15),x,0,"right")      % 计算 x 趋近于 0 时，表达式
的右极限
    ans =
```

6.3.2 导数

导数是当自变量的增量趋于零时，因变量的增量与自变量的增量之商的极限。利用函数的导数、二阶导数，可以求得函数的形态，例如函数的单调性、凸性、极值、拐点等；可以解决某些物理问题，例如瞬时速度 $v(t)$ 就是路程关于时间函数的导数，加速度是速度关于时间的导数。

一个函数存在导数时，称这个函数可导或可微分。可导的函数一定连续。不连续的函数一定不可导。导数实质上就是一个求极限的过程，导数的四则运算法则来源于极限的四则运算法则。

MATLAB 针对导数运算提供了专门的求导函数 diff，其调用格式见表 6-4。

表 6-4 diff 函数的调用格式

调用格式	说　明
Df=diff(f)	相对于由语句 symvar(f,1)确定的符号变量对函数 f 求导
Df=diff(f,n)	相对于由函数 symvar 确定的符号变量求函数 f 的 n 阶导数
Df=diff(f,var)	相对于 var 对函数 f 进行求导
Df=diff(f,var,n)	计算 f 关于 var 的第 n 阶导数
Df=diff(f,var1,...,varN)	相对于变量 var1,…,var$N$ 对 f 求导
Df=diff(f,mvar)	相对于矩阵形式的符号变量 $m$var 对 f 进行求导

例 6-13：计算 $y = x^3 - 2x^2 + \sin x$ 的导数。

解：MATLAB 程序如下：

```
>> clear
>> syms x
>> f=x^3-2*x^2+sin(x);
>> diff(f)
ans =
cos(x) - 4*x + 3*x^2
```

例 6-14：计算 $y = x + \dfrac{1}{\sqrt{x}}$ 的导数。

解：MATLAB 程序如下：

```
>> clear
>> syms x
>> f= x+1/sqrt(x);
>> diff(f)
ans =
1 - 1/(2*x^(3/2))
```

例 6-15：计算 $y = x + \sin(2x + 3)$ 的 3 阶导数。

解：MATLAB 程序如下：

```
>> clear
```

```
>> syms x
>> f=x+sin(2*x+3);
>> diff(f,3)
ans =
-8*cos(2*x + 3)
```

6.4 积　分

积分研究函数的整体性态，是微积分的一大组成部分，是已知一个函数的导数，求这一函数，与微分互为逆运算。尽管理论上可以用牛顿-莱布尼茨公式求解已知函数的积分，但在实际工程中并不可取。MATLAB 提供了积分运算函数，可帮助用户便捷地计算函数积分。

6.4.1　定积分与广义积分

如果函数 $f(x)$ 在区间 $[a, b]$ 上连续，用分点 x_i 将区间 $[a, b]$ 分为 n 个小区间，在每个小区间 $[x_{i-1}, x_i]$ 上任取一点 r_i（$i=1,2,3,\cdots,n$），作和式 $f(r_1)+f(r_2)+\cdots+f(r_n)$，当 n 趋于无穷大时，该和式无限趋近于某个常数 C，这个常数称作被积函数 $y=f(x)$ 在积分区间 $[a, b]$ 上的定积分，a 与 b 为积分下限与积分上限，x 为积分变量。

如果定积分的积分区间为无穷，或积分区间虽然有限，但被积函数在某个点的数值为无穷，这两种情况下的定积分可称为广义积分。

定积分在工程中用得较多，利用 MATLAB 提供的 int 函数可以很容易地求已知函数在已知区间的积分值，其调用格式见表 6-5。

表 6-5　int 求定积分的调用格式

调用格式	说　　明
F=int(expr,a,b)	计算函数表达式 expr 在区间 [a,b] 上的定积分，自变量由语句 symvar(expr,1) 确定
F=int(expr,var,a,b)	计算函数表达式 expr 关于符号变量 var 在区间 [a,b] 上的定积分
F=int(___,Name,Value)	使用名称-值对组的参数指定选项设置定积分。设置的选项包括下面几种。 ● 'IgnoreAnalyticConstraints'：是否将纯代数简化应用于被积函数的指示符，其值包括 false（默认）、true。 ● 'IgnoreSpecialCases'：是否忽略特殊情况，其值包括 false（默认）、true。 ● 'PrincipalValue'：是否返回主体值，其值包括 false（默认）、true。 ● 'Hold'：是否未评估集成，其值包括 false（默认）、true

例 6-16：求 $\int_0^1 x\operatorname{arctg}x\,\mathrm{d}x$ 。

解：MATLAB 程序如下：

```
>> syms x;
>> v=int(x*atan(x),0,1)
```

```
v =
pi/4 - 1/2
>> vpa(v,2)                  % 控制数值的输出精度
ans =
0.29
```

例 6-17：求函数表达式 $f(x,y) = \dfrac{y}{\sqrt{5-4x}}$ 在区间[-1,1]分别关于 x、y 的定积分。

解：MATLAB 程序如下：

```
>> clear
>> syms x y;
>> f= y/sqrt(5-4*x);
>> v=int(f,x,-1,1)              % 计算函数 f 关于 x 在[-1,1]上的定积分
 v =
y
>> v2=int(f,y,-1,1)            % 计算函数 f 关于 y 在[-1,1]上的定积分
v2 =
0
```

例 6-18：求 $\displaystyle\int_0^\pi \sqrt{1+\cos 2x}\,\mathrm{d}x$ 与 $\displaystyle\int_{-\infty}^{+\infty} \dfrac{1+x^2}{1+x^4}\,\mathrm{d}x$ 。

解：MATLAB 程序如下：

```
>> syms x;
>> v1=int(sqrt(1+cos(2*x)),0,pi)
v1 =
2*2^(1/2)
>> vpa(v1,4)                  % 控制数值的输出精度
ans =
2.828
>> v2= int((1+x^2)/(1+x^4),-Inf,Inf)
v2 =
pi*2^(1/2)
>> vpa(v2,4)                  % 控制数值的输出精度
ans =
4.443
```

6.4.2 不定积分

由于会有无数个函数的导数都相同，例如，$F(x)$ 和 $F(x)+C$（C 为任意常量）的导数相同（假定为 $f(x)$），因此，对 $f(x)$ 积分的结果有无数个，可用 $F(x)+C$ 表示，这就称为不定积分。也就是说，不定积分是一组导数相同的原函数，如果一个导数有原函数，那么它就有无限多个原函数。

利用 int 函数也可以求不定积分，其调用格式见表 6-6。

171

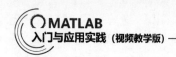

表 6-6　int 求不定积分的调用格式

调用格式	说　明
F=int(expr)	计算函数表达式 expr 的不定积分，其符号变量由 symvar(expr,1)确定
F=int(expr,var)	计算函数表达式 expr 相对于符号变量 var 的不定积分

例 6-19：求函数表达式 $f(x,y) = \dfrac{\sin x}{x} + \cos y$ 相对于 x 的不定积分。

解：MATLAB 程序如下：

```
>> syms x y
>> f=sin(x)/x+cos(y);
>> int(f,x)
ans =
sinint(x) + x*cos(y)
```

例 6-20：求 $\displaystyle\int \sin(\ln x)\mathrm{d}x$ 。

解：MATLAB 程序如下：

```
>> syms x
>> f=sin(log(x));
>> int(f)
ans =
-(2^(1/2)*x*cos(pi/4 + log(x)))/2
```

例 6-21：求 $f(x,y,z) = \dfrac{\sin 2z}{\cos^4 x - \sin^4 y}$ 对 z 的不定积分。

解：MATLAB 程序如下：

```
>> clear
>> syms x y z
>> f= sin(2*z)/(cos(x)^4-sin(y)^4);
>> int(f,z)
 ans =
-cos(2*z)/(2*(cos(x)^4 - sin(y)^4))
```

6.4.3　多重积分

多重积分是将定积分扩展到多元函数（多变量的函数）的一类积分。多重积分与一重积分在本质上相通，但多重积分的积分区域更复杂。由于不可能计算多于一个变量的函数的不定积分，因此不存在不定多重积分，也就是说所有多重积分都是定积分。

MATLAB 提供了专门的多重积分函数计算多重积分，本小节仅介绍计算二重积分和三重积分的函数。

1．二重积分

二重积分是二元函数在空间上的积分，可以用来计算曲面的面积、平面薄片重心等。MATLAB

使用 integral2 函数计算二重积分，其调用格式见表 6-7。

表 6-7　integral2 函数的调用格式

调用格式	说　明
q=integral2(fun,xmin,xmax,ymin,ymax)	在 $x\min \leqslant x \leqslant x\max$、$y\min \leqslant y \leqslant y\max$ 的矩形内计算 $fun(x,y)$的二重积分，此时默认的求解积分的数值方法为 quad，默认的公差为 10^{-6}
q=integral2(fun,xmin,xmax,ymin,ymax,Name,Value)	在指定范围的矩形内计算 $fun(x,y)$的二重积分，并使用名称-值对组参数设置二重积分选项

例 6-22： 计算二重积分 $\displaystyle\int_{1}^{2}\int_{0}^{2}\mathrm{e}^{-(x+y)}\mathrm{d}x\mathrm{d}y$ 。

解： MATLAB 程序如下：

```
>> fun = @(x,y) exp(-(x+y));        % 定义函数
>> q = integral2(fun,0,2,1,2)       % 求二重积分
q =
    0.2011
```

例 6-23： 使用 int 函数计算 $\displaystyle\int_{0}^{\pi}\int_{-\pi}^{0}x\sin xy\mathrm{d}x\mathrm{d}y$ 。

解： MATLAB 程序如下：

```
>> syms x y;
>> f= x*sin(x*y);
>> v1= int(f,x,-pi,0)          % 先对 x 求定积分
v1 =
(sin(pi*y) - y*pi*cos(pi*y))/y^2
>> v= int(v1,y,0,pi)           % 再对 y 求定积分
v =
pi - sin(pi^2)/pi
>> vpa(v,4)                    % 控制输出精度
ans =
3.279
```

2. 三重积分

三重积分的概念是空间有界闭区域上的有界函数，性质与二重积分类似，但积分区域更加复杂。三重积分可转换为三次积分进行计算，其实质是计算一个定积分（一重积分）和一个二重积分。

MATLAB 提供了专门计算三重积分的函数 integral3，其调用格式见表 6-8。

表 6-8　integral3 函数的调用格式

调用格式	说　明
q=integral3(fun,xmin,xmax,ymin,ymax,zmin,zmax)	在 $x\min \leqslant x \leqslant x\max$、$y\min \leqslant y \leqslant y\max$、$z\min \leqslant z \leqslant z\max$ 的空间内计算 $fun(x,y,z)$的三重积分，此时默认的求解积分的数值方法为 quad，默认的公差为 10^{-6}
q=integral3(fun,xmin,xmax,ymin,ymax,zmin,zmax,Name,Value)	使用名称-值对组参数设置三重积分选项

例 6-24：计算 $\int_0^\pi \int_0^\pi \int_\pi^{2\pi} \sin z(y\sin x + x\cos y)\mathrm{d}x\mathrm{d}y\mathrm{d}z$ 。

解：MATLAB 程序如下：

```
>> clear
>> fun= @(x,y,z)(sin(z).*(y.*sin(x)+x.*cos(y)));  % 创建以符号变量 x、y、z 为自变
量的符号表达式的句柄函数 fun
>> integral3(fun,pi,2*pi,0,pi,0,pi)  % 计算函数 f 在区间范围内的三重积分
ans =
  -19.7392
```

6.5 积 分 变 换

所谓积分变换，就是通过参变量积分将一个已知函数变为另一个函数，使函数的求解更为简单，是数学理论及其应用中一种非常有用的工具。本节介绍利用 MATLAB 对函数进行傅里叶（Fourier）变换和拉普拉斯（Laplace）变换及其逆变换的函数。

6.5.1 傅里叶积分变换

傅里叶变换是数字信号领域一种很重要的算法，将满足一定条件的某个函数表示成三角函数（正弦/余弦）或其积分的线性组合。在 MATLAB 中，使用 fourier 函数进行傅里叶变换，其调用格式见表 6-9。

表 6-9　fourier 函数的调用格式

调用格式	说　明
fourier(f)	返回对默认自变量 x 的符号表达式 f 的傅里叶变换，默认的返回形式是 $F(w)$，即 $f = f(x) \Rightarrow F = F(w)$；如果 $f=f(w)$，则返回 $F=F(t)$，即求 $F(w) = \int_{-\infty}^{\infty} f(x)\mathrm{e}^{-iwx}\mathrm{d}x$
fourier(f,v)	返回的傅里叶变换以 v 为默认变量，即求 $F(v) = \int_{-\infty}^{\infty} f(x)\mathrm{e}^{-ivx}\mathrm{d}x$
fourier(f,u,v)	以 v 代替 x 并对 u 积分，即求 $F(v) = \int_{-\infty}^{\infty} f(u)\mathrm{e}^{-ivu}\mathrm{d}u$

例 6-25：计算 $f(x) = \mathrm{e}^{-x^2}$ 的傅里叶变换。

解：MATLAB 程序如下：

```
>> clear
>> syms x
>> f = exp(-x^2);
>> fourier(f)  % 返回函数 f 对默认自变量 x 的傅里叶变换，结果是以转换变量 w 为自变量的函数
ans =
pi^(1/2)*exp(-w^2/4)
```

例 6-26：计算 $f(w) = \mathrm{e}^{-|w|}$ 的傅里叶变换。

解：MATLAB 程序如下：

```
>> clear
>> syms  w
>> f = exp(-abs(w));
>> fourier(f)        % 计算函数 f 对自变量 w 的傅里叶变换，返回以转换变量 v 为自变量的函数
ans =
2/(v^2 + 1)
```

例 6-27：计算 $f(x) = x\sin x$ 的傅里叶变换。

解：MATLAB 程序如下：

```
>> clear
>> syms  x  u
>> f = x*sin(x);
>> fourier(f,u)       % 用变量 u 代替转换变量 w，返回函数对自变量 x 的傅里叶变换
ans =
pi*(dirac(1, u - 1) - dirac(1, u + 1))
```

6.5.2 傅里叶逆变换

傅里叶逆变换与傅里叶变换相对应，可以将频域中的函数转换为时域的函数。MATLAB 利用 ifourier 函数对函数进行傅里叶逆变换，其调用格式见表 6-10。

表 6-10　ifourier 函数的调用格式

调用格式	说　明
ifourier(F)	返回对默认自变量 w 的符号傅里叶逆变换，默认的返回形式是 $f(x)$，即 $F = F(w) \Rightarrow f = f(x)$；如果 $F=F(x)$，则返回 $f=f(t)$，即求 $f(w) = \dfrac{1}{2\pi}\displaystyle\int_{-\infty}^{\infty} F(x)\mathrm{e}^{iwx}\mathrm{d}w$
ifourier(F,u)	返回的傅里叶逆变换以 u 为默认变量，即求 $F(v) = \displaystyle\int_{-\infty}^{\infty} f(x)\mathrm{e}^{-ivx}\mathrm{d}x$
ifourier(F,v,u)	以 v 代替 w 的傅里叶变换，即求 $f(v) = \dfrac{1}{2\pi}\displaystyle\int_{-\infty}^{\infty} F(v)\mathrm{e}^{ivu}\mathrm{d}v$

例 6-28：计算 $g(w) = \dfrac{\sin 2w}{\pi w}$ 的傅里叶逆变换。

解：MATLAB 程序如下：

```
>> clear
>> syms w
>> g= sin(2*w)/w/pi;
>> ifourier(g)          % 本例中 w 为自变量，所以返回以转换变量 x 为自变量的函数
ans =
-(pi*heaviside(x - 2) - pi*heaviside(x + 2))/(2*pi^2)
```

例 6-29：计算 $f(x) = \sin 2ax$ 的傅里叶逆变换。

解：MATLAB 程序如下：

```
>> clear
>> syms x a
>> f = sin(2*a*x);
>> ifourier(f)            % 自变量为 x，返回以转换变量 t 为自变量的函数
ans =
(dirac(2*a - t)*1i)/2 - (dirac(2*a + t)*1i)/2
```

6.5.3　快速傅里叶变换

快速傅里叶变换（Fast Fourier Transform，FFT）是利用计算机计算离散傅里叶变换（Discrete Fourier Transform，DFT）的高效、快速计算方法的统称。采用这种算法能使计算机计算离散傅里叶变换所需要的乘法次数大为减少，特别是被变换的抽样点数 N 越多，FFT 算法计算量的节省就越显著。

MATLAB 提供了多种快速傅里叶变换的函数，如表 6-11 所示。

表 6-11　快速傅里叶变换

函　　数	意　　义	调用格式
fft	一维快速傅里叶变换	Y=fft(X)，使用快速傅里叶变换算法计算 X 的离散傅里叶变换。Y 与 X 的大小相同。若 X 是向量，则返回该向量的傅里叶变换；若 X 是矩阵，则将 X 的各列视为向量，并返回每列的傅里叶变换；若 X 是一个多维数组，则将沿大小不等于 1 的第一个数组维度的值视为向量，并返回每个向量的傅里叶变换
		Y=fft(X,n)，计算向量 X 的 n 点 FFT。当 X 的长度小于 n 时，系统将在 X 的尾部补零，以构成 n 点数据；当 X 的长度大于 n 时，系统进行截尾
		Y=fft(X,n,dim)，计算对指定的第 dim 维的快速傅里叶变换
fft2	二维快速傅里叶变换	Y=fft2(X)，使用快速傅里叶变换算法返回矩阵 X 的二维傅里叶变换，这等同于计算 fft(fft(X).').'。结果 Y 与 X 的大小相同
		Y=fft2(X,m,n)，计算结果为 $m \times n$ 阶，系统将视情况对 X 进行截尾或者以 0 来补齐
fftn	N 维快速傅里叶变换	Y=fftn(X)，使用快速傅里叶变换算法返回 N 维数组的多维傅里叶变换。N 维变换等于沿 X 的每个维度计算一维变换
		Y=fftn(X,sz)，将在进行变换之前根据向量 sz 的元素截断 X 或用尾随零填充 X。sz 的每个元素定义对应变换维度的长度
fftshift	将快速傅里叶变换（fft、fft2）的 DC 分量移到谱中心	Y=fftshift(X)，将 DC 分量转移至谱中心
		Y=fftshift(X,dim)，将 DC 分量转移至 dim 维谱中心，若 dim 为 1，则上下转移；若 dim 为 2，则左右转移

（续表）

函　　数	意　　义	调用格式
ifft	一维逆快速傅里叶变换	X=ifft(Y)，计算 **Y** 的逆快速傅里叶变换
		X=ifft(Y,n)，计算向量 **Y** 的 *n* 点逆 FFT
		X=ifft(Y,n,dim)，计算对 dim 维的逆 FFT
		X=ifft(＿＿,symflag)，symflag 用于指定 **Y** 的对称类型
ifft2	二维逆快速傅里叶变换	X=ifft2(Y)，计算 **Y** 的二维逆快速傅里叶变换
		X=ifft2(Y,m,n)，计算结果为 *m*×*n* 阶，系统将视情况对 **X** 进行截尾或者以 0 来补齐
		X=ifft(＿＿,symflag)，symflag 用于指定 **Y** 的对称性
ifftn	多维逆快速傅里叶变换	X=ifftn(Y)，计算 **Y** 的 *n* 维逆快速傅里叶变换
		X=ifftn(Y,sz)，系统将根据向量 sz 对 **Y** 进行截尾或者以 0 来补齐
		X=ifftn(＿＿,symflag)，symflag 用于指定 **Y** 的对称性
ifftshift	逆零频平移	X=ifftshift(Y)，将进行过零频平移的傅里叶变换 **Y** 重新排列回原始变换。换言之，ifftshift 就是撤销 fftshift 的结果
		X=ifftshift(Y,dim)，沿 **Y** 的维度 dim 执行运算。当 **Y** 是矩阵时，若 dim 为 1，则进行转移；若 dim 为 2，则进行列转移

例 6-30：对 MATLAB 路径下的图像变量 saturn2（见图 6-1，该变量保存在 MATLAB 2024 安装目录下的\toolbox\images\imdata\imdemos.mat 文件中）进行二维傅里叶变换。

解：MATLAB 程序如下：

```
>> clear
>> load imdemos saturn2;      % 加载 imdemos.mat 文件中的 saturn2 变量
>> imshow(saturn2);           % 显示变量中保存的图像
>>b=fftshift(fft2(saturn2));  %返回图像矩阵的二维傅里叶变换，然后交换第一、三象限与二、
四象限
>> figure,imshow(log(abs(b)),[]);   % 根据像素值范围对显示进行转换，显示灰度图像
>> colormap(jet(64));   % 将仅包含 Jet 颜色图的 64 种颜色的减采样版本作为当前颜色图
>> colorbar;            % 添加色轴
```

变换结果如图 6-2 所示。

图 6-1　saturn2 变量中的图像

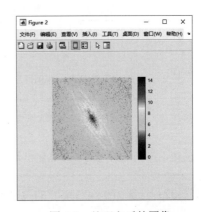

图 6-2　处理之后的图像

例 6-31：对添加噪声的正弦信号进行傅里叶变换。

解：MATLAB 程序如下：

```
>> clear
>> fs = 1000;                              % 采样率为 1000Hz
>> t = 0:1/fs:1-1/fs;                      % 信号采样时间序列
>> x = sin(2*pi*25*t)+ randn(1,1000);      % 含噪声的正弦信号
>> plot(t,x)                               % 所绘制的图形如图 6-3 所示
>> y = fft(x);                             % 对 x 进行一维快速傅里叶变换
>> f = (0:length(y)-1)*50/length(y);
>> plot(f,abs(y))                          % 绘制信号幅值，结果如图 6-4 所示
>> title('信号幅值')
```

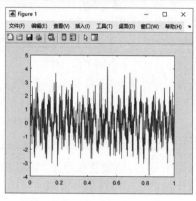

图 6-3　含噪声的正弦信号

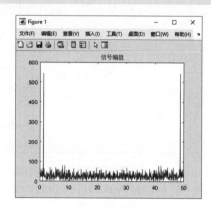

图 6-4　信号幅值图

6.5.4　拉普拉斯变换

拉普拉斯（Laplace）变换是工程数学中常用的一种积分变换，也称为拉氏转换，可将一个因数为实数 t（$t \geqslant 0$）的实变量函数转换为一个因数为复数 s 的复变量函数，把时域的高阶微分方程变换为频域的代数方程以便求解。

MATLAB 使用 laplace 函数对函数进行拉普拉斯变换，其调用格式见表 6-12。

表 6-12　laplace 函数的调用格式

调用格式	说　明
f=laplace(F)	计算默认自变量 t 的符号拉普拉斯变换,默认的返回形式是 $L(s)$,即 $F=F(t) \Rightarrow L=L(s)$；如果 $F=F(s)$，则返回 $L=L(t)$，即求 $L(s)=\int_{0}^{\infty}F(t)\mathrm{e}^{-st}\mathrm{d}t$
f=laplace(F,t)	计算结果以 t 为默认变量，即求 $L(t)=\int_{0}^{\infty}F(x)\mathrm{e}^{-tx}\mathrm{d}x$
f=laplace(F,w,z)	以 z 代替 s 并对 w 积分，即求 $L(z)=\int_{0}^{\infty}F(w)\mathrm{e}^{-zw}\mathrm{d}w$

例 6-32：计算 $f(t)=\mathrm{e}^{-t}\sin(2t)$ 的拉普拉斯变换。

解：MATLAB 程序如下：

```
>>clear
>>syms t
>> f=exp(-t)*sin(2*t);
>> laplace(f)              % 用以转换变量 s 为自变量的函数返回函数 f 的拉普拉斯变换
ans =
2/((s + 1)^2 + 4)
```

例 6-33：计算 $g(s) = \cos^2 s$ 的拉普拉斯变换。

解：MATLAB 程序如下：

```
>>clear
>>syms s a
>>g=cos(s)^2;
>>laplace(g)             % 用转换变量 z 返回函数 g 的拉普拉斯变换
ans =
(z^2 + 2)/(z*(z^2 + 4))
```

例 6-34：计算符号函数 $f_1 = e^{-(x+a)}$、$f_2 = \dfrac{\sin(ax)}{x}$ 的拉普拉斯变换。

解：MATLAB 程序如下：

```
>> clear
>> syms f1 f2 a b c x
>> f1= exp(-(x+a));              % 创建以 x 为自变量的符号表达式 f1
>> f2= sin(a*x)/x;
>> laplace([f1 f2],x,[b c])      % 计算自变量为 x，转换变量为 b、c 的符号拉普拉斯变换
ans =
[exp(-a)/(b + 1), atan(a/c)]
```

6.5.5 拉普拉斯逆变换

6.5.4 节提到过，很多情况下，在实数域中对一个实变量函数进行一些运算时，通常会将实变量函数进行拉普拉斯变换，并在复数域中进行各种运算，然后将运算结果进行拉普拉斯逆变换，以求得实数域中的相应结果。

MATLAB 使用 ilaplace 函数对函数进行拉普拉斯逆变换，其调用格式见表 6-13。

表 6-13 ilaplace 函数的调用格式

调用格式	说　明
ilaplace(L)	计算对默认自变量 s 的符号拉普拉斯逆变换，默认的返回形式是 $F(t)$，即 $L = L(s) \Rightarrow F = F(t)$；如果 $L=L(t)$，则返回 $F=F(x)$，即求 $f(w) = \displaystyle\int_{c-iw}^{c+iw} L(s) e^{st} ds$
ilaplace(L,y)	计算结果以 y 为默认变量，即求 $F(y) = \displaystyle\int_{c-iw}^{c+iw} L(y) e^{sy} ds$
ilaplace(L,y,x)	以 x 代替 t 的拉普拉斯逆变换，即求 $F(x) = \displaystyle\int_{c-iw}^{c+iw} L(y) e^{xy} dy$

例 6-35：计算 $f(t) = \dfrac{1}{s^2+1}$ 的拉普拉斯逆变换。

解：MATLAB 程序如下：

```
>> clear
>> syms s
>> f=1/(s^2+1);
>> ilaplace(f)          % 以 t 为转换变量，返回以 s 为自变量的函数 f 的拉普拉斯逆变换
ans =
sin(t)
```

例 6-36：计算 $g(a) = \dfrac{1}{(t^2+t-a)^2}$ 的拉普拉斯逆变换。

解：MATLAB 程序如下：

```
>> clear
>> syms a t
>> g=1/(t^2+t-a)^2;
>> ilaplace(g)              % 用转换变量 x 返回函数 g 的拉普拉斯逆变换
ans =
(2*exp(-x*((4*a + 1)^(1/2)/2 + 1/2)))/(4*a + 1)^(3/2) - (2*exp(x*((4*a +
1)^(1/2)/2 - 1/2)))/(4*a + 1)^(3/2) + (x*exp(x*((4*a + 1)^(1/2)/2 - 1/2)))/(4*a
+ 1) + (x*exp(-x*((4*a + 1)^(1/2)/2 + 1/2)))/(4*a + 1)
```

例 6-37：计算 $f(s) = \ln(\dfrac{s}{s+9})$ 的拉普拉斯逆变换。

解：MATLAB 程序如下：

```
>> clear
>> syms s
>> f=log(s/(s+9));
>> ilaplace(f)              % 计算对默认自变量 s、默认转换变量为 t 的符号拉普拉斯逆变换
ans =
(exp(-9*t) - 1)/t
```

6.6 复 杂 函 数

用简单函数逼近（近似表示）复杂函数是数学中的一种基本思想方法，也是工程中常常用到的技术手段。本节主要介绍如何用 MATLAB 实现泰勒展开和傅里叶展开。

6.6.1 泰勒展开

1．泰勒定理

为了更好地说明下面的内容，也为了使读者更容易理解本小节的内容，我们先给出著名的泰

勒（Taylor）定理：

若函数 $f(x)$ 在 x_0 处 n 阶可微，则 $f(x) = \sum_{k=0}^{n} \frac{f^{(k)}(x)}{k!}(x-x_0)^k + R_n(x)$。其中，$R_n(x)$ 称为 $f(x)$ 的余项，

常用的余项公式有：

- 佩亚诺（Peano）型余项：$R_n(x) = o((x-x_0)^n)$。

- 拉格朗日（Lagrange）型余项：$R_n(x) = \frac{f^{(n+1)}(\xi)}{(n+1)!}(x-x_0)^{n+1}$，其中 ξ 介于 x 与 x_0 之间。

- 特别地，当 $x_0=0$ 时的带拉格朗日型余项的泰勒公式：

$$f(x) = f(0) + f'(0)x + \frac{f''(0)}{2!}x^2 + \cdots + \frac{f^{(n)}(0)}{n!}x^n + \frac{f^{(n+1)}(\xi)}{(n+1)!}x^{n+1}, (0 < \xi < x)$$

称为麦克劳林（Maclaurin）公式。

2. 泰勒展开

麦克劳林公式实际上是将函数 $f(x)$ 表示成 x^n（n 从 0 到无穷大）的和的形式。在 MATLAB 中，可以用 taylor 函数来实现这种泰勒展开。taylor 函数的调用格式见表 6-14。

表 6-14　taylor 函数的调用格式

调用格式	说　明
T=taylor(f)	关于系统默认变量 x 求 $\sum_{n=0}^{5} \frac{f^{(n)}(0)}{n!}x^n$
T=taylor(f,m)	关于系统默认变量 x 求 $\sum_{n=0}^{m} \frac{f^{(n)}(0)}{n!}x^n$，这里的 m 要求为一个正整数
T=taylor(f,a)	关于系统默认变量 x 求 $\sum_{n=0}^{5} (x-a)^n \frac{f^{(n)}(a)}{n!}x^n$，这里的 a 要求为一个实数
T=taylor(f,m,a)	关于系统默认变量 x 求 $\sum_{n=0}^{m} (x-a)^n \frac{f^{(n)}(a)}{n!}x^n$，这里的 m 要求为一个正整数，a 要求为一个实数
T=taylor(f,y)	关于函数 $f(x,y)$ 求 $\sum_{n=0}^{5} \frac{y^n}{n!}\frac{\partial^n}{\partial y^n}f(x,y=0)$
T=taylor(f,y,m)	关于函数 $f(x,y)$ 求 $\sum_{n=0}^{m} \frac{y^n}{n!}\frac{\partial^n}{\partial y^n}f(x,y=0)$，这里的 m 要求为一个正整数
T=taylor(f,y,a)	关于函数 $f(x,y)$ 求 $\sum_{n=0}^{5} \frac{(y-a)^n}{n!}\frac{\partial^n}{\partial y^n}f(x,y=a)$，这里的 a 要求为一个实数
T=taylor(f,m,y,a)	关于函数 $f(x,y)$ 求 $\sum_{n=0}^{m} \frac{(y-a)^n}{n!}\frac{\partial^n}{\partial y^n}f(x,y=a)$，这里的 m 要求为一个正整数，a 要求为一个实数
T=taylor(___,Name,Value)	用一个或多个名称-值对组参数指定属性

例 6-38：求 $f(x) = e^x$ 在 $x = 0$ 处的 6 阶麦克劳林型近似展开。

解：MATLAB 程序如下：

```
>> syms x
>> f=exp(x);
>> f6=taylor(f)              % 默认是 6 阶展开
f6 =
x^5/120 + x^4/24 + x^3/6 + x^2/2 + x + 1
```

例 6-39：求 $f(x,y) = x^{\sin y}$ 关于 y 在 0 处的 4 阶展开，关于 x 在 2 处的 3 阶泰勒展开。

解：MATLAB 程序如下：

```
>> syms x y
>> f=x^sin(y);
>> f1=taylor(f,y,0,'Order',4)     % 由于 0 阶算作一阶，因此最高是 y 的 3 次方
f1 =
(y^2*log(x)^2)/2 - y^3*(log(x)/6 - log(x)^3/6) + y*log(x) + 1
>> f2=taylor(f,x,2,'Order',3)     % 由于 0 阶算作一阶，因此最高是 x 的平方
f2 = exp(log(2)*sin(y)) - exp(log(2)*sin(y))*(sin(y)/8 - sin(y)^2/8)*(x - 2)^2
+
(exp(log(2)*sin(y))*sin(y)*(x - 2))/2
```

6.6.2　傅里叶展开

傅里叶展开式是将一个函数用三角级数的形式表示，是函数的傅里叶级数在它收敛于此函数本身时的一种称呼。如果函数 $f(x)$ 的傅里叶级数处处收敛于 $f(x)$，则此级数称为 $f(x)$ 的傅里叶展开式。

设函数 $f(x)$ 在区间$[0,2\pi]$上绝对可积，且令

$$\begin{cases} a_n = \dfrac{1}{\pi}\displaystyle\int_0^{2\pi} f(x)\cos nx \mathrm{d}x & (n=0,1,2,\cdots) \\ b_n = \dfrac{1}{\pi}\displaystyle\int_0^{2\pi} f(x)\sin nx \mathrm{d}x & (n=0,1,2,\cdots) \end{cases}$$

以 a_n、b_n 为系数作三角级数

$$\frac{a_0}{2} + \sum_{n=1}^{\infty}(a_n \cos nx + b_n \sin nx)$$

该级数称为 $f(x)$ 的傅里叶级数，a_n、b_n 称为 $f(x)$ 的傅里叶系数。

MATLAB 没有提供傅里叶级数展开函数，可以根据傅里叶级数的定义编写一个函数文件实现傅里叶展开。

例 6-40：计算 $f(x) = x$ 在区间$[0,2\pi]$上的傅里叶系数。

（1）编写计算区间$[0,2\pi]$上傅里叶系数的 Fourierzpi.m 文件如下：

```
function [a0,an,bn]=Fourierzpi(f)
syms x n
a0=int(f,0,2*pi)/pi;
an=int(f*cos(n*x),0,2*pi)/pi;
bn=int(f*sin(n*x),0,2*pi)/pi;
```

（2）在命令行窗口中输入程序：

```
>> clear
>> syms x
>> f= x;
>> [a0,an,bn]=Fourierzpi(f)% 计算 f 在区间[0，2π]上的傅里叶系数 an 和 bn，以及常量 a0
a0 =
2*pi
an =
-(2*sin(pi*n)^2 - 2*n*pi*sin(2*pi*n))/(n^2*pi)
bn =
(sin(2*pi*n) - 2*n*pi*cos(2*pi*n))/(n^2*pi)
```

例 6-41：计算 $f(x) = x^2 - 3x$ 在区间 $[-\pi, \pi]$ 上的傅里叶系数。

（1）编写计算区间 $[-\pi, \pi]$ 上傅里叶系数的 Fourierzpi1.m 文件如下：

```
function [a0,an,bn]=Fourierzpi1(f)
syms x n
a0=int(f,-pi,pi)/pi;
an=int(f*cos(n*x),-pi,pi)/pi;
bn=int(f*sin(n*x),-pi,pi)/pi;
```

（2）在命令行窗口中输入程序：

```
>> clear
>> syms x
>> f=x^2-3*x;
>> [a0,an,bn]=Fourierzpi1(f)% 计算 f 在区间[-π,π]上的傅里叶系数 an 和 bn，以及常量 a0
a0 =
(2*pi^2)/3
an =
(2*(n^2*pi^2*sin(pi*n) - 2*sin(pi*n) + 2*n*pi*cos(pi*n)))/(n^3*pi)
bn =
-(6*(sin(pi*n) - n*pi*cos(pi*n)))/(n^2*pi)
```

例 6-42：计算 $f(x) = 3 + |x|$ 在区间 $[-1,1]$ 上的傅里叶系数。

（1）编写计算区间 $[-1,1]$ 上傅里叶系数的 Fourierz2.m 文件如下：

```
function [a0,an,bn]=Fourierz2(f)
syms x n
a0=int(f,-1,1);
an=int(f*cos(n*pi*x),-1,1);
bn=int(f*sin(n*pi*x),-1,1);
```

（2）在命令行窗口中输入程序：

```
>> clear
>> syms x
>> f=3+abs(x);
>> [a0,an,bn]=Fourierz2(f)
a0 =
7
```

```
an =
(8*sin(pi*n))/(n*pi) - (4*sin((pi*n)/2)^2)/(n^2*pi^2)
bn =
0
```

6.7 操作实例——高斯脉冲时域与频域转换

傅里叶变换经常被用来计算存在噪声的时域信号的频谱。假设数据采样频率为1000Hz，一个信号包含频率为 50Hz、振幅为 0.7 的正弦波和频率为 120Hz、振幅为 1 的正弦波，噪声为零平均值的随机噪声。试采用 FFT（Fast Fourier Transform，快速傅里叶变换）方法分析其频谱。

1. 定义信号参数

```
>> clear
>> Fs = 100;                    % 采样频率
>> T = 1/Fs;                    % 采样时间
>> t = -1:T:1;                  % 时间向量
>> L = length(t);;             % 信号长度
>> X =0.7*sin(2*pi*50*t) + sin(2*pi*120*t); % 创建以 t 为自变量的信号表达式 X，该
动态信号随时间变化，信号包含频率为 50Hz、振幅为 0.7 的正弦波和频率为120Hz、振幅为 1 的正弦波
>> Y = X + randn(size(t));     % 为正弦信号添加零均值噪声
```

2. 绘制时域

```
>> subplot(1,2,1),plot(t,Y)
>> title('高斯脉冲时域信号');
>> xlabel('时间(t)')
>> ylabel('时域 X(f)')
```

在图形窗口中显示生成的时域图形，如图 6-5 所示。

3. 使用傅里叶转换频域

使用 FFT 函数将信号转换到频域，首先需要确定一个新的输入长度。

```
>> n= 2^nextpow2(L);      % 从原始信号长度确定新输入长度，定义傅里叶变换信号采样长度为 2
的幂函数，幂次数为原信号 y 的长度，用尾随零填充信号以改善 FFT 的性能
>> Y = fft(X,n);          % 转换为频域
```

4. 定义频域

```
>> f = Fs*(0:(n/2))/n; % 变换后的频率
>> P = abs(Y/n);       % 双边幅值谱
```

5. 绘制频域

```
>> subplot(1,2,2),plot(f,P(1:n/2+1))      % 计算单边幅值谱，绘制频域图
>> title('高斯脉冲频域信号')
>> xlabel('频率(f)')
>> ylabel('频域|P(f)|')
```

在图形窗口中显示生成的频域图形，如图 6-6 所示。

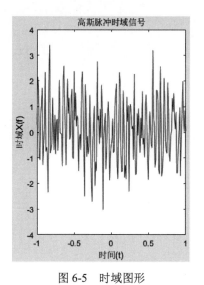

图 6-5　时域图形

高斯脉冲频域信号

图 6-6　频域图形

6.8　新手问答

问题 1：定积分和不定积分有什么区别？

定积分的定义是一个极限过程，给定一个函数和一个区间，对区间进行无穷分割，再把每个区间上的函数值加起来，计算的是具体的数值，得出的结果是一个具体的数字。

不定积分本质上是给定一个函数，寻找这个函数的原函数，计算的是原函数，得出的结果是一个式子。在不考虑相差常数的意义下，不定积分可以看作求导运算的逆运算。

问题 2：MATLAB 在访问矩阵（包括向量、二维矩阵、多维数组）的过程中，下标索引注意事项。

MATLAB 的语法规定矩阵的索引从 1 开始。在引用矩阵元素时，索引值超出矩阵应有的范围会出错，此时检查所定义数组的维数和引用的范围。调试程序时，修改下标为 0 或者负数的位置。

6.9　上机实验

【练习 1】极限计算。

1. 目的要求

本练习设计的程序是练习计算极限 $\lim\limits_{x \to 1} \dfrac{x}{1-x}$。

2. 操作提示

（1）定义字符变量 x。

（2）利用 limit 函数计算极限。

【练习2】导数计算。

1. 目的要求

本练习设计的程序用于计算 $f(x) = \arcsin(1-2x)$ 的导数。

2. 操作提示

（1）定义符号变量。

（2）输入函数表达式。

（3）利用 diff 函数对默认自变量 x 进行导数计算。

【练习3】傅里叶变换

1. 目的要求

本练习设计的程序用于计算 $f(x) = \mathrm{e}^{-3x^2}$ 的傅里叶变换。

2. 操作提示

（1）定义符号变量。

（2）输入函数表达式。

（3）利用 fourier 函数对默认自变量 x 进行傅里叶变换。

6.10　思考与练习

（1）MATLAB 表达式 limit（f,x,a）的含义是（　　）。

A. 求表达式 f 对默认变量的微分

B. 求表达式 f 当 x→a 时的极限

C. 求表达式 f 对默认变量求 a 阶微分

D. 求表达式 f 对变量 a 的微分

（2）产生 4 阶全 0 方阵的语句为（　　）。

A. zeros(4) 　　　　　　　　　　　B. zeros(4,0)

C. zero(4) 　　　　　　　　　　　　D. eye(4)

（3）P、Q 分别是一个多项式的系数矢量，求 P 对应的多项式的积分（对应的常数项为 K），使用的语句是＿＿＿＿＿＿＿＿＿＿＿＿＿＿＿＿＿＿＿＿＿＿＿；求 P/Q 的解，商和余数分别保存在 k 和 r，使用的语句是＿＿＿＿＿＿＿＿＿＿＿＿＿＿＿＿＿＿＿。

（4）清空 MATLAB 工作空间内所有变量的指令是（　　）。

A. clc 　　　　　　　　　　　　　　B. cls

C. clear 　　　　　　　　　　　　　D. clf

（5）求下列函数的导数：

① $f(x) = e^{-x^2}(x^2 - 2x + 3)$。

② $f(x) = \sin^2 x \cdot \sin(x^2)$。

③ $f(x) = e^{-\sin^2 \frac{1}{x}}$。

④ $f(x) = \ln \cos \frac{1}{x}$。

（6）求函数 $f(t) = \dfrac{e^{-a^{|t|}}}{\sqrt{|t|}}$ 的 FFT。

第 7 章 方 程 组

MATLAB 提供了一些处理多项式与方程组的函数，用户使用这些函数可以很方便地求解多项式的根、进行四则运算，以及对方程组进行求解。

> **知识要点** ≫≫≫≫≫≫

- 方程的运算
- 线性方程组求解
- 四元一次方程组求解
- 非线性方程（组）求解
- 常微分方程的数值解法
- 偏微分方程

7.1 方程的运算

方程也称方程式，是表示两个数学式（如两个数、函数、量、运算）之间相等关系的一种含有未知数的等式，例如 $3x-2=8$、$2x-3y=6$。使等式成立的未知数的值称为方程的"解"或"根"，求方程的解的过程称为"解方程"。

方程中的未知数通常称为"元"，只有一个元的方程称为一元方程，如 $3x-2=8$；不止一个元的方程式称为多元方程式，如 $2x-3y=6$。在形如 $f(x)=a_0x^n+a_1x^{n-1}+\cdots+a_{n-1}x+a_n$ 的函数中，如果 $f(x)=0$，则函数可转换为方程 $a_0x^n+a_1x^{n-1}+\cdots+a_{n-1}x+a_n=0$。

7.1.1 方程组的介绍

1. 一元方程

（1）对于一元一次方程 $ax+b=c$，可以直接使用四则运算进行计算：$x=\dfrac{c-b}{a}$。

（2）设一元二次方程 $ax^2+bx+c=0$（$a,b,c\in\mathbb{R}$，$a\neq0$）中，两根 x_1、x_2 有如下关系：

$$x_1+x_2=-\frac{b}{a}$$

$$x_1\cdot x_2=\frac{c}{a}$$

由一元二次方程求根公式可知：$x_{1,2} = \dfrac{-b \pm \sqrt{b^2 - 4ac}}{2a}$。

（3）一元三次方程的解法只能用归纳思维得到，即根据一元一次方程、一元二次方程及特殊的高次方程的求根公式，归纳出一元三次方程的求根公式。形如 $x^3 + px + q = 0$ 的一元三次方程的求根公式应该为 $x = \sqrt[3]{A} + \sqrt[3]{B}$ 型，即为两个开立方之和。

2．二元一次方程

将方程组中一个方程的某个未知数用含有另一个未知数的代数式表示出来，代入另一个方程中，消去一个未知数，得到一个一元一次方程，最后求得方程组的解。这种解方程组的方法叫作代入消元法。

具体步骤如下：

步骤 01 选取一个系数较简单的二元一次方程变形，用含有一个未知数的代数式表示另一个未知数。

步骤 02 将变形后的方程代入另一个方程中，消去一个未知数，得到一个一元一次方程（在代入时，要注意不能代入原方程，只能代入另一个没有变形的方程中，以达到消元的目的）。

步骤 03 解这个一元一次方程，求出未知数的值。

步骤 04 将求得的未知数的值代入变形后的方程中，求出另一个未知数的值。

步骤 05 用"{"联立两个未知数的值，就是方程组的解。

步骤 06 最后检验求得的结果是否正确（代入原方程组中进行检验，方程是否满足左边=右边）。

7.1.2　方程的解

使得方程中等式两边成立的所有未知数的值叫作方程的解。一元方程的解通常也称作方程的根。

将一元方程展开为 $x^n + a_1 x^{n-1} + \cdots + a_{n-1} x + a_n = 0$ 的多项式形式，a_1、a_2、$\cdots$、a_n 称为方程的系数。如果该方程有解，可以对多项式分解因式，转换为几个因式相乘的形式 $(x - b_0)(x - b_1)(x - b_2) \cdots (x - b_n) = 0$。其中，$b_0$、$b_1$、$b_2$ 等叫作方程的解（或根）。

在 MATLAB 中，使用 poly 和 roots 函数可以分别求解具有指定根的多项式系数与多项式的根，其调用格式见表 7-1。

表 7-1　求方程多项式系数和根的函数

调用格式	说　明
p=poly(r)	如果 r 是表示方程多项式的根向量，则返回方程多项式的系数向量；如果 r 是表示方程特征多项式的根的 n 阶方阵，则返回特征多项式的 $n+1$ 个系数。求解出系数后，调用 poly2sym 函数可生成多项式
r=roots(p)	p 为方程多项式的系数向量，返回方程的根向量

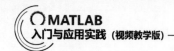

例 7-1：已知一元方程的 4 个根分别为 2、-1、4、3，求解该方程。

解：MATLAB 程序如下：

```
>> r=[2 -1 4 3];              % 定义方程的根向量
>> p= poly(r)                 % 根据方程的根返回方程的系数向量
p =
     1    -8    17     2   -24
>> poly2sym(p2)               % 根据系数向量构建方程
ans =
x^4 - 8*x^3 + 17*x^2 + 2*x - 24
```

例 7-2：通过方程的系数向量创建方程。

解：MATLAB 程序如下：

```
>> p1=[2 -1 0 4 0 4];         % 降幂排列的系数向量，0 表示方程中不存在的中间幂，不能省略
>> poly2sym(p1)               % 根据系数向量构建多项式
ans =
2*x^5 - x^4 + 4*x^2 + 4
```

例 7-3：求解方程 $2x^5 - x^4 + 4x^2 + 4 = 0$。

解：MATLAB 程序如下：

```
>> p1=[2 -1 0 4 0 4];         % 定义系数向量
>> r=roots(p1)                % 返回方程的根
r =
 -1.3172 + 0.0000i
  1.0000 + 1.0000i
  1.0000 - 1.0000i
 -0.0914 + 0.8665i
 -0.0914 - 0.8665i
```

7.2 求解线性方程组

在实际应用中，许多工程问题都可以转换为线性方程组的求解问题。线性方程组一般由一次未知数、系数、等号等组成。求解线性方程组时，通常会将系数转换成矩阵形式进行求解。

本节主要介绍利用 MATLAB 求解线性方程组的几种常用方法。

7.2.1 线性方程组定义

线性方程也称一次方程，是任一变量都为一次幂，形如 $ax + by + c = 0$ 的方程，其中 x、y 为变量，a、b、c 为已知数，a、b 不同时为 0。线性方程在笛卡儿坐标系上都表示为一条直线。在线性方程等式两边乘以任何相同的非零函数，方程的本质不变。

多个线性方程的组合称为线性方程组，形式如下：

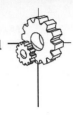

$$\begin{cases} a_{11}x_1 + a_{12}x_2 + \cdots + a_{1n}x_n = b_1 \\ a_{21}x_1 + a_{22}x_2 + \cdots + a_{2n}x_n = b_2 \\ \qquad\qquad\qquad \vdots \\ a_{m1}x_1 + a_{m2}x_2 + \cdots + a_{mn}x_n = b_m \end{cases}$$

其中，系数可转换为矩阵 A，等号右端项可转换为向量 b：

$$A = \begin{pmatrix} a_{11} & a_{12} & \cdots & a_{1n} \\ a_{21} & a_{22} & \cdots & a_{2n} \\ \vdots & \vdots & \ddots & \vdots \\ a_{m1} & a_{m2} & \cdots & a_{mn} \end{pmatrix}, \quad b = \begin{pmatrix} b_1 \\ b_2 \\ \vdots \\ b_m \end{pmatrix}$$

即可将线性方程组转换为 $Ax = b$（$A \in \mathbb{R}^{m \times n}$，$b \in \mathbb{R}^m$）的形式。根据系数矩阵 A 的形状分类，线性方程组可分为恰定方程组（A 为方阵，即 $m = n$）、超定方程组（$m > n$）和欠定方程组（$m < n$）。

根据右端项向量 b 中元素的值分类，线性方程组可分为齐次线性方程组（b 中的元素全为 0）、非齐次线性方程组（b 中的元素不全为 0）。

对于齐次线性方程组，关于解有下面的定理。

定理 1：设方程组系数矩阵 A 的秩为 r，则

（1）若 $r = n$，则齐次线性方程组有唯一解。

（2）若 $r < n$，则齐次线性方程组有无穷解。

对于非齐次线性方程组，关于解有下面的定理。

定理 2：设方程组系数矩阵 A 的秩为 r，增广矩阵 $[A\ b]$ 的秩为 s，则

（1）若 $r = s = n$，则非齐次线性方程组有唯一解。

（2）若 $r = s < n$，则非齐次线性方程组有无穷解。

（3）若 $r \neq s$，则非齐次线性方程组无解。

由此，可以编写一个函数文件 isexist.m 判断线性方程组 $Ax = b$ 解的情况，代码如下：

```
function y=isexist(A,b)
% 该函数用来判断线性方程组 Ax=b 的解的存在性
% 若方程组无解，则返回 0，若有唯一解，则返回 1，若有无穷多解，则返回 Inf
 [m,n]=size(A);
[mb,nb]=size(b);
if m~=mb
    error('输入有误！');
    return;
end
r=rank(A);
s=rank([A,b]);
if r==s &&r==n
    y=1;
elseif r==s&&r<n
    y=Inf;
```

```
else
    y=0;
end
```

提示　　该 M 文件会在后续的求解过程中用到，可以先保存在搜索路径下。

关于齐次线性方程组与非齐次线性方程组之间的关系有下面的定理。

定理 3：非齐次线性方程组的通解等于其一个特解与对应齐次方程组的通解之和。

如果线性方程组有无穷多解，可以找到一个基础解系 $\eta_1, \eta_2, \cdots, \eta_r$，以此来表示相应齐次方程组的通解：$k_1\eta_1 + k_2\eta_2 + \cdots + k_r\eta_r$（$k_r \in \mathbb{R}$）。

7.2.2　利用矩阵运算求解

将线性方程组的系数和右端项化为矩阵形式后，可以利用矩阵的运算求解方程组。本小节介绍常用的三种方法，读者在选择求解方法时要注意各种方法适用的要求。

1. 除法运算

对于系数矩阵 A 非奇异的线性方程组 $Ax = b$，求解方程组最简单的方法就是利用矩阵的左除 "\" 运算，即 $x = A \backslash b$。这种方法采用高斯（Gauss）消去法，可以提高计算精度且能够节省计算时间。

2. 逆（伪逆）运算

对于系数矩阵 A 非奇异的恰定方程组 $Ax = b$，利用矩阵的逆可以很方便地求解，即 $x = A^{-1}b$。对于非恰定方程组，则可利用伪逆函数 pinv 求其一个特解，即 x=pinv(A)*b。pinv 函数的调用格式见表 7-2。

表 7-2　pinv 函数的调用格式

调用格式	说　明
B=pinv(A)	返回矩阵 A 伪逆矩阵 Z
B=pinv(A,tol)	将 A 中小于容差 tol 的奇异值视为零，返回矩阵 A 的伪逆矩阵 Z

其中，除法求解与伪逆求解关系如下：

$$A \backslash B = \text{pinv}(A)*B$$
$$A/B = A*\text{pinv}(B)$$

例 7-4：利用矩阵的逆求解四元一次线性方程组 $\begin{cases} 2x_1 + x_2 - 5x_3 + x_4 = 8 \\ x_1 - 3x_2 - 6x_4 = 9 \\ 2x_2 - x_3 + 2x_4 = -5 \\ x_1 + 4x_2 - 7x_3 + 6x_4 = 0 \end{cases}$。

解：MATLAB 程序如下：

```
>> A=[2 1 -5 1;1 -3 0 -6;0 2 -1 2;1 4 -7 6];
>> b=[8 9 -5 0]';
>> y=isexist(A,b)            % 调用函数文件 isexist.m 判断方程是否有解
y =
    1                       % 若方程返回 1，则确定有唯一解
>> x0=pinv(A)*b             % 利用矩阵的逆求解
x0 =
    3.0000
   -4.0000
   -1.0000
    1.0000
>> b0=A*x0                  % 验证解的正确性
b0 =
    8.0000
    9.0000
   -5.0000
   -0.0000
>> norm(b0 - b, Inf) < 1e-10    % 判断 b0 和 b 是否在极小误差范围内相同
ans =
  logical
   1                        % b0 与 b 在极小误差范围内相同，求解正确
```

矩阵除法与求逆法都采用了高斯（Gauss）消去法，下面编写一个 M 文件 compare.m，比较矩阵除法与求逆法求解线性方程组在时间与精度上的区别。

```
% 该 M 文件用来演示求逆法与矩阵除法求解线性方程组在时间与精度上的区别
A=1000*rand(1000,1000);     %随机生成一个 1000 维的系数矩阵
x=ones(1000,1);
b=A*x;
disp('利用矩阵的逆求解所用时间及误差为：');
tic
y=inv(A)*b;
t1=toc
error1=norm(y-x)           %利用 2-范数计算结果与精确解的误差

disp('利用矩阵除法求解所用时间及误差为：')
tic
y=A\b;
t2=toc
error2=norm(y-x)
```

该 M 文件的运行结果如下：

```
>> compare
```

利用矩阵的逆求解所用时间及误差为：

```
t1 =
    0.2786
error1 =
   4.1994e-10
```

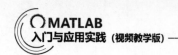

利用矩阵除法求解所用时间及误差为：

```
t2 =
    0.0220
error2 =
   5.9424e-11
```

可以看出，利用矩阵除法求解线性方程组所用的时间仅为求逆法的约 1/10，其精度也比求逆法高出一个数量级左右，因此在实际应用中尽量不要使用求逆法。

3. 零空间

矩阵的零空间也称为核空间，是满足线性方程组 $Ax=0$ 的解组成的集合。通过求系数矩阵 A 的零空间矩阵，可以得到方程组的基础解系。MATLAB 利用 null 函数得到 A 的零空间矩阵，其调用格式见表 7-3。

表 7-3　null 函数的调用格式

调用格式	说　明
Z=null(A)	返回矩阵 A 的零空间的标准正交基 Z，其列向量为方程组 $Ax=0$ 的一个基础解系，Z 还满足 $Z'Z=I$
Z=null(A,tol)	tol 用于指定容差。小于 tol 的 A 的奇异值被视为零，这会影响 Z 中的列数
Z=null(A,"rational")	返回 A 的零空间的"有理"基 Z，它通常不是正交基。Z 的列向量是方程 $Ax=0$ 的有理基，通过 A 的简化行阶梯形矩阵可以得到。这种方法在数值上不如 null(A) 准确

例 7-5：求线性齐次方程组 $\begin{cases} x_1 + 2x_2 + 2x_3 + x_4 + x_5 = 0 \\ 2x_1 + x_2 - 2x_3 - 2x_4 + x_5 = 0 \\ x_1 - x_2 - 4x_3 - 3x_4 + x_5 = 0 \\ 2x_1 + x_2 - x_3 - 5x_4 + x_5 = 0 \end{cases}$ 的基础解系。

解：MATLAB 程序如下：

```
>> clear
>> A=[1 2 2 1 1;2 1 -2 -2 1;1 -1 -4 -3 1;2 1 -1 -5 1];    % 输入系数矩阵 A
>> format rat                                             % 指定以有理形式输出
>> Z=null(A,"rational")                                   % 基础解系
Z =
    23/3
   -22/3
     3
     1
     0
```

4. 行阶梯形矩阵

行阶梯形矩阵和行最简形矩阵都是线性代数中利用矩阵的初等行变换得到的一类特定形式的矩阵。行阶梯形矩阵的形式是：从上往下，与每一行第一个非零元素同列的、位于这个元素下方（如果下方有元素的话）的元素都是 0；行最简形矩阵的形式是：从上往下，每一行第一个非零元素都是 1，与这个 1 同列的所有其他元素都是 0。行最简形矩阵是行阶梯形矩阵的特殊情形。

利用行阶梯形矩阵只适用于求解系数矩阵 A 非奇异的恰定方程组，否则这种方法只能简化方程组的形式，因此本小节内容都假设系数矩阵 A 非奇异。

MATLAB 利用 rref 函数获得简化的行阶梯形矩阵，其调用格式如表 7-4 所示。

表 7-4 rref 函数的调用格式

调 用 格 式	说 明
R=rref(A)	利用高斯消去法和部分主元消去法得到矩阵 A 的简化行阶梯形矩阵 R
R=rref(A,tol)	指定可忽略列的主元容差 tol，返回矩阵 A 的简化行阶梯形矩阵 R。如果主元列中的最大元素（按绝对值）低于容差 tol，则该列归零，以防止使用小于容差的非零主元元素进行除法和乘法
[R,p]=rref(A)	返回非零主元列向量 p

当系数矩阵 A 非奇异时，可利用 rref 函数将增广矩阵 $[A\,b]$ 转换为行阶梯形矩形 R，R 的最后一列即为方程组的解。

例 7-6：求方程组 $\begin{cases} 2x_1 + 6x_2 & = 1 \\ 3x_1 + 8x_2 + 6x_3 & = 1 \\ x_2 + 2x_3 + 6x_4 & = 0 \\ x_3 - 6x_4 + 6x_5 = 1 \\ x_4 + 3x_5 = 0 \end{cases}$ 的解。

解：MATLAB 程序如下：

```
>> clear
>> A=[2 6 0 0 0;3 8 6 0 0;0 1 2 6 0;0 0 1 -6 6;0 0 0 1 3];
>> b=[1 1 0 1 0]';
>> r=rank(A)              % 求 A 的秩，看其是否非奇异
r =
     5
>> B=[A,b];              % B 为增广矩阵
>> R=rref(B)            % 增广矩阵转换为阶梯形
R =
    1.0000         0         0         0         0   -1.5143
         0    1.0000         0         0         0    0.6714
         0         0    1.0000         0         0    0.0286
         0         0         0    1.0000         0   -0.1214
         0         0         0         0    1.0000    0.0405
>> x=R(:,6)              % R 的最后一列即为解
x =
   -1.5143
    0.6714
    0.0286
   -0.1214
    0.0405
>> A*x                   % 验证解的正确性
ans =
    1.0000
```

```
    1.0000
         0
    1.0000
    0.0000
```

7.2.3 利用矩阵分解法求解

矩阵分解是将矩阵拆解为数个矩阵的乘积。常用的有 LU 分解、QR 分解、乔列斯基分解、SVD（Singular Value Decomposition，奇异值）分解等。求解线性方程组，其实质是将方程的系数矩阵 **A** 变换成一个下三角或上三角矩阵，从而简化求解。利用矩阵分解就可以达到这个目的，因此可以很方便地求解线性方程组。本小节将介绍利用 LU 分解、QR 分解与乔列斯基分解求解线性方程组的方法。

1. LU 分解法

LU 分解法是将一个矩阵通过初等行变换分解为一个下三角矩阵与上三角矩阵的乘积，这样的分解法又称为三角分解法，主要用于简化一个大矩阵的行列式值的计算过程、求逆矩阵、求解联立方程组。

利用这种方法求解方程组 **Ax** = **b** 时，先对系数矩阵 **A** 进行 LU 分解，得到 **LU** = **PA**，然后解 **Ly** = **Pb**，最后解 **Ux** = **y** 得到原方程组的解。根据这个思路，编写 M 文件 solvebyLU.m 求解线性方程组，程序如下：

```
function x=solvebyLU(A,b)
% 该函数利用 LU 分解法求线性方程组 Ax=b 的解
flag=isexist(A,b);  %调用 isexist 函数判断方程组解的情况
if flag==0
    disp('该方程组无解！');
    x=[];
    return;
else
    r=rank(A);
    [m,n]=size(A);
    [L,U,P]=lu(A);
    b=P*b;
      % 解 Ly=b
    y(1)=b(1);
    if m>1
        for i=2:m
            y(i)=b(i)-L(i,1:i-1)*y(1:i-1)';
        end
    end
    y=y';
      % 解 Ux=y 得原方程组的一个特解
    x0(r)=y(r)/U(r,r);
    if r>1
        for i=r-1:-1:1
            x0(i)=(y(i)-U(i,i+1:r)*x0(i+1:r)')/U(i,i);
```

```
            end
        end
    x0=x0';
        if flag==1                    % 若方程组有唯一解
        x=x0;
        return;
    else                              % 若方程组有无穷多解
        format rat;
        Z=null(A,'r');                % 求出对应齐次方程组的基础解系
        [mZ,nZ]=size(Z);
        x0(r+1:n)=0;
        for i=1:nZ
            t=sym(char([107 48+i]));
            k(i)=t;                   % 取 k=[k1,k2…];
        end
        x=x0;
        for i=1:nZ
            x=x+k(i)*Z(:,i);          % 将方程组的通解表示为特解加对应齐次通解形式
        end
    end
end
```

例 7-7：利用 LU 分解法求方程组 $\begin{cases} x_1 + 2x_2 + 3x_3 = 0 \\ 2x_1 + 2x_2 + 8x_3 = -4 \\ 3x_1 - 10x_2 - 2x_3 = -11 \end{cases}$ 的唯一解。

解：MATLAB 程序如下：

```
>> clear
>> A=[ 1 2 3;2 2 8;3 -10 -2];
>> b=[ 0 -4 -11]';
>> x=solvebyLU(A,b)
x =
-0.1111
   1.2222
  -0.7778
```

2. QR 分解法

QR 分解法是将矩阵分解成一个正规正交矩阵 $\boldsymbol{Q}$ 与上三角形矩阵 $\boldsymbol{R}$，是目前求一般矩阵全部特征值的最有效且广泛应用的方法。在实际应用中，常用于求解线性最小二乘问题。

利用这种方法求解方程组 $\boldsymbol{Ax} = \boldsymbol{b}$ 时，先将系数矩阵 $\boldsymbol{A}$ 进行 QR 分解得到 $\boldsymbol{A} = \boldsymbol{QR}$，然后解 $\boldsymbol{Qy} = \boldsymbol{b}$，最后解 $\boldsymbol{Rx} = \boldsymbol{y}$ 得到原方程组的解。这里要提醒读者的是，由于 $\boldsymbol{Q}$ 是正交矩阵，因此 $\boldsymbol{Qy} = \boldsymbol{b}$ 的解为 $\boldsymbol{y} = \boldsymbol{Q'b}$。

根据上面的思路，可编写 M 文件 solvebyQR.m 求解线性方程组，程序如下：

```
function x=solvebyQR(A,b)
% 该函数利用 QR 分解法求线性方程组 Ax=b 的解
flag=isexist(A,b);                    % 调用 isexist 函数判断方程组解的情况
if flag==0
```

```
        disp('该方程组无解！');
        x=[];
        return;
    else
        r=rank(A);
        [m,n]=size(A);
        [Q,R]=qr(A);
        b=Q'*b;
        % 解 Rx=b 得原方程组的一个特解
        x0(r)=b(r)/R(r,r);
        if r>1
            for i=r-1:-1:1
                x0(i)=(b(i)-R(i,i+1:r)*x0(i+1:r)')/R(i,i);
            end
        end
        x0=x0';
        if flag==1                          % 若方程组有唯一解
            x=x0;
            return;
        else                                % 若方程组有无穷多解
            format rat;
            Z=null(A,'r');                  % 求出对应齐次方程组的基础解系
            [mZ,nZ]=size(Z);
            x0(r+1:n)=0;
            for i=1:nZ
                t=sym(char([107 48+i]));
                k(i)=t;                     % 取 k=[k1,…,kr];
            end
            x=x0;
            for i=1:nZ
                x=x+k(i)*Z(:,i);            % 将方程组的通解表示为特解加对应齐次通解形式
            end
        end
    end
end
```

例 7-8：利用 QR 分解法求方程组 $\begin{cases} x_1 + x_2 + x_3 + x_4 + x_5 = 7 \\ 3x_1 + 2x_2 + x_3 + x_4 - 3x_5 = -2 \\ x_2 + 2x_3 + 2x_4 + 6x_5 = 23 \\ 5x_1 + 4x_2 + 3x_3 + 3x_4 - x_5 = 12 \end{cases}$ 的通解。

解：MATLAB 程序如下：

```
>> clear
>> A=[1 1 1 1 1;3 2 1 1 -3;0 1 2 2 6;5 4 3 3 -1];
>> b=[7 -2 23 12]';
>> x=solvebyQR(A,b)
x =
    k1 + k2 + 5*k3 - 16
23 - 2*k2 - 6*k3 - 2*k1
                k1
```

```
            k2
            k3
```

3．乔列斯基分解法

乔列斯基分解法又叫平方根法，是求解对称正定线性方程组最常用的方法之一。使用该方法可将对称正定矩阵 A 分解为 $A = R'R$，其中 R 为上三角矩阵，R' 为 R 的转置。

利用这种方法求解线性方程组 $Ax = b$ 时，A 必须为对称正定矩阵，先将矩阵 A 分解为 $A = R'R$，然后解 $R'y = b$ 得到 y，最后解 $Rx = y$ 得到原方程组的解 x。

根据上面的思路，可编写 M 文件 solvebyCHOL.m 求解线性方程组，程序如下：

```
function x=solvebyCHOL(A,b)
% 该函数利用乔列斯基分解法求线性方程组 Ax=b 的解
lambda=eig(A);
if lambda>eps&isequal(A,A')
    [n,n]=size(A);
    R=chol(A);
     % 解 R'y=b
    y(1)=b(1)/R(1,1);
    if n>1
        for i=2:n
            y(i)=(b(i)-R(1:i-1,i)'*y(1:i-1)')/R(i,i);
        end
    end
    % 解 Rx=y
    x(n)=y(n)/R(n,n);
    if n>1
        for i=n-1:-1:1
            x(i)=(y(i)-R(i,i+1:n)*x(i+1:n)')/R(i,i);
        end
    end
    x=x';
else
    x=[];
    disp('该方法只适用于对称正定的系数矩阵！');
end
```

例 7-9：利用乔列斯基分解法求 $\begin{cases} 3x_1 + 3x_2 + 5x_3 = 6 \\ 3x_1 + 5x_2 + 9x_3 = 17 \\ 5x_1 + 9x_2 + 17x_3 = 23 \end{cases}$ **的解。**

解： MATLAB 程序如下：

```
>> clear
>> A=[3 3 5;3 5 9;5 9 17];
>> b=[6 17 23]';
>> x=solvebyCHOL(A,b)
x =
   -8.0000
   32.5000
```

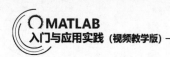

```
     -13.5000
>> A*x                    % 验证解的正确性
ans =
     6.0000
    17.0000
    23.0000
```

上面介绍了利用矩阵分解求解线性方程组的三种方法,接下来编写一个函数文件 solvelineq.m,指定矩阵分解法,通过调用相应的 M 文件求解线性方程组,程序如下:

```
function x=solvelineq(A,b,flag)
% 该函数是矩阵分解法汇总,通过 flag 的取值来调用不同的矩阵分解
% 若 flag='LU',则调用 LU 分解法
% 若 flag='QR',则调用 QR 分解法
% 若 flag='CHOL',则调用 CHOL 分解法
if strcmp(flag,'LU')
    x=solvebyLU(A,b);
elseif strcmp(flag,'QR')
    x=solvebyQR(A,b);
elseif strcmp(flag,'CHOL')
    x=solvebyCHOL(A,b);
else
    error('flag 的值只能为 LU,QR,CHOL!');
end
```

7.2.4 非负最小二乘解

在某些情况下,虽然方程组可以得到精确解,但却不能取负值解,或者说方程组的解为负数是没有意义的。在这种情况下,其非负最小二乘解比方程的精确解更有意义。MATLAB 提供了 lsqnonneg 函数求线性方程组 $Ax = b$ 的非负最小二乘解,其常用的调用格式如表 7-5 所示。

表 7-5 lsqnonneg 函数的调用格式

调 用 格 式	说　　　明
x=lsqnonneg(C,d)	返回在向量 x 中所有元素都必须是非负约束下,使得 norm($C*x-d$) 最小的向量 x。C 为实数矩阵,d 为实数向量
x=lsqnonneg(C,d,options)	使用结构体 options 中指定的优化选项求最小值。使用 optimset 可设置这些选项
x=lsqnonneg(problem)	求结构体 problem 的最小值
[x,resnorm,residual]=lsqnonneg(___)	对于上述任何语法,返回残差的 2-范数平方值 norm($C*x-d$)^2 及残差 $d-C*x$
[x,resnorm,residual,exitflag,output] = lsqnonneg(___)	在上一语法格式的基础上,还返回 lsqnonneg 退出条件的值 exitflag,以及优化摘要信息结构体 output
[x,resnorm,residual,exitflag,output,lambda]=lsqnonneg(___)	在上一语法格式的基础上,返回拉格朗日乘数向量 lambda

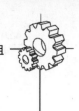

例 7-10：求方程组 $\begin{cases} x_1 - 2x_2 + 3x_3 - x_4 - x_5 = 2 \\ x_1 + x_2 - 3x_3 + x_4 - 2x_5 = 1 \\ 2x_1 - x_2 + x_3 - 2x_5 = 2 \\ 2x_1 + 2x_2 - 5x_3 + 2x_4 - x_5 = 5 \end{cases}$ 的非负最小二乘解。

解：MATLAB 程序如下：

```
>> clear
>> A=[1 -2 3 -1 -1;1 1 -3 1 -2;2 -1 1 0 -2;2 2 -5 2 -1];
>> b=[2 1 2 5]';
>> x=lsqnonneg(A,b)
x =
    2.6667
    0.2333
         0
         0
    1.1000
% 求出的解不一定是方程的精确解，而是满足方程的一个最小非负解
>> C=A*x                    % 验证是否为精确解
C =
    1.1000
    0.7000
    2.9000
    4.7000                  % b 与 C 明显不相等
```

7.3 求解非线性方程（组）

MATLAB 的优化工具箱中还提供了用于求解非线性方程及非线性方程组的函数。下面分别来看一下这两种问题的求解方法。

7.3.1 非线性方程

非线性方程就是因变量与自变量之间的关系不是线性关系的方程。MATLAB 在优化工具箱中提供了用于求解非线性方程的函数 fzero，其调用格式见表 7-6。

表 7-6 fzero 函数的调用格式

调用格式	说　明
x=fzero(fun,x0)	求非线性方程 fun(x)=0 在 $x0$ 点附近的解，若 $x0$ 是一个包含两个元素的实数向量，则该格式假设 $x0$ 定义了一个区间，并且要求 fun($x0(1)$) 与 fun($x0(2)$) 的符号相反，如果 fun($x0(1)$) 与 fun($x0(2)$) 的符号相同，则会报错
x=fzero(fun,x0,options)	options 为优化参数，见表 7-7
x=fzero(problem)	对结构体 problem 指定的求根问题求解
[x,fval,exitflag,output]=fzero(___)	在上面格式功能的基础上，输出相应函数值 fval、终止迭代的条件信息 exitflag（见表 7-8）以及关于算法的信息变量 output

表 7-7　fzero 函数优化参数及说明

优化参数	说　明
Display	显示级别。若设为'off'，则不显示输出；若设为'iter'，则显示每一次的迭代输出；若设为'final'，则仅显示最终结果；若设为'notify'（默认值），则仅在函数未收敛时才显示输出
FunValCheck	检查目标函数值是否有效。当目标函数返回的值是 complex、Inf 或 NaN 时，默认值为'off'，不会显示错误；如果设置为'on'，则显示错误
OutputFcn	以函数句柄或函数句柄的元胞数组的形式指定优化函数在每次迭代时调用的一个或多个用户定义函数。默认值是[]
PlotFcns	绘制算法执行过程中的各个进度测量值。取值为@optimplotx 时表示绘制当前点，@optimplotfval 表示绘制函数值
TolX	x 的终止容差，默认值为 eps，即 2.2204e-16

表 7-8　exitflag 的值及相应说明

exitflag 的值	说　明
1	函数找到了一个零点 x
-1	算法被输出函数或绘图函数终止
-3	算法在搜索过程中遇到函数值为 NaN 或 Inf 的情况
-4	算法在搜索过程中遇到函数值为复数的情况
-5	函数可能已经收敛到一个奇异点
-6	fzero 未找到零点

例 7-11：求 $x^5 + 2x^3 - 5x + 3 = 0$ 在-1 附近的根。

解：首先编写函数的 M 文件 f1.m 如下：

```
function y=f1(x)
y=x^5+2*x^3-5*x+3;
```

然后在命令窗口输入如下命令求解：

```
>> x0=-1;
>> [x,fval,exitflag,output]=fzero(@f1,x0)
x =
   -1.3650
fval =
   -2.6645e-15
exitflag =
     1               % 说明函数收敛到解
output =
   包含以下字段的 struct:
     intervaliterations: 9                           % 寻找区间的迭代次数
             iterations: 8                           % 算法迭代次数
              funcCount: 27                          % 函数评价次数
              algorithm: 'bisection, interpolation'  % 使用的算法
                message: '在区间 [-0.547452, -1.45255] 中发现零'  % 零点所在区间
```

7.3.2 非线性方程组

与线性方程组相比，无论是解的存在性，还是求解的计算公式，非线性方程问题都比线性问题要复杂得多。MATLAB 在优化工具箱中提供了用于求解非线性方程组的函数 fsolve，其调用格式如表 7-9 所示。

表 7-9　fsolve 函数的调用格式

调用格式	说　　明
x=fsolve(fun,x0)	求解非线性方程组，其中函数 fun 为方程组的向量表示，且有 fun(x)=0（全零数组），$x0$ 为初始点
x=fsolve(fun,x0,options)	options 为优化参数，同表 7-7。使用 optimoptions 命令可设置这些选项
x=fsolve(problem)	返回结构体 problem 指定的求根问题的解
[x,fval]=fsolve(___)	除输出最优解 x 外，还输出相应方程组的值向量 fval
[x,fval,exitflag,output]=fsolve(___)	在上述语法的基础上，输出终止迭代的条件信息 exitflag（见表 7-10），以及关于算法的信息变量 output
[x,fval,exitflag,output,jacobian]=fsolve(___)	在上述语法的基础上，输出解 x 处的雅可比矩阵 jacobian

表 7-10　exitflag 的值及相应说明

exitflag 的值	说　　明
1	函数收敛到解 x
2	x 的变化小于预先给定的容差
3	残差的变化小于预先给定的容差
4	搜索方向的模的变化小于预先给定的容差
0	迭代次数或函数的计算次数超过指定值
−1	算法被输出函数或绘图函数终止
−2	方程未得解。算法趋于收敛的点不是方程组的根，退出消息可能包含详细信息
−3	方程未得解。依赖域的半径变得太小

例 7-12：求下面非线性方程组的解：

$$\begin{cases} \cos x_1 + \sin x_2 = 1 \\ e^{x_1+x_2} - e^{2x_1-x_2} = 5 \end{cases}$$

解：首先将上面的非线性方程组转换为 MATLAB 所要求的形式：

$$\begin{cases} \cos x_1 + \sin x_2 - 1 = 0 \\ e^{x_1+x_2} - e^{2x_1-x_2} - 5 = 0 \end{cases}$$

然后编写非线性方程组的 M 文件 nonlinf_1.m 如下：

```
function F=nonlinf_1(x)
F(1)=cos(x(1))+sin(x(2))-1;
F(2)=exp(x(1)+x(2))-exp(2*x(1)-x(2))-5;
```

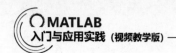

最后在 MATLAB 的命令窗口输入以下命令求解该非线性方程组：

```
>> x0=[0 0]';
>> [x,fval,exitflag,output,jacobian]=fsolve(@nonlinf_1,x0)
方程已解。

fsolve 已完成，因为按照函数容差的值衡量，
函数值向量接近于零，并且按照梯度的值衡量，
问题似乎为正则问题。

<停止条件详细信息>
x =                              % 非线性方程组的解
    1.4129
    1.0024
fval =                           % 在解 x 处方程组的值向量 fval
  1.0e-10 *
   -0.0026   -0.2208
exitflag =                       % 说明函数收敛到解
    1
output =                         % 关于算法的一些信息
  包含以下字段的 struct:
       iterations: 16
        funcCount: 41
        algorithm: 'trust-region-dogleg'
    firstorderopt: 3.8402e-10
          message: '方程已解。 fsolve 已完成，因为按照函数容差的值衡量，函数值向量接
近于零，并且按照梯度的值衡量，问题似乎为正则问题。 <停止条件详细信息> 方程已解。函数值的平
方和 r = 4.876005e-22 小于 sqrt(options.FunctionTolerance) = 1.000000e-03。r 的梯
度的相对范数 3.840241e-10 小于 options.OptimalityTolerance = 1.000000e-06.'
jacobian =                            % 解 x 处的 Jacobian 矩阵
   -0.9876    0.5383
   -1.1930   17.3859
```

7.4 偏微分方程

偏微分方程（Partial Differential Equation，PDE）是未知量包含多个独立变量、方程包含偏微分运算的一类微分方程。方程中所出现未知函数偏导数的最高阶数称为该方程的阶。目前偏微分方程已经是工程及理论研究不可或缺的数学工具，在数学、物理及工程技术中应用最广泛的是二阶偏微分方程。本节主要讲述利用 MATLAB 求解常用的偏微分方程问题的方法。

7.4.1 偏微分方程简介

在物理模型中，最简单的偏微分方程包括二维稳定问题（只和空间变量 x，y 有关）和一维传导/波动问题（只和一维空间变量 x 和时间 t 有关）。根据二阶项系数，该类型的偏微分方程可以分为以下形式。

椭圆型：

$$-\nabla \cdot (c\nabla u) + au = f \qquad (7\text{-}1)$$

其中，$u = u(x, y)$，$(x, y) \in \Omega$，Ω 是平面上的有界区域；c、a、f 是标量复函数形式的系数。一般描述稳定状态和系统。

抛物型：

$$d\frac{\partial u}{\partial t} - \nabla \cdot (c\nabla u) + au = f \qquad (7\text{-}2)$$

其中，$u = u(x, y)$，$(x, y) \in \Omega$，Ω 是平面上的有界区域；c、a、f、d 是标量复函数形式的系数。一般描述耗散系统。

双曲型：

$$d\frac{\partial^2 u}{\partial t^2} - \nabla \cdot (c\nabla u) + au = f \qquad (7\text{-}3)$$

其中，$u = u(x, y)$，$(x, y) \in \Omega$，Ω 是平面上的有界区域；c、a、f、d 是标量复函数形式的系数。一般描述能量守恒系统。

7.4.2 区域设置及网格化

在利用 MATLAB 求解偏微分方程时，可以利用 M 文件来创建偏微分方程定义的区域。假设该 M 文件名为 pdegeom.m，则它的编写必须包含以下三种调用格式：

- ne=pdegeom。
- d=pdegeom(bs)。
- [x,y]=pdegeom(bs,s)。

下面对调用格式中的参数进行简单介绍。

（1）输入变量 *bs* 是指定的边界线段。

（2）输入变量 *s* 是相应线段弧长的近似值。

（3）输出变量 *ne* 表示几何区域边界的线段数。

（4）输出变量 *d* 是一个区域边界数据的矩阵。*d* 的第 1 行是每条线段起始点的值；第 2 行是每条线段结束点的值；第 3 行是沿线段方向左边区域的标识值，如果标识值为 1，则表示选定左边区域，如果标识值为 0，则表示不选左边区域；第 4 行是沿线段方向右边区域的值，其规则同上。

（5）输出变量[*x,y*]是每条线段的起点和终点所对应的坐标。

设置了区域，接下来就可以将区域网格化，划分网格数据。MATLAB 使用 generateMesh 函数生成三角形或四面体网格，其常用的调用格式见表 7-11。

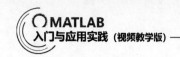
表 7-11　generateMesh 函数的调用格式

调 用 格 式	说　　明
mesh=generateMesh(model)	创建网格并将其存储在模型对象中，模型必须包含几何图形。其中 model 可以是一个分解几何矩阵，也可以是 M 文件
mesh=generateMesh(___,Name,Value)	在上一语法格式的基础上，通过名称-值对组参数指定网格的属性（常用属性见表 7-12）

表 7-12　generateMesh 的属性

属 性 名	属 性 值	默 认 值	说　　明
GeometricOrder	quadratic、linear	quadratic	几何秩序
Hmax	正实数	估计值	边界的最大尺寸
Hgrad	区间[1,2]的数值	1.5	网格增长比率
Hmin	非负实数	估计值	边界的最小尺寸

得到网格数据后，利用 pdemesh 函数可以绘制 PDE 网格图，其常用的调用格式见表 7-13。

表 7-13　pdemesh 函数的调用格式

调 用 格 式	含　　义
pdemesh(model)	绘制包含在 PDEModel 类型的二维或三维模型对象中的网格
pdemesh(mesh)	绘制定义为 PDEModel 类型的二维或三维模型对象的网格属性的网格
pdemesh(nodes,elements)	绘制由节点和单元定义的网格
pdemesh(model,u)	用网格图绘制模型或三角形数据 u，仅适用于二维几何图形
pdemesh(___,Name,Value)	通过名称-值对组的参数来绘制网格
pdemesh(p,e,t)	绘制由网格数据 p、e、t 指定的网格图
pdemesh(p,e,t,u)	用网格图绘制节点或三角形数据 u。若 u 是列向量，则组装节点数据；若 u 是行向量，则组装三角形数据
h= pdemesh(___)	绘制网格数据，并返回一个图形对象的句柄

如果要绘制三维问题的解或表面网格图，则可以使用 pdeplot3D 函数，其调用格式见表 7-14。

表 7-14　pdeplot3D 函数的调用格式

调 用 格 式	含　　义
pdeplot3D(results.Mesh,ColorMapData=results.NodalSolution)	将节点位置处的解绘制为模型中指定的三维几何图形表面上的颜色
pdeplot3D(results.Mesh,ColorMapData=results.Temperature)	绘制三维热分析模型节点位置的温度
pdeplot3D(results.Mesh,ColorMapData=results.VonMisesStress,Deformation=results.Displacement)	绘制冯米塞斯应力，并显示三维结构分析模型的变形形状
pdeplot3D(model)	绘制模型中指定的三维模型网格
pdeplot3D(mesh)	绘制定义为 PDEModel 类型的三维模型对象的网格属性的网格
pdeplot3D(nodes,elements)	绘制由节点和单元定义的三维网格图

（续表）

调用格式	含　义
pdeplot3D(___,Name,Value)	通过名称-值对组参数来绘制三维网格
h=pdeplot3D(___)	绘制网格数据，并返回一个图形对象的句柄

例 7-13：绘制不同网格大小的网格图。

解：在命令行窗口输入以下命令：

```
>> model = createpde(1);   % 创建一个由一个方程组成的系统的 PDE 模型对象
>> importGeometry(model,'BracketTwoHoles.stl');   % 导入 stl 格式的几何模型，该文
件存放在 MATLAB 安装目录\toolbox\pde\pdedata\下
>> gm1 = generateMesh(model)   % 通过几何图形创建网格数据，网格大小使用默认值
gm1 =
  FEMesh - 属性:
             Nodes: [3×10045 double]      % Nodes 存储节点的坐标
          Elements: [10×5689 double]      % Elements 存储组成单元的节点编号
    MaxElementSize: 9.7980                % MaxElementSize 存储最大单元尺寸
    MinElementSize: 4.8990                % MinElementSize 存储最小单元尺寸
     MeshGradation: 1.5000                % MeshGradation 存储单元的增长率
    GeometricOrder: 'quadratic'  % GeometricOrder 存储单元的阶，此处为二阶单元，即
带中间节点的单元
>> subplot(121),pdeplot3D(model),title('默认单元尺寸的网格图');   % 根据导入的模
型绘制三维网格图
>> gm2 = generateMesh(model,'Hmax',25)   % 创建几何图形的网格数据，其中模型最大单
元尺寸为 25
gm2 =
  FEMesh - 属性:
             Nodes: [3×1727 double]
          Elements: [10×808 double]
    MaxElementSize: 25
    MinElementSize: 12.5000
     MeshGradation: 1.5000
    GeometricOrder: 'quadratic'
>> subplot(122),pdeplot3D(model), title('最大单元尺寸为 25 的网格图');   % 绘制最大
单元尺寸为 25 的三维网格图
```

运行结果如图 7-1 所示。

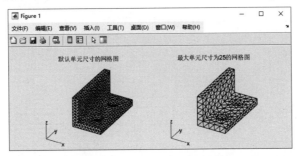

（a）默认单元尺寸　　（b）最大单元尺寸为 25

图 7-1　　网格图

207

7.4.3 设置边界条件

边界条件规定了未知量在偏微分方程边界上的取值或偏导数等信息。边界条件的类型非常丰富，只要是给出未知量在边界上行为的条件都是边界条件。常用的边界条件有以下几种。

- 狄利克雷（Dirichlet）边界条件：$hu = r$，常称为第一类边界条件，给出未知量的取值。
- 诺依曼（Neumann）边界条件：$n \cdot (c\nabla u) + qu = g$，常称为第二类边界条件，给出未知量的偏导数值。
- 斯托克斯（Stokes）边界条件：$n \cdot (c\nabla u) + qu = g + h\mu$，常称为第三类边界条件，给出未知量取值和偏导数的线性叠加。其中，μ 的计算要使得狄利克雷条件满足。

其中，n 为边界（$\partial\Omega$）外法向单位向量；g、q、h、r 是在边界（$\partial\Omega$）上定义的函数。对于特征值问题仅限于齐次条件：$g = 0$，$r = 0$；对于非线性情况，系数 g、q、r 可以与 u 有关；对于抛物型与双曲型偏微分方程，系数可以是关于 t 的函数。

边界条件可以通过编写 M 文件来实现，如果边界条件的 M 文件名为 pdebound，那么它的编写必须满足调用格式：

```
[q,g,h,r]=pdebound(p,e,u,time)
```

该边界条件的 M 文件在边界 e 上计算出 q、g、h、r 的值，其中 p、e 是网格数据，且仅需要 e 是网格边界的子集；输入变量 u 和 time 分别用于非线性求解器和时间步长算法；输出变量 q、g 必须包含每个边界中点的值，即 size(q)=[N^2 ne]（N 是方程组的维数，ne 是 e 中的边界数，size(h)=[N ne]）；对于狄利克雷条件，相应的值一定为零；h 和 r 必须包含在每条边上的第 1 点的值，接着是在每条边上第 2 点的值，即 size(h)=[N^2 2*ne]（N 是方程组的维数，ne 是 e 中的边界数，size(r)=[N 2*ne]）。

下面是 MATLAB 偏微分方程工具箱自带的一个区域为单位正方形，其左右边界为 $u = 0$、上下边界 u 的法向导数为 0 的 M 文件源程序：

```
function [q,g,h,r]=squareb3(p,e,u,time)
%SQUAREB3   Boundary condition data

bl=[
1 1 1 1
0 1 0 1
1 1 1 1
1 1 1 1
48 1 48 1
48 1 48 1
48 48 42 48
48 48 120 48
49 49 49 49
48 48 48 48
];

if any(size(u))
  [q,g,h,r]=pdeexpd(p,e,u,time,bl);
```

```
else
  [q,g,h,r]=pdeexpd(p,e,time,bl);
end
```

该 M 文件中的 pdeexpd 函数用于估计表达式在边界上的值。

7.4.4 PDE 求解

对于椭圆型偏微分方程或相应方程组，可以利用 solvepde 函数进行求解，solvepde 函数的调用格式如表 7-15 所示。求解双曲线型和抛物线型偏微分方程或相应方程组，也可以利用 solvepde 函数进行求解。

表 7-15 solvepde 函数的调用格式

调 用 格 式	说　　明
result=solvepde(model)	返回 model（model 为 PDE 模型对象）中表示的稳态偏微分方程的解
result=solvepde(model,tlist)	返回 model 中表示的时间相关的偏微分方程在时间点 tlist 处的解。tlist 必须是单调递增或递减的向量

例 7-14：绘制 L 形膜的网格图。

解： MATLAB 程序如下：

```
>> model = createpde;                  % 创建一个由一个方程组成的系统的 PDE 模型对象
>> geometryFromEdges(model,@lshapeg);% 根据内置函数 lshapeg 创建模型对象的几何图形
>> mesh=generateMesh(model);           % 创建模型对象的网格数据
>> subplot(2,3,1),p1=pdemesh(model);   % 根据模型数据绘制模型的网格图
>> title('模型网格图');
>> subplot(2,3,2), pdemesh(mesh),title('网格数据网格图')     % 使用网格数据 mesh 绘
制网格图
>> subplot(2,3,3), pdemesh(mesh.Nodes,mesh.Elements),title('单元节点网格图
')  % 使用网格的节点和单元绘制网格图
>> subplot(2,3,4), pdemesh(model,'NodeLabels','on'),title('节点网格图')       %
绘制的网格图显示节点标签，注意有些节点是中间节点
>> xlim([-0.1,0.1])  % 设置 X 坐标轴的最大值和最小值，读者可以调整此参数查看其他区域的
网格
>> ylim([-0.1,0.1])  % 设置 Y 坐标轴的最大值和最小值，放大特定节点
>> subplot(2,3,5),pdemesh(model,'ElementLabels','on') ,title('单元网格图
')   % 网格图上显示单元标签
>> xlim([-0.1,0.1])  % 设置 X 坐标轴的最大值和最小值
>> ylim([-0.1,0.1])  % 设置 Y 坐标轴的最大值和最小值，用于放大特定单元
>> applyBoundaryCondition(model,'dirichlet',...
'Edge',1:model.Geometry.NumEdges,'u',0);             % 应用边界条件
>> specifyCoefficients(model,'m',0,...
                    'd',0,'c',1,'a',0,'f',1);         % 指定系数
>> generateMesh(model);                % 创建加边界条件模型对象的网格数据
>> results = solvepde(model);          % 求解指定的 PDE
>> u = results.NodalSolution;          % 求 PDE 中的节点解 u
```

```
>> subplot(2,3,6),pdemesh(model,u) ,title('解的三角网格图')    % 绘制解的网格图
```

运行结果如图 7-2 所示。

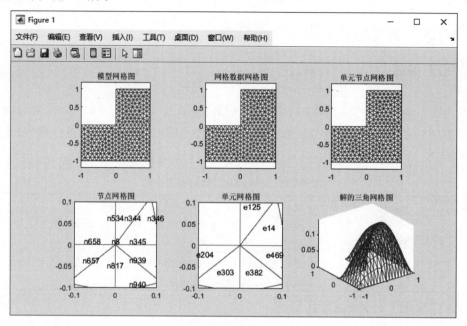

图 7-2　L 形膜的网格图

例 7-15：带孔薄板的不同边界条件的网格图。

解：MATLAB 程序如下：

```
>> clear
>> model = createpde(1);                          % 创建 PDE 模型
>> importGeometry(model,'PlateHoleSolid.stl'); % 将 stl 格式的模型文件导入模型对
象中，该文件存放在 MATLAB 安装目录\toolbox\pde\pdedata\下
>> pdegplot(model,'FaceLabels','on','FaceAlpha',0.5)  % 绘制模型对象的模型图，显
示面标签，设置面为半透明，模型显示如图 7-3 所示
>> applyBoundaryCondition(model,'dirichlet','Face',1:4,'u',0); % 在标记为 1~4
的窄面上设置零狄利克雷边界条件
>> applyBoundaryCondition(model,'neumann','Face',5,'g',1);      % 在面 5 上设置
纽曼边界条件
>> applyBoundaryCondition(model,'neumann','Face',6,'g',-1);     % 在面 6 上设置
符号相反的纽曼边界条件
>> specifyCoefficients(model,'m',0,'d',0,'c',1,'a',0,'f',0);   % 指定偏微分方
程的系数
>> generateMesh(model);                          % 绘制 PDE 网格图
>> results = solvepde(model);                    % 求解 pde 模型中指定的偏微分方程 PDE
>> u = results.NodalSolution;                    % 创建偏微分方程中的节点解
>> pdeplot3D(model,'ColorMapData',u)             % 绘制 PDE 的解，利用节点解设置表面图的颜色图
>> view(48,-36)                                  % 调整视线
```

运行结果如图 7-4 所示。

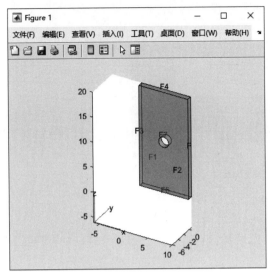
图 7-3　原始模型图

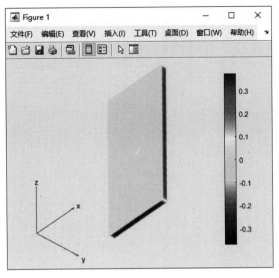
图 7-4　不同边界条件的网格图

例 7-16：在几何区域 $-1.1 \leqslant y \leqslant 1.1$ 上，满足 Dirichlet 边界条件 $u=0$，求方程 $-\nabla \cdot \nabla u = 1$ 的解。

解：MATLAB 程序如下：

```
>> clear
>> model = createpde();                  % 创建 PDE 模型对象
>> geometryFromEdges(model,@squareg);    % squareg 为 MATLAB 偏微分方程工具箱中自带
的正方形区域 M 文件，将几何图形添加到模型对象中
>> subplot(1,2,1),pdegplot(model,'EdgeLabels','on') % 绘制模型对象，显示边缘标签
>> title('PDE 几何图形')
>>
applyBoundaryCondition(model,'dirichlet','Edge',1:model.Geometry.NumEdges,...
   'u',0);                               % 在模型所有边上设置零狄利克雷边界条件
>> specifyCoefficients(model,'m',0,...
                        'd',0,...
                        'c',1,...
                        'a',0,...
                        'f',1);          % 设置模型中泊松方程的系数
>> generateMesh(model,'Hmax',0.25);      % 创建模型的网格图，设置最大单元尺寸为 0.25
>> u0=@(location) -1.1<=location.y<=1.1;
>> setInitialConditions(model,u0);       % 设置初始条件
>> results = solvepde(model);            % 求解 pde 模型中指定的偏微分方程
>> u=results.NodalSolution;
>> subplot(1,2,2),pdeplot(model,'XYData',u,'ZData',u)
>> hold on
>> pdemesh(model,u)
>> title('解的网格表面图')
```

所得图形如图 7-5 所示。

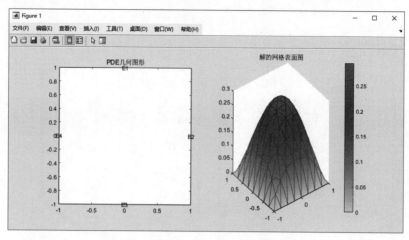

图 7-5　PDE 几何图形及解的网格表面图

7.4.5　解特征值方程

对于特征值偏微分方程或相应方程组，可以利用 solvepdeeig 函数求解，该函数的调用格式见表 7-16。

表 7-16　solvepdeeig 命令的调用格式

调 用 格 式	说　　明
result=solvepdeeig(model,evr)	解决模型中的 PDE 特征值问题，evr 表示特征值范围

例 7-17：在四面体区域上，计算 $-\nabla u = \lambda u$ 小于 100 的特征值及其对应的特征模态，并在几何边界上绘制特征值的解。

解：MATLAB 程序如下：

```
>> clear
>> r=[-Inf,100];                     % 定义区间矩阵
>> model = createpde(3);            % 创建一个由 3 个方程组成的系统的 PDE 模型对象
>> importGeometry(model,'Tetrahedron.stl');   % Tetrahedron.stl 为 MATLAB 偏微
分方程工具箱 PDE 中自带的四面体区域文件（存放位置在\toolbox\pde\pdedata），将文件中的图形导
入模型对象中
>> pdegplot(model,'FaceLabels','on','FaceAlpha',0.2)        % 绘制模型文件的几何
图形，显示面标签，如图 7-6 所示
```

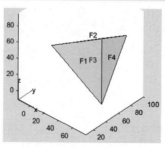

图 7-6　显示四面体文件

```
>> E = 200e9;                        % 输入钢的弹性模量
>> nu = 0.3;                         % 输入泊松比
>> specifyCoefficients(model,'m',0,...
                        'd',1,...
                        'c',elasticityC3D(E,nu),...
                        'a',0,...
                        'f',[0;0;0]);    % 用边界条件求解椭圆偏微分方程 PDE，设置方
程系数
>> generateMesh(model);   % 绘制 PDE 网格图
>> results=solvepdeeig(model,r);     % 在区间范围内求解特征值
>> length(results.Eigenvalues)       % 返回解的个数
ans =
    6
>> V = results.Eigenvectors;         % 创建解的特征向量 V
>> subplot(2,2,1)                    % 在几何边界上绘制最低特征值的解
>> pdeplot3D(model,'ColorMapData',V(:,1,1))
>> title('x Deflection, Mode 1')
>> subplot(2,2,2)
>> pdeplot3D(model,'ColorMapData',V(:,2,1))
>> title('y Deflection, Mode 1')
>> subplot(2,2,3)
>> pdeplot3D(model,'ColorMapData',V(:,3,1))
>> title('z Deflection, Mode 1')      % 绘图的结果如图 7-7 所示
```

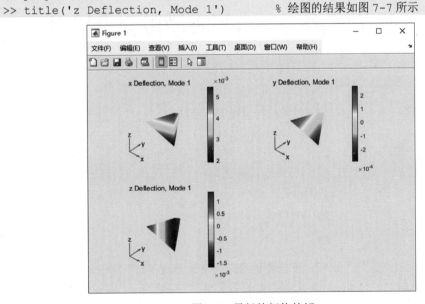

图 7-7　最低特征值的解

```
>> figure                            % 在几何边界上绘制最高特征值的解，如图 7-8 所示
>> subplot(2,2,1)
>> pdeplot3D(model,'ColorMapData',V(:,1,3))
>> title('x Deflection, Mode 3')
>> subplot(2,2,2)
>> pdeplot3D(model,'ColorMapData',V(:,2,3))
>> title('y Deflection, Mode 3')
>> subplot(2,2,3)
```

```
>> pdeplot3D(model,'ColorMapData',V(:,3,3))
>> title('z Deflection, Mode 3')
```

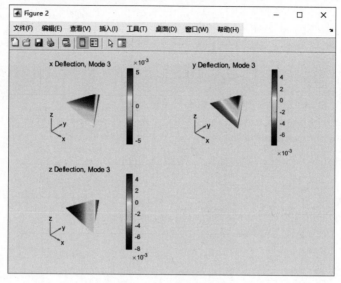

图 7-8　最高特征值的解

7.5　操作实例——求解时滞微分方程组

本节求解如下时滞微分方程组：

$$\begin{cases} y_1' = 2y_1(t-3) + y_2^2(t-1) \\ y_2' = y_1^2(t) + 2y_2(t-2) \end{cases}$$

初始值为

$$\begin{cases} y_1(t) = 2 \\ y_2(t) = t-1 \end{cases} \qquad (t<0)$$

操作步骤如下：

步骤 01 为求解时滞微分方程组，首先要确定时滞向量 lags，在本例中 lags=[1 3 2]。

步骤 02 建立 M 文件 ddefun.m 表示时滞微分方程组，如下所示：

```
% ddefun.m
% 时滞微分方程
function dydt=ddefun(t,y,Z)
dydt=zeros(2,1);
dydt(1)=2*Z(1,2)+Z(2,1).^2;
dydt(2)=y(1).^2+2*Z(2,3);
```

将该 M 文件保存在 MATLAB 的搜索路径下。

步骤 03 创建一个 M 文件 ddefun_history.m 表示时滞微分方程组的初始值，如下所示：

```
% ddefun_history.m
% 时滞微分方程的历史函数
function y=ddefun_history(t)
y=zeros(2,1);
y(1)=2;
y(2)=t-1;
```

将该 M 文件保存在 MATLAB 的搜索路径下。

步骤 04 用 dde23 解时滞微分方程组，并用图形显示解，代码如下：

```
>> close all
>> clear
>> lags=[1 3 2];                                          % 时滞向量
>> sol=dde23(@ddefun, lags, @ddefun_history, [0,1]);     % 解时滞微分方程
>> hold on;
>> plot(sol.x, sol.y(1,:));                               % 绘制时间点上的解
>> plot(sol.x, sol.y(2,:),"r-.");
>> title('时滞微分方程的数值解');
>> xlabel('t');
>> ylabel('y');                                           % 添加坐标轴标签
>> legend('y_1','y_2');                                   % 添加图例
```

运行结果如图 7-9 所示。

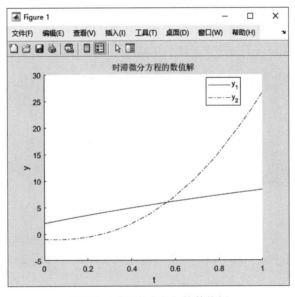

图 7-9　时滞微分方程的数值解

7.6　新 手 问 答

问题 1：在 MATLAB 中，求解线性方程组有哪些方法？

（1）利用矩阵法求解。将线性方程组表示为 $Ax=b$，其中，A 为系数矩阵，b 为右端项向量。

如果系数矩阵 A 非奇异，最简单的求解方法是利用矩阵的左除 "\" 来求解方程组的解，即 $x=A\backslash b$。

（2）利用矩阵的逆。如果方程组为恰定方程组且 A 是非奇异的，则利用矩阵的求逆函数 inv 求解，即 $x=\text{inv}(A)*b$；如果不是恰定方程组，则可利用伪逆函数 pinv 来求其一个特解，即 $x=\text{pinv}(A)*b$。

（3）利用行阶梯形矩阵。该方法只适用系数矩阵 A 非奇异的恰定方程组。利用 rref 函数将增广矩阵 $[A\ b]$ 化为行阶梯形矩阵 R，R 的最后一列即为方程组的解。

（4）利用矩阵分解法。这是在工程计算中最常用的技术，读者可以自行编写分解函数，也可以调用本书附带的自定义函数求解方程组的解。

问题 2：如何判断线性方程组有解？

对于齐次线性方程组，设方程组系数矩阵 A 的秩为 r，则：

（1）若 $r=n$，则齐次线性方程组有唯一解。

（2）若 $r<n$，则齐次线性方程组有无穷解。

对于非齐次线性方程组，设方程组系数矩阵 A 的秩为 r，增广矩阵 $[A\ b]$ 的秩为 s，则：

（1）若 $r=s=n$，则非齐次线性方程组有唯一解。

（2）若 $r=s<n$，则非齐次线性方程组有无穷解。

（3）若 $r\neq s$，则非齐次线性方程组无解。

非齐次线性方程组的通解等于其一个特解与对应齐次方程组的通解之和。

若线性方程组有无穷多解，则需找到一个基础解系 $\eta_1,\eta_2,\cdots,\eta_r$，以此来表示相应齐次方程组的通解 $k_1\eta_1+k_2\eta_2+\cdots+k_r\eta_r$（$k_r\in\mathbb{R}$）。然后可以通过 null 函数求矩阵 A 的核空间矩阵得到这个基础解系。

7.7 上 机 实 验

【练习 1】 求方程组的解。

1. 目的要求

本练习设计的程序是利用矩阵的基本运算方法求线性方程组 $\begin{cases} x_1+2x_2+2x_3=1 \\ x_2-2x_3-2x_4=2 \\ x_1+3x_2-2x_4=3 \end{cases}$ 的通解。

2. 操作提示

（1）将方程组的系数转换为矩阵 A、b。

（2）利用除法求方程组的解。

（3）利用伪逆函数 pinv 求方程组的解。

（4）利用核空间矩阵函数 null 求相应的齐次方程组的基础解系。

【练习 2】求函数零点值。

1. 目的要求

本练习设计的程序是求解含参数函数 $\cos(a*x)$ 在 $a=2$ 时的解。

2. 操作提示

（1）初始化参数 a。
（2）调用函数 fzero 求解。

【练习 3】极限函数图形。

1. 目的要求

本练习设计的程序是采用近似极限的方法显示 $y = \dfrac{\sin x}{x}$ 函数在 $x=0$ 附近处的图形，连续连接两侧图形。

2. 操作提示

（1）定义自变量 x。
（2）输入表达式 y。
（3）利用 plot 函数绘制图形。
（4）添加标题。

7.8 思考与练习

（1）对下面的方程组进行求解。

① 求 $\begin{cases} x_1 + 2x_2 + 2x_3 = 1 \\ x_2 - 2x_3 - x_4 = 4 \\ x_1 + 2x_2 - 4x_4 = 5 \end{cases}$ 的通解。

② 求 $\begin{cases} x_1 + x_2 - 3x_3 - x_4 = 1 \\ 3x_1 - x_2 - 3x_3 + 4x_4 = 4 \\ x_1 + 5x_2 - 9x_3 - 8x_4 = 0 \end{cases}$ 的通解。

③ 求 $\begin{cases} x_1 - 2x_2 + 3x_3 + x_4 = 1 \\ 3x_1 - x_2 + x_3 - 3x_4 = 2 \\ 2x_1 + x_2 + 2x_3 - 2x_4 = 3 \end{cases}$ 的通解。

④ 求 $\begin{cases} x_2 - x_3 + 2x_4 = 1 \\ x_1 - x_3 + x_4 = 0 \\ -2x_1 + x_2 + x_4 = 1 \end{cases}$ 的解。

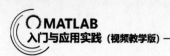
（2）求方程组 $\begin{cases} 5x_1 + 6x_2 = 1 \\ x_1 + 5x_2 + 6x_3 = 0 \\ x_2 + 5x_3 + 6x_4 = 0 \\ x_3 + 5x_4 + 6x_5 = 0 \\ x_4 + 5x_5 = 1 \end{cases}$ 的解并进行验证。

第 8 章 符号运算

MATLAB 中配备了符号数学工具箱（Symbolic Math Toolbox），该工具箱将 MATLAB 的数值计算扩展到符号运算，并允许对符号数字、符号变量、符号表达式、符号矩阵等符号对象进行运算和处理。本章将介绍 MATLAB 中常用的一些符号运算。

知识要点

- 符号与数值
- 符号矩阵
- 多元函数分析

8.1 符号与数值

在 MATLAB 中，数值运算更容易理解，符号运算则可以得到更高精度的数值解，因此用户可以根据需要选择合适的运算方式。

8.1.1 符号与数值间的转换

在 MATLAB 中，符号表达式与数值表达式的相互转换主要通过函数 eval 和函数 sym 实现。函数 eval 用于将符号表达式转换成数值表达式，函数 sym 则用于将数值表达式转换成符号表达式，这两个函数的常用调用格式如表 8-1 所示。

表 8-1　符号与数值间的转换函数

调 用 格 式	说　　明
eval(expression)	执行 expression 中的代码。expression 是指含有有效的 MATLAB 表达式的字符串。如果需要在表达式中包含数值，则需要使用函数 int2str、num2str 或 sprintf 进行转换
[output1,...,outputN] = eval(expression)	在指定的变量 output1,…,outputN 中输出 expression 的执行结果
sym(num)	将 num 指定的数字或数字矩阵转换为符号对象

例 8-1：用 eval 函数生成四阶希尔伯特矩阵。

解：MATLAB 程序如下：

```
>>n=4;                    % 矩阵阶次
>>t='1/(i+j-1)'           % 定义表达式代码，以用于后续指定矩阵元素值
t =
    '1/(i+j-1)'
>>a=zeros(n);
>>for i=1:n
for j=1:n
a(i,j)=eval(t);           % 将符号表达式转换成数值
end
end
>>a
a=
1.0000    0.5000    0.3333    0.2500
0.5000    0.3333    0.2500    0.2000
0.3333    0.2500    0.2000    0.1667
0.2500    0.2000    0.1667    0.1429
>> b=sym(a)               % 将数值矩阵转换为符号矩阵
b =
[   1, 1/2, 1/3, 1/4]
[1/2, 1/3, 1/4, 1/5]
[1/3, 1/4, 1/5, 1/6]
[1/4, 1/5, 1/6, 1/7]
```

例 8-2：符号矩阵与数值矩阵示例。

解：MATLAB 程序如下：

```
>> a = sym('a');b = sym('b');c = sym('c');x = sym('x');y = sym('y');  % 定义
符号变量
>> sm=[1/(a+b),x^3,cos(x);log(y),abs(x),c]        % 直接输入符号矩阵
sm =
[1/(a + b),    x^3, cos(x)]
[  log(y), abs(x),      c]
>> A=[sin(pi/3),cos(pi/4);log(3),tanh(6)]        % 创建数值矩阵 A
   A =
      0.8660    0.7071
      1.0986    1.0000
>> B=sym(A)                                      % 将数值矩阵 A 转换为符号矩阵
B =
[                    3^(1/2)/2,                    2^(1/2)/2]
[ 2473854946935173/2251799813685248, 2251772142782799/2251799813685248]
```

8.1.2 设置符号与数值的精度

在 MATLAB 中，控制运算精度一般使用 digits 函数和 vpa 函数，它们常用的调用格式如表 8-2
所示。

表 8-2　精度设置函数

调 用 格 式	说　明
digits(d)	将 vpa 使用的精度设置为有效数字个数为 d 的近似解精度，d 的默认值为 32 位
d1=digits	返回 vpa 当前使用的精度
d1=digits(d)	设置新的精度 d，并返回旧精度 $d1$
xVpa=vpa(x)	利用可变精度浮点运算（vpa）计算符号表达式 x 的每个元素，元素保留 d 个有效数字，其中 d 是 digits 函数的计算值，其默认值为 32
xVpa=vpa(x,d)	计算符号表达式 x 在指定精度 d 下的数值解

例 8-3： 希尔伯特矩阵的数值解。

解： MATLAB 程序如下：

```
>> a=hilb(2)
a =
    1.0000    0.5000
    0.5000    0.3333
>> b=vpa(a)                    % 默认 32 位有效数字
 b =
[ 1.0,                                     0.5]
[ 0.5, 0.33333333333333333333333333333333]
 >> digits(4)                  % 设置精度，保留 4 位有效数字
>> b=vpa(a)
b =
[1.0,    0.5]
[0.5, 0.3333]
```

8.2　符 号 矩 阵

符号矩阵和符号向量中的元素都是符号表达式，符号表达式是由符号变量与数值组成的。

8.2.1　创建符号矩阵

与数值矩阵类似，符号矩阵使用空格或逗号分隔同一行不同列的元素，使用分号分隔不同行的元素。不同的是，数值矩阵中的元素是数值，也可以是带等号的表达式，而符号矩阵中的元素是任何不带等号的符号表达式。

在 MATLAB 中创建符号矩阵有以下三种常用的方法。

1. 直接输入

在 MATLAB 中，直接输入符号矩阵是指利用矩阵的标识符方括号来定义矩阵，并使用符号变量作为矩阵元素。首先，用户需要定义符号变量，然后将这些符号变量组成的表达式作为元素放入方括号中以构建矩阵。

2. 用 sym 函数创建符号矩阵

使用这种方法创建符号矩阵时,实际上是将数值矩阵转换为符号矩阵。符号矩阵中的元素可以是任何符号变量或不带等号的表达式,而不必担心长度限制,只要表达式本身是合法的。sym 函数常用的调用格式如表 8-3 所示。

表 8-3 sym 函数常用的调用格式

调 用 格 式	说　明
x=sym('x')	创建符号标量变量 x
A=sym('a',[n1 … nM])	创建大小为 $n1 \times \cdots \times nM$ 的符号数组,充满自动生成的以'a'为名称前缀的元素
A=sym('a',n)	创建大小为 $n \times n$ 的符号矩阵,充满自动生成的以'a'为名称前缀的元素
sym(___,set)	通过 set 设置符号变量或符号数组中元素的数据类型,set 可以为'integer'(整数)、'rational'(有理数)、'real'(实数)、'positive'(正数)等
sym(___,'clear')	清除设置在符号变量或符号数组上的数据类型声明
sym(num)	将 num 指定的数字或数字矩阵转换为符号数字或符号矩阵
sym(num,flag)	使用 flag 指定的方法将浮点数转换为符号数,可设置为'r'(default)(有理模式)、'd'(十进制模式)、'e'(估计误差模式)、'f'(浮点到有理模式)
symexpr=sym(strnum)	将 strnum 指定的字符向量或字符串转换为精确符号数字,而不使用近似值
symexpr=sym(h)	从与函数句柄 h 相关联的匿名 MATLAB 函数创建符号表达式或矩阵 symexpr

例 8-4:创建符号矩阵。

解:MATLAB 程序如下:

```
>> syms x y a c;                          % 定义符号变量
>> sm = [x + y, a - c; y, c]             % 直接输入法创建符号矩阵
sm =
[x + y, a - c]
[    y,     c]
>> A = sym('a', [1 3])                    % 用自动生成的元素创建 1×3 的符号矩阵 A
A =
[ a1, a2, a3]
>> B = sym('b', [3 3])                    % 用自动生成的元素创建 3×3 的符号矩阵 B
B =
[ b1_1, b1_2, b1_3]
[ b2_1, b2_2, b2_3]
[ b3_1, b3_2, b3_3]
>> C = [0.5,sin(4);5/101,sqrt(3)]        % 数值矩阵
C =
    0.5000   -0.7568
    0.0495    1.7321
>> sm_C = sym(C)                          % 转换为符号矩阵
sm_C =
[ 1/2, -3408335435861847/4503599627370496]
[5/101,                          3^(1/2)]
```

3. 用 syms 函数创建符号矩阵

这种方法实质上是先使用 syms 函数定义符号变量, 然后使用 sym 函数创建或直接输入包含指定符号变量的符号矩阵。使用 syms 定义符号变量的语法格式很简单, 下面简要介绍该函数在使用中常用的几种格式和常见错误用法, 如表 8-4 所示。

表 8-4　syms 的常用格式与易错写法

正确格式	错误格式
syms x; x + 1	syms('x + 1')
exp(sym(pi))	syms('exp(pi)')
syms f(var1,⋯,varN)	f(var1,⋯,varN) = syms('f(var1,⋯,varN)')

例 8-5：符号矩阵的创建示例。

解：MATLAB 程序如下：

```
>> syms x
>> p = sym(pi)                          % 将常量 π 转换为符号变量
p =
pi
>> M = [sin(p) cos(p/5); exp(p*x) x/log(p)]    % 创建符号矩阵 M
M =
[       0, 5^(1/2)/4 + 1/4]
[exp(pi*x),       x/log(pi)]
```

例 8-6：创建符号矩阵。

解：MATLAB 程序如下：

```
>> syms x y              % 创建符号变量
>> A=[x+y,y^3;y-x,x*y]   % 创建符号矩阵
A =
[x + y, y^3]
[y - x, x*y]
```

例 8-7：用符号矩阵创建符号函数。

解：MATLAB 程序如下：

```
>> syms x              % 定义符号变量 x
>> M = [x x^3; x^2 x^4];   % 定义符号矩阵 M
>> f(x) = M            % 将符号矩阵 M 赋值给函数 f(x)
f(x) =
[   x, x^3]
[ x^2, x^4]
>> f(2)               % 输出 x=2 时的符号函数 f(x)
ans =
[ 2,  8]
[ 4, 16]
```

8.2.2 符号矩阵的其他运算

符号矩阵可进行与数值矩阵相同的运算，比如转置、求逆等，本小节介绍几种常用的符号运算。

1. 符号矩阵的转置运算

使用转置运算符 "'" 或函数 transpose 可对符号矩阵进行转置，使用格式如下：

```
B=A.'
```

或

```
B=transpose(A)
```

2. 符号矩阵的行列式运算

使用函数 det 可计算符号方阵的行列式，调用格式如下：

```
d=det(A)
```

例 8-8：计算符号矩阵的转置矩阵和行列式。

解：MATLAB 程序如下：

```
>> syms a b c d          % 定义符号变量a、b、c、d
>> M = [a b; c d]        % 定义符号矩阵M
M =
[ a, b]
[ c, d]
>> M.'                   % 求转置矩阵
ans =
[a, c]
[b, d]
>> transpose(M)          % 求转置矩阵
ans =
[a, c]
[b, d]
>> det(M)                % 求矩阵行列式
ans =
a*d - b*c
```

3. 符号矩阵的逆运算

使用函数 inv 可对符号矩阵进行逆运算，调用格式如下：

```
inv(A)
```

例 8-9：符号矩阵的逆运算。

解：MATLAB 程序如下：

```
>> syms a b c d          % 定义符号变量a、b、c、d
>> A = [a b; c d]        % 定义符号矩阵A
A =
```

```
[a, b]
[c, d]
>> inv(A)
ans =
[ d/(a*d - b*c), -b/(a*d - b*c)]
[-c/(a*d - b*c),  a/(a*d - b*c)]
```

4．符号矩阵的求秩运算

使用函数 rank 可对符号矩阵进行求秩运算，调用格式如下：

```
rank(A)
```

例 8-10：符号矩阵的求秩运算。

解： MATLAB 程序如下：

```
>> syms a b c d
>> A = [a b; c d];
>> rank(A)                    % 求符号矩阵的秩
ans =
    2
```

5．其他常用函数运算

1）符号矩阵的特征值、特征向量运算

利用函数 eig 可计算符号矩阵的特征值和特征向量。

例 8-11：符号矩阵的特征值运算。

解： MATLAB 程序如下：

```
>> M = sym(magic(3))         % 创建 3 阶符号魔方矩阵，该矩阵虽为数值形式，但为符号矩阵
M =
[8, 1, 6]
[3, 5, 7]
[4, 9, 2]
>> [V,D,P]=eig(M)            % 返回右特征向量 V、特征值 D 以及特征向量的索引向量 P。P 的长度
等于线性独立特征向量的总数
V =
[ 1, - 24^(1/2)/5 - 7/5, 24^(1/2)/5 - 7/5]
[ 1,   24^(1/2)/5 + 2/5, 2/5 - 24^(1/2)/5]
[ 1,                 1,                 1]
D =
[ 15,         0,          0]
[  0, 24^(1/2),          0]
[  0,         0, -24^(1/2)]
P =
     1    2    3
```

2）符号矩阵的奇异值运算

符号矩阵的奇异值运算可以通过函数 svd 来实现。

3）符号矩阵的若尔当（Jordan）标准型运算

符号矩阵的若尔当标准型运算可以通过函数 jordan 来实现。

8.2.3 简化符号多项式

MATLAB 的符号工具箱中还提供了符号矩阵因式分解、展开、合并、简化及通分等符号操作等函数。

1. 因式分解

把一个多项式化为几个最简整式的乘积的形式，称为因式分解。使用函数 factor 可对符号矩阵进行因式分解，其调用格式如表 8-5 所示。

表 8-5 函数 factor 的调用格式

调 用 格 式	说 明
F=factor(x)	在向量 F 中返回 x 的所有不可约因子。如果 x 是整数，则返回 x 的素数因子分解。如果 x 是符号表达式，则返回 x 的因子子表达式
F=factor(x，vars)	返回因子数组 F，其中 vars 指定所有因子不包含的变量
F=factor(___,Name,Value)	用一个或多个名称-值对组参数指定附加选项

例 8-12：因式分解示例。

解：MATLAB 程序如下：

```
>> syms x
>> factor(x^9-1)
 ans =
[ x - 1, x^2 + x + 1, x^6 + x^3 + 1]
```

如果待分解的表达式包含的所有元素为整数，则计算最佳因式分解式。如果要分解大于 2^{25} 的整数，可使用 factor(sym('N'))。

```
>> factor(sym('98765432101234567890'))
 ans =
[2, 3, 3, 5, 13, 6353, 8969, 1481481481]
```

2. 展开符号多项式

使用函数 expand 可以展开符号多项式，其调用格式如表 8-6 所示。

表 8-6 函数 expand()的调用格式

调 用 格 式	说 明
expand(S)	对符号矩阵的各元素的符号表达式进行多项式展开运算
expand(S,Name,Value)	使用一个或多个名称值对组参数设置展开选项，对多项式进行展开

例 8-13：对符号多项式 $(x-3)^2(x+2)^3$ 进行展开。

解：MATLAB 程序如下：

```
>> syms x
>> expand((x-3)^2*(x+2)^3)
ans =
x^5 - 15*x^3 - 10*x^2 + 60*x + 72
```

3. 符号简化

符号简化可以通过函数 simplify 来实现，如表 8-7 所示。

表 8-7 符号简化

调用格式	说明
S=simplify(expr)	执行 expr 的代数简化。expr 可以是矩阵或符号变量组成的函数多项式，如果是矩阵，则对矩阵中每个元素的多项式依次进行简化
S=simplify(expr,Name,Value)	使用"名称-值"参数对设置选项。可设置的选项包括以下几项。 ● 'All'：等效结果的选项，可选值为 false（默认）、true。 ● 'Criterion'：简化标准，可选值为'default'（默认）、'preferReal'。 ● 'IgnoreAnalyticConstraints'：简化规则，可选值为 false（默认）、true。 ● 'Seconds'：简化过程的时间限制（单位为秒），可选值为 Inf（默认）或正数。 ● 'Steps'：简化步骤的数量，可选值为 1（默认）或其他正数

例如，对表达式 $e^{c\ln\sqrt{a+b}}$ 进行代数简化的命令如下：

```
>> syms a b c
>> simplify(exp(c*log(sqrt(a+b))))
ans =
(a + b)^(c/2)
```

4. 分式通分

分式通分是把几个异分母分数化成与原来分数的值相等的同分母的分数。在 MATLAB 中，利用函数 numden 可将符号表达式或符号矩阵中的各元素转换为分子和分母都是整系数的最佳多项式型，并提取分子和分母，其调用格式如下：

```
[N,D]=numden(A)
```

例 8-14：求解符号表达式 $\dfrac{x}{y}-\dfrac{y}{x}$ 通分后的分子和分母。

解：MATLAB 程序如下：

```
>> syms x y                    % 定义符号变量
>> [N,D]=numden(x/y-y/x)       % 分式通分
 N =                          % 通分后的分子
x^2-y^2
 D =                          % 通分后的分母
y*x
```

5. 符号表达式的"秦九韶型"重写

秦九韶算法是将一元 n 次多项式的求值问题转换为 n 个一次式的算法，比普通计算方式提高

了一个数量级。在 MATLAB 中，利用函数 horner 可将符号表达式进行"秦九韶型"重写，其调用格式如表 8-8 所示。

表 8-8　函数 horner 的调用格式

调 用 格 式	说　　明
horner(p)	将符号多项式转换成嵌套形式的表达式，返回多项式 p 的 Horner 形式
horner(p,var)	使用 var 指定的变量显示多项式的"秦九韶型"

例 8-15：求符号表达式 $ayx^3 - yx^2 - 11byx + 2$ 的"秦九韶型"。

解：MATLAB 程序如下：

```
>> syms a b x y                   % 定义符号变量a、b、x、y
>> p = a*y*x^3 - y*x^2 - 11*b*y*x + 2;   % 定义多项式p
>> horner(p)                      % 返回默认变量x的秦九韶型多项式
ans =
2 - x*(11*b*y + x*(y - a*x*y))
>> horner(p,x)                    % 嵌套多项式中的变量为x
ans =
2 - x*(11*b*y + x*(y - a*x*y))
>> horner(p,b)                    % 嵌套多项式中的变量为b
ans =
a*y*x^3 - y*x^2 - 11*b*y*x + 2
>> horner(p,a)                    % 嵌套多项式中的变量为a
ans =
a*y*x^3 - y*x^2 - 11*b*y*x + 2
>> horner(p,y)                    % 嵌套多项式中的变量为y
ans =
2 - y*(- a*x^3 + x^2 + 11*b*x)
```

8.3　多元函数分析

本节主要对 MATLAB 求解多元函数偏导问题以及求解多元函数最值的函数进行介绍。

8.3.1　雅可比矩阵

在向量分析中，雅可比矩阵是向量对应的函数的一阶偏导数以一定方式排列成的矩阵，MATLAB 使用 jacobian 函数求解雅可比矩阵，其调用格式见表 8-9。

表 8-9　jacobian 函数的调用格式

调用格式	说　　明
jacobian(f,v)	计算数量或向量 f 对向量 v 的雅可比矩阵。如果 f 是数量，实际上计算的是 f 的梯度；如果 v 是数量，实际上计算的是 f 的偏导数

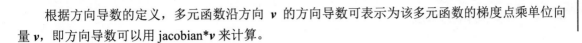

根据方向导数的定义，多元函数沿方向 v 的方向导数可表示为该多元函数的梯度点乘单位向量 v，即方向导数可以用 jacobian*v 来计算。

例 8-16：计算 $f(x,y,z)=\begin{pmatrix} xyz \\ y \\ x+z \end{pmatrix}$ 的雅可比矩阵。

解：MATLAB 程序如下：

```
>> clear
>> syms x y z
>> f=[x*y*z;y;x+z];
>> v=[x,y,z];                    % 设置雅可比矩阵的变量
>> jacobian(f,v)
ans =
[ y*z,  x*z,  x*y]
[   0,    1,    0]
[   1,    0,    1]
```

例 8-17：计算 $f(x,y,z)=x^2+2y^2+3z^2+xy$ 在点（0,0,0）和（1,3,4）的梯度大小。

解：MATLAB 程序如下：

```
>> clear
>> syms x y z
>> f=x^2+2*y^2+3*z^2+x*y;
>> v=[x,y,z];
>> j=jacobian(f,v);
>> j1=subs(subs(subs(j,x,0),y,0),z,0)    % 使用 subs 函数为雅可比矩阵赋值
j1 =
    [0, 0, 0]
>> j2=subs(subs(subs(j,x,1),y,3),z,4)
j2 =
    [5, 13, 24]
```

例 8-18：计算 $f(x,y,z)=x^2+2y^2+3z^2+xy$ 沿 v=（1,2,3）的方向导数。

解：MATLAB 程序如下：

```
>> clear
>> syms x y z
>> f=x^2+2*y^2+3*z^2+x*y;
>> v=[x,y,z];
>> j=jacobian(f,v);
>> v1=[1,2,3];
>> j.*v1
 ans =
 [ 2*x + y, 2*x + 8*y, 18*z]
```

8.3.2 实数矩阵的梯度

MATLAB 提供了专门用于求解实数矩阵的梯度的函数 gradient，其调用格式见表 8-10。

表 8-10　gradient 函数的调用格式

调用格式	说　　明
FX=gradient(F)	计算向量 **F** 对水平方向的梯度
[FX,FY]=gradient(F)	计算矩阵 **F** 的二维数值梯度，其中 **FX** 为水平方向梯度，**FY** 为垂直方向梯度，各个方向的间隔默认为 1
[FX,FY,FZ,…,FN]=gradient(F)	返回 N 维矩阵 **F** 的数值梯度的 N 个分量
[___]=gradient(F,h)	计算矩阵 **F** 的数值梯度，与第三个格式的区别是将 h 作为各个方向的间隔
[___]=gradient(F,hx,hy,…,hN)	计算 N 维矩阵 **F** 的数值梯度，使用 $hx,hy,…,hN$ 定义点间距，可以是标量或向量，但是如果是向量的话，维数必须与 **F** 的维数一致

提示

第 4、5 种调用格式定义了各个方向的求导间距，可以更精确地表现矩阵在各个位置的梯度值，因此使用更为广泛。

例 8-19：计算 $z = x\sin(y^2 - x^2 + 5)$ 在定义域 $x, y \in [-10,10]$ 的数值梯度。

解：MATLAB 程序如下：

```
>> clear
>> v = -10:0.5:10;
>> [x,y] = meshgrid(v);
>> z = x .* sin(y.^2-x.^2+5);
>> [px,py] = gradient(z,0.2,0.2);          % 计算各个方向的数值梯度，点间距为 0.2
>> contour(x,y,z), hold on, quiver(x,y,px,py), hold off  % 绘制等值线图，在(x,y)
指定的坐标处将(px,py)指定的向量绘制为箭头
```

计算结果如图 8-1 所示。

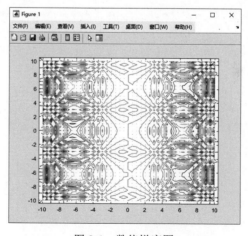

图 8-1　数值梯度图

8.4 操作实例——希尔伯特矩阵

本节以希尔伯特矩阵为例，练习实数矩阵与符号矩阵的转换，复习符号矩阵的运算。

1. 数值希尔伯矩阵运算

1）创建希尔伯矩阵

```
>> A=hilb(4)
A =
    1.0000    0.5000    0.3333    0.2500
    0.5000    0.3333    0.2500    0.2000
    0.3333    0.2500    0.2000    0.1667
    0.2500    0.2000    0.1667    0.1429
```

2）矩阵运算

```
>> B1=invhilb(4)                    % 4 阶 Hilbert 矩阵的逆矩阵
B1 =
       16      -120       240      -140
     -120      1200     -2700      1680
      240     -2700      6480     -4200
     -140      1680     -4200      2800
>> B2=inv(A)                        % 求逆运算
B2 =
   1.0e+03 *
    0.0160   -0.1200    0.2400   -0.1400
   -0.1200    1.2000   -2.7000    1.6800
    0.2400   -2.7000    6.4800   -4.2000
   -0.1400    1.6800   -4.2000    2.8000
>> B3=A'                            % 转置运算
B3 =
    1.0000    0.5000    0.3333    0.2500
    0.5000    0.3333    0.2500    0.2000
    0.3333    0.2500    0.2000    0.1667
    0.2500    0.2000    0.1667    0.1429
>> [V,D]=eig(A)                     % 求特征值和特征向量
V =
    0.0292    0.1792   -0.5821    0.7926
   -0.3287   -0.7419    0.3705    0.4519
    0.7914    0.1002    0.5096    0.3224
   -0.5146    0.6383    0.5140    0.2522   % 右特征向量，作为方阵返回，其各列为 A 的右
特征向量
D =
    0.0001         0         0         0
         0    0.0067         0         0
         0         0    0.1691         0
         0         0         0    1.5002   % 主对角线上的元素为 A 的特征值
>> B4=rank(A)                       % 求秩运算
B4 =
```

```
        4
>> B6=svd(A)                                    % 奇异值运算
B6 =
    1.5002
    0.1691
    0.0067
    0.0001
>> B7=jordan(A)                                 % 若尔当(Jordan)标准型运算
B7 =
   0.0001 - 0.0000i   0.0000 + 0.0000i   0.0000 + 0.0000i   0.0000 + 0.0000i
   0.0000 + 0.0000i   0.0067 + 0.0000i   0.0000 + 0.0000i   0.0000 + 0.0000i
   0.0000 + 0.0000i   0.0000 + 0.0000i   0.1691 - 0.0000i   0.0000 + 0.0000i
   0.0000 + 0.0000i   0.0000 + 0.0000i   0.0000 + 0.0000i   1.5002 + 0.0000i
```

2. 符号希尔伯特矩阵运算

1）创建符号矩阵

```
>>  syms x
>> a=sym(x*A)
a =
[   x, x/2, x/3, x/4]
[ x/2, x/3, x/4, x/5]
[ x/3, x/4, x/5, x/6]
[ x/4, x/5, x/6, x/7]
```

2）提取符号矩阵的分子与分母

```
>>  [n,d]=numden(a)
n =                                % 分子
[ x, x, x, x]
[ x, x, x, x]
[ x, x, x, x]
[ x, x, x, x]
d =                                % 分母
[ 1, 2, 3, 4]
[ 2, 3, 4, 5]
[ 3, 4, 5, 6]
[ 4, 5, 6, 7]
```

3）计算符号矩阵值

```
>> a0= subs(a,x,5)                 % 用 5 替代 x
a0 =
[   5, 5/2, 5/3, 5/4]
[ 5/2, 5/3, 5/4,   1]
[ 5/3, 5/4,   1, 5/6]
[ 5/4,   1, 5/6, 5/7]
```

3. 符号矩阵的一般运算

1）计算符号矩阵的转置

```
>> b1 = transpose(a)
```

```
b1 =
[   x, x/2, x/3, x/4]
[ x/2, x/3, x/4, x/5]
[ x/3, x/4, x/5, x/6]
[ x/4, x/5, x/6, x/7]
```

2）计算符号矩阵的行列式

```
>> b2 = det(a)
 b2 =
x^4/6048000
```

3）计算符号矩阵的逆运算

```
>> b3=inv(a)
b3 =
[   16/x,  -120/x,   240/x,  -140/x]
[ -120/x,  1200/x, -2700/x,  1680/x]
[  240/x, -2700/x,  6480/x, -4200/x]
[ -140/x,  1680/x, -4200/x,  2800/x]
```

4）计算符号矩阵的秩

```
>> b4=rank(a)
b4 =
    4
```

8.5　新手问答

问题 1：怎样区分字符数组与字符串数组？

字符数组中的所有字符包含在英文状态下的单引号中，其中的每一个字符，包括中英文字符、空格、标点都是一个元素。字符以 ASCII 码形式存储，因而区分大小写，可以使用 abs 函数查看字符的 ASCII 码。在 MATLAB 中，字符数组（矩阵）与字符串基本上等价。

字符串数组中的每一个元素都是字符串，所有字符包含在英文状态下的双引号中。

使用函数 string 可以将字符数组转换为字符串数组，使用函数 char 可以将字符串数组转换为字符数组。

问题 2：怎样转换字符串与数值？

使用函数 abs 和 double 可以将字符串转换为数值，使用函数 char、num2str、int2str 和 mat2str 可以将数值数组转换为字符串。

读者要注意的是，num2str 是把数字直接转换为字符串，每个数字为一个独立的字符串；int2str 是把数字取整后转换为字符串；mat2str 是把矩阵转换为一个字符串，矩阵中的方括号、分号和空格都是其元素。

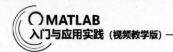

问题 3：雅克比矩阵与梯度有什么区别？

在向量分析中，雅可比矩阵是一阶偏导数以一定方式排列成的矩阵，它体现了一个可微方程与给出点的最优线性逼近，类似于多元函数的导数。

在向量微积分中，标量场的梯度是一个向量场。标量场中某一点上的梯度指向标量场增长最快的方向，梯度的长度是这个最大的变化率。在这个意义上，梯度是雅戈比矩阵的一个特殊情况。

简单来说，雅可比矩阵与梯度的差别在于：雅可比矩阵是一阶导数构成的矩阵，梯度是一阶导数构成的方向向量。

8.6 上机实验

【练习 1】创建函数符号矩阵。

1. 目的要求

本练习设计的程序是利用不同的函数表达式创建符号矩阵和数值矩阵，并将数值矩阵转换为符号矩阵。

2. 操作提示

（1）直接输入元素为函数表达式的符号矩阵。
（2）直接输入元素为函数表达式的数值矩阵。
（3）利用 sym 函数将数值矩阵转换为符号矩阵。

【练习 2】符号矩阵的运算。

1. 目的要求

本练习设计的程序是创建符号矩阵 $A = \begin{pmatrix} \dfrac{a^2 - x^2}{a + x} & \sin^2 y & \dfrac{x - y}{a + x} & -4x + y \\ 1 & 0 & x^2 + y^2 & y \\ e^x & 3 & a^2 & 0 \\ x + y^2 - 5 & 1 & x^2 & b + a \end{pmatrix}$，求该矩阵的转置。

2. 操作提示

（1）输入矩阵 A。
（2）利用精度设置函数 vpa。
（3）调用转置函数 transpose。

【练习 3】创建导数多项式。

1. 目的要求

本练习设计的程序是利用向量（1:6）创建多项式，并求解多项式的一阶、二阶、三阶导数多项式。

2. 操作提示

（1）利用冒号生成向量。

（2）利用 poly2sym 生成多项式。

（3）利用 polyder 求一阶导数的系数向量。

（4）利用 poly2sym 生成一阶导数多项式。

（5）用同样的方法创建二阶导数、三阶导数多项式。

8.7　思考与练习

（1）为自定义的符号矩阵赋值。

（2）计算 $xe^{x^2-y^2}$ 在网格上的数值梯度。

（3）创建一个三阶帕斯卡矩阵，将其转换为符号矩阵后进行基本矩阵运算。

（4）求 $(x+2)^6$ 的展开式。

（5）求 $f(x,y)=\dfrac{1}{x^3+1}+\dfrac{1}{x^2+y+1}+\dfrac{1}{x+y+1}+x^2$ 通分后的分子分母。

第9章 图形用户界面设计

图形用户界面又称图形用户接口（Graphical User Interface，GUI），是指采用图形方式显示的计算机操作界面，是计算机与其使用者之间的对话接口。与早期计算机使用的命令行界面相比，图形用户界面对于用户来说更为简便易用，不需要记忆、掌握大量的操作命令，通过窗口、菜单、按键等很直观的方式就可以进行操作。

MATLAB 提供了图形用户界面设计功能，用户可以自行设计人机交互界面，以便展示计算信息、图形和其他运算的结果等。

知识要点

- 创建 UI 组件
- 设置组件属性
- 管理回调、函数和属性

9.1 GUI 开发环境

MATLAB 本身内置了很多图形用户界面，提供各种设计分析工具，用于进行某种技术、方法的演示。例如，在命令行窗口执行 sisotool，可打开如图 9-1 所示的控制系统设计器；在命令行窗口执行 filterDesigner，可打开如图 9-2 所示的滤波器设计工具。

这些工具的出现不仅提高了设计和分析效率，而且改变了原先的设计模式，引入了新的设计思想，改变了和正在改变着人们的设计、分析理念。

除内置的图形用户界面外，MATLAB 还提供了 GUI 开发环境，允许用户根据需要自定义 GUI。GUI 开发环境包括 MATLAB 操作环境、GUIDE 应用程序和 App 设计工具。

1. MATLAB 操作环境

在 MATLAB 中，创建图形用户界面的一个简便方法是在 MATLAB 操作环境中使用组件函数以编程方式创建 App，在 App 中通过与界面交互执行指定的行为。这种开发方式要求用户熟练掌握各种 UI 组件和回调函数的用法。

2. GUIDE 应用程序

在早期版本中，MATLAB 为 GUI 开发提供了一个方便高效的集成开发环境 GUIDE，如图 9-3 所示。GUIDE 集成了 GUI 支持的常用控件，并提供界面外观、属性和行为响应方式的设置方法，可便捷地开发图形用户界面，如图 9-4 所示。

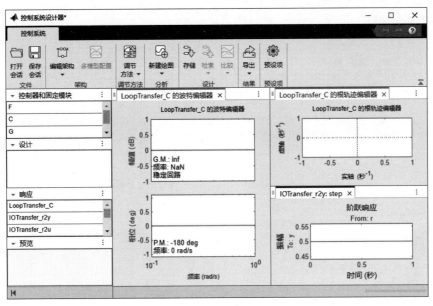

图 9-1　控制系统设计器

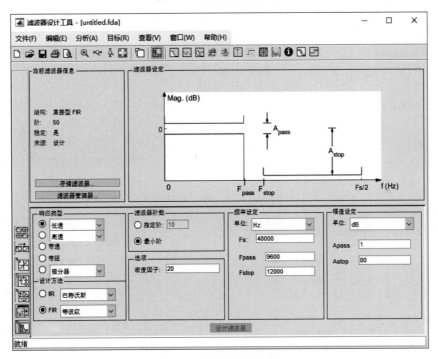

图 9-2　滤波器设计工具

由于 MATLAB 在以后的版本中会删除 GUIDE，因此本章对这种开发环境不作介绍。

3. App 设计工具

App 设计工具是 GUIDE 的替代产品，它包含一整套标准的用户界面组件，以及一组用于创建控制面板和人机交互界面的仪表、旋钮、开关和指示灯，如图 9-5 所示，极大地简化了布置用户界

面可视化组件的过程。

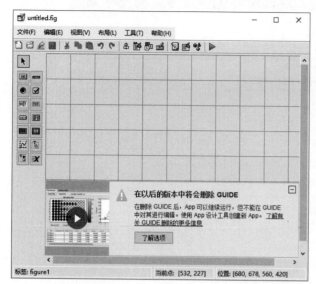

图 9-3　GUIDE 应用程序

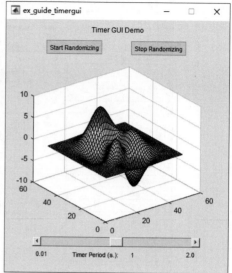

图 9-4　图形用户界面

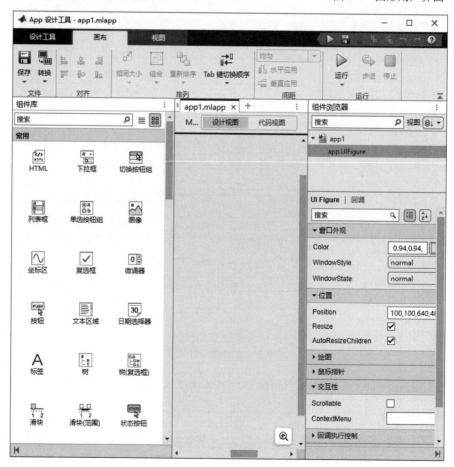

图 9-5　App 设计工具

9.2 在 MATLAB 环境设计 GUI

在 MATLAB 环境中设计 GUI,通常是指在 MATLAB 命令行窗口或 M 文件中通过执行命令创建需要的各种 UI 容器和组件,并执行回调函数创建 GUI。本节将简要介绍常用的 UI 容器和组件的创建方法。

9.2.1 创建容器组件

对于图形用户界面而言,容器组件是构建程序 UI 的基础,负责页面的布局和逻辑。本小节简要介绍 GUI 中常用的几个容器组件的创建函数。

1. uifigure 函数

在 MATLAB 中,函数 uifigure 用于创建一个专门为应用程序 App 构建配置的图窗,其调用格式见表 9-1。

表 9-1 uifigure 函数的调用格式

调用格式	说　明
fig=uifigure	创建一个用于构建用户界面的图窗并返回 Figure 对象 fig。可使用 fig 在创建图窗后查询或修改其属性。一般使用点表示法来引用特定的对象和属性
fig=uifigure(Name,Value)	使用一个或多个名称值对组的参数来指定图窗属性,没有指定的属性使用默认值

例 9-1:绘制 UI 图窗。

解: MATLAB 程序如下:

```
>> close all        % 关闭所有图窗
>> fig = uifigure   % 新建一个用于构建用户界面的图窗,采用默认配置,如图 9-6 左图所示,
并返回图窗对象
fig =

  Figure - 属性:

    Number: []                        % 图窗编号
      Name: ''                        % 图窗标题
     Color: [0.9400 0.9400 0.9400]    % 图窗背景色
  Position: [680 458 560 420]         % 不包括边框和标题栏的位置和大小
     Units: 'pixels'                  % 单位

  显示 所有属性
>> fig.Name = ' Figure Demo';         % 修改 UI 图窗的标题
>> fig.Color = "white";               % 修改 UI 图窗的背景色为白色
```

运行结果如图 9-6 右图所示。

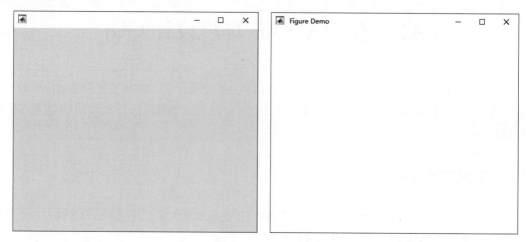

图 9-6　创建 UI 图窗

2. uigridlayout 函数

uigridlayout 函数用于创建网格布局管理器。网格布局管理器沿一个不可见网格的行和列定位 UI 组件，该网格占据整个图窗或图窗中的一个容器。如果将组件添加到网格布局管理器，但没有指定组件的 Layout（布局）属性，则网格布局管理器默认按照从左到右、从上到下的方式添加组件。

函数 uigridlayout 的使用格式见表 9-2。

表 9-2　uigridlayout 函数的调用格式

调用格式	说　明
g=uigridlayout	在新图窗中创建 2×2 的网格布局，并返回 GridLayout 对象
g=uigridlayout(parent)	在指定的父容器中创建网格布局。父容器是创建的图窗或其子容器之一
g=uigridlayout(___,sz)	向量 sz 用于指定网格的大小
g=uigridlayout(___,Name,Value)	使用一个或多个名称-值对组参数指定 GridLayout 网格布局属性值。常用的参数名称有 ColumnWidth（列宽）、RowHeight（行高）、Position（位置和大小）、BackgroundColor（背景色）等

例 9-2： 创建布局的 UI 图窗。

解： MATLAB 程序如下：

```
>> close all             % 关闭所有图窗
>> fig = uifigure('Name','2×2 图窗布局的示例','Position',...
[100 100 400 300]);      % 在指定位置创建大小为 400×300 的图窗，该图窗有指定的标题
>> g = uigridlayout(fig,[2 2]);              % 在图窗中创建 2 行 2 列的网格布局
>> g.RowHeight = {120,120};                  % 设置网格行高
>> g.ColumnWidth = {180,180};                % 设置网格列宽
>> ax(1) = uiaxes(g); title(ax(1),'坐标区 01') % 依次创建 UI 坐标区并添加标题
>> ax(2) = uiaxes(g); title(ax(2),'坐标区 02')
>> ax(3) = uiaxes(g); title(ax(3),'坐标区 03')
>> ax(4) = uiaxes(g); title(ax(4),'坐标区 04')
```

运行结果如图 9-7 所示。

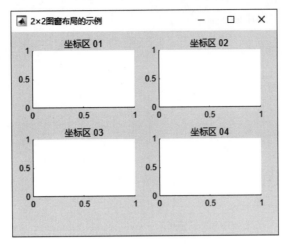

图 9-7　运行结果

3. uibuttongroup 函数

uibuttongroup 函数用于创建单选按钮或复选按钮的按钮组，其调用格式见表 9-3。

表 9-3　uibuttongroup 函数的调用格式

调用格式	说　明
bg=uibuttongroup	在当前图窗中创建一个按钮组，并返回 ButtonGroup 对象 bg。如果没有可用的图窗，MATLAB 将调用 figure 函数创建一个图窗
bg=uibuttongroup(parent)	在指定的父容器中创建该按钮组
bg=uibuttongroup(___,Name,Value)	使用一个或多个名称-值对组参数指定 ButtonGroup 属性值

例 9-3：创建按钮组容器。

解：MATLAB 程序如下：

```
>> close all
>> fig = uifigure('Name','按钮组示例');        % 创建指定标题的图窗
>> g = uigridlayout(fig,[1 2]);               % 在图窗中创建 1 行 2 列的网格布局
>> bg = uibuttongroup(g);                      % 在网格布局中创建按钮组
>> bg.Title = '选项';                          % 为按钮组添加标题
>> bg.TitlePosition = 'centertop';             % 指定标题的位置居中
>> bg.BackgroundColor = 'w';                   % 设置背景色为白色
>> bg.ForegroundColor = 'k';                   % 标题字体颜色为黑色
>> b1 = uitogglebutton(bg,"Text","按钮 1",...
"Position",[10 50 100 22]);                    % 向该按钮组添加 3 个切换按钮
>> b2 = uitogglebutton(bg,"Text","按钮 2","Position",[10 28 100 22]);
>> b3 = uitogglebutton(bg,"Text","按钮 3","Position",[10 6 100 22]);
```

运行结果如图 9-8 所示。

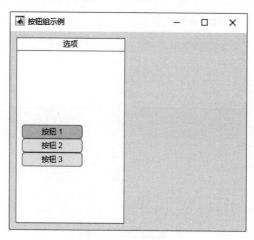

图 9-8　运行结果

4. uipanel 函数

uipanel 函数用于创建面板容器组件，其调用格式见表 9-4。

表 9-4　uipanel 函数的调用格式

调用格式	说　明
p=uipanel	在当前图窗中创建一个面板并返回 Panel 对象。如果没有可用的图窗，MATLAB 将调用 figure 函数创建一个图窗
p=uipanel(parent)	在指定的父容器中创建面板
p=uipanel(___,Name,Value)	使用一个或多个名称-值对组参数指定 Panel 属性值

例 9-4：创建面板。

解： MATLAB 程序如下：

```
>> close all
>> fig = uifigure('Name','面板示例','Position',[100 100 400 300]);    % 创建的
图窗，定义组件的位置
>> g = uigridlayout(fig);              % 在图窗中默认创建2×2的网格布局
>> g.RowHeight = {100,'1x'};           % 第一行高100，第二行为可变高度
>> g.ColumnWidth ={150,'1x'};          % 第一列宽150，第二列为可变宽度
% 依次创建3个面板
>> p1 = uipanel(g,'Title','面板 01','FontSize',12,...
         'BackgroundColor','w', 'ForegroundColor','b');
>> p2 = uipanel(g,'Title','面板 02','FontSize',12,...
         'BackgroundColor','white', 'ForegroundColor','b');
>> p3 = uipanel(g,'Title','面板 03','FontSize',12,...
         'BackgroundColor','w', 'ForegroundColor','b');
>> pp = uigridlayout(p3, [2 1]);       % 在第3个面板中创建2行1列的网格布局
>> pp.RowHeight = {50,'1x'};
>> pp.ColumnWidth ={100,'1x'};
>> sp = uipanel(pp,'Title','面板 04','FontSize',12,'BackgroundColor','c'); %
创建第 4 个面板
```

运行结果如图 9-9 所示。

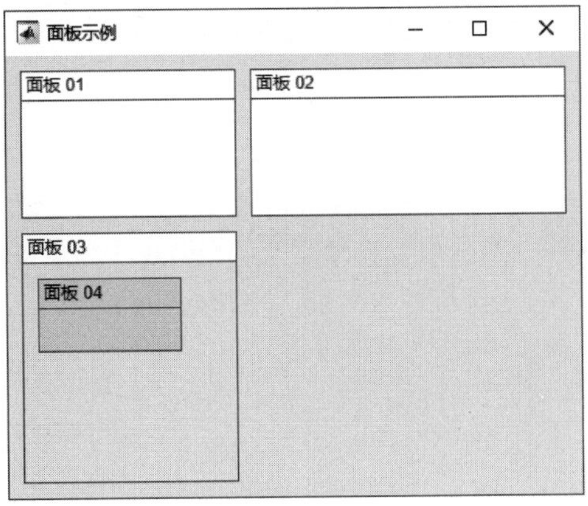

图 9-9　运行结果

5. uitabgroup 函数和 uitab 函数

这两个函数分别用于创建包含选项卡式面板的容器和选项卡面板,其调用格式见表 9-5 和表 9-6。

表 9-5　uitabgroup 函数的调用格式

调用格式	说　明
tg=uitabgroup	在当前图窗中创建一个选项卡组并返回 TabGroup 对象
tg=uitabgroup(Name,Value)	使用一个或多个名称-值对组参数指定选项卡组属性值
tg=uitabgroup(parent)	在指定的父容器中创建选项卡组
tg=uitabgroup(parent,Name,Value)	指定父容器和一个或多个选项卡组属性值

表 9-6　uitab 函数的调用格式

调用格式	说　明
t=uitab	在选项卡组内创建一个选项卡,并返回 Tab 对象
t=uitab(parent)	在指定的父容器中创建选项卡
t=uitab(＿＿＿,Name,Value)	使用一个或多个名称-值对组参数指定选项卡的属性值

例 9-5:创建面板和选项卡组。

解: MATLAB 程序如下:

```
>> close all
>> fig = uifigure('Name','容器组件设计的示例','Position',[100 100 400 300]);      %
创建图窗
>> g = uigridlayout(fig,[1 2]);          % 在图窗中创建网格布局
>> g.ColumnWidth ={150,'1x'};            % 第一列宽 150 像素,第二列宽度可变
>> p = uipanel(g,'Title','面板','BackgroundColor','w', 'ForegroundColor','b');
% 创建面板
>> gb = uitabgroup(g); % 创建选项卡组,选项卡标签位置默认位于顶部,如图 9-10 左图所示
>> tab1 = uitab(gb,'Title','设计视图'); % 创建选项卡
>> tab2 = uitab(gb,'Title','代码视图');
>> gb.SelectedTab = tab2;                     % 设置当前选择的选项卡,默认为第一个选项卡
```

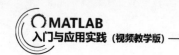

运行结果如图 9-10 右图所示。

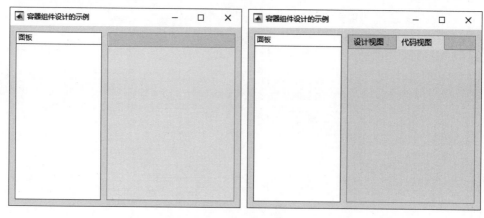

图 9-10　运行结果

9.2.2　创建 UI 组件

UI 组件即用户界面组件，封装了一段或几段完成特定功能的代码段，用于实现特定的用户界面表示。

下面简要介绍几个常用的 UI 组件的创建函数。

1. uilabel 函数

在 MATLAB 中，函数 uilabel 用于创建标签组件，常用于显示信息，其调用格式见表 9-7。

表 9-7　uilabel 函数的调用格式

调用格式	说　明
lbl=uilabel	在图窗中创建一个标签组件（具有文本'Label'），并返回 Label 对象
lbl=uilabel(parent)	在指定的父容器中创建标签组件
lbl=uilabel(__ _,Name,Value)	使用一个或多个名称-值对组参数指定标签属性值。常用的参数名称有 Text（标签文本，默认为'Label'）、Position（标签位置和大小，默认为[100 100 31 22]）、WordWrap（文字自动换行，默认为'off'，即文本不换行）等

2. uibutton 函数

uibutton 函数用于创建普通按钮（区别于单选按钮和复选按钮），其调用格式见表 9-8。

表 9-8　uibutton 函数的使用格式

调用格式	说　明
btn=uibutton	在新图窗中创建一个普通按钮，并返回 Button 对象
btn=uibutton(parent)	在指定的父容器中创建一个按钮
btn=uibutton(style)	创建 style 指定样式的按钮。style 可以是"push"或"state"
btn=uibutton(parent,style)	在指定的父容器中创建指定样式的按钮
btn=uibutton(___,Name,Value)	创建一个按钮，其属性由一个或多个名称-值对组参数指定

3. uicheckbox 函数

uicheckbox 函数用于创建复选框组件，其调用格式见表 9-9。复选框是一个开关按钮，单击会在选中和取消选中状态间进行切换。

表 9-9　uicheckbox 函数的使用格式

调用格式	说　明
cbx=uicheckbox	在新图窗中创建一个复选框，并返回 CheckBox 对象 cbx
cbx=uicheckbox(parent)	在指定的父容器中创建复选框
cbx=uicheckbox(___,Name,Value)	使用一个或多个名称-值对组参数指定复选框属性值。常用的参数名称有 Value（复选框的状态，默认为 0，表示复选框处于未选中状态）、Text（复选框标签，默认为'Check Box'）、WordWrap（文字自动换行，默认为'off'，即文本不换行）等

4. uiradiobutton 函数

uiradiobutton 函数用于创建单选按钮组件，其调用格式见表 9-10。

表 9-10　uiradiobutton 函数的使用格式

调用格式	说　明
rb=uiradiobutton	在新图窗中创建一个单选按钮，并返回 RadioButton 对象
rb=uiradiobutton(parent)	在指定的父容器中创建单选按钮
rb=uiradiobutton(___,Name,Value)	使用一个或多个名称-值对组参数指定单选按钮属性值

单选按钮与复选框类似，都是开关按钮，单击会在选中和取消选中状态间进行切换。不同的是，单选按钮具有互斥性，在同一个单选按钮组中，只能有一个处于选中状态。

例 9-6：设计验证登录界面。

解：MATLAB 程序如下：

```
>> clear
>> close all
>> fig = uifigure('Name','验证登录系统');      % 创建图窗
>> label=uilabel(fig,'Text','选择获取验证码的方式: ','Position',...
[50 360 500 30],'FontSize',16);% 创建标签组件，定义标签文本名、位置大小、字号、颜色
>> bg = uibuttongroup(fig,'Position',[50 200 400 150],'BackgroundColor',...
 'w');                          % 创建按钮组，定义背景色、位置大小
% 创建三个单选钮，定义单选按钮名称、位置大小与字体大小
>> rb1 = uiradiobutton(bg,'Text','电子邮件','Position',[10 100 400
30],'FontSize',14);
>> rb2 = uiradiobutton(bg,'Text','短信','Position',[10 60 400
30],'FontSize',14);
>> rb3 = uiradiobutton(bg,'Text','电话','Position',[10 20 400
30] ,'FontSize',14);
>> rb1 .Value = true;                     % 选中该按钮
>> ck = uicheckbox(fig,'Position',[50 150 300 30],'Text',...
'已阅读许可协议','value', 1, 'FontColor','r');
>> okbtn = uibutton(fig,'Position',[150 50 80 30],'Text', '确定');
```

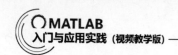

```
>> resetbtn = uibutton(fig,'Position',[300 50 80 30],'Text', '取消');
```

运行结果如图 9-11 所示。

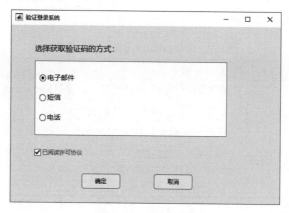

图 9-11　运行结果

5. uiaxes 函数

uiaxes 函数用于创建坐标区组件，其调用格式见表 9-11。

表 9-11　uiaxes 函数的使用格式

调用格式	说　明
ax=uiaxes	在新图窗中创建一个 UI 坐标区，并返回 UIAxes 对象
ax=uiaxes(Name,Value)	使用一个或多个名称-值对组参数指定 UIAxes 属性值
ax=uiaxes(parent)	在指定的父容器中创建 UI 坐标区
ax=uiaxes(parent,Name,Value)	使用一个或多个名称-值对组参数指定 UIAxes 属性值。常用的参数名称有 Xlim（x 轴的范围，默认为[0 1]）、Ylim（y 轴的范围，默认为[0 1]）、Zlim（z 轴的范围，默认为[0 1]）、Xscale（x 轴的刻度，默认为'linear'，即线性刻度）、Yscale（y 轴的刻度）、Zscale（z 轴的刻度）、GridLineStyle（网格线的线型，默认为'-'，即实线）

9.2.3　设计菜单

在设计 GUI 时，通常需要制作菜单以供用户选择执行命令。在 MATLAB 中，使用 uimenu 函数可自定义菜单，其调用格式如表 9-12 所示。

表 9-12　uimenu 函数的使用格式

调用格式	说　明
m=uimenu	在当前图窗中创建菜单，并返回 Menu 对象。如果当前没有可用的图窗，MATLAB 将调用 figure 函数创建一个图窗
m=uimenu(Name,Value)	使用一个或多个名称-值对组参数指定菜单属性值
m=uimenu(parent)	在指定的父容器中创建菜单，容器可以是图窗或另一个 Menu 对象
m=uimenu(parent,Name,Value)	指定父容器并使用一个或多个名称-值对组参数来设置菜单的属性

例 9-7： 添加菜单栏命令。

解： MATLAB 程序如下：

```
>> f = figure('ToolBar','none','Position',[100 100 500 300]);    %创建不显示工
具栏的图窗
>> m = uimenu(f,'Text','工作空间');  % 在图窗默认的菜单栏上添加菜单命令 Workspace
 % 在新建的菜单命令下添加菜单项，并设置选择该菜单项时执行的回调函数
>> uimenu(m,'Label','新建图窗','Callback',...
'disp(''figure'')');                  %选择该菜单项，会在命令行窗口中输出指定的字符串
>> uimenu(m,'Label','保存','Callback','disp(''save'')');
>> uimenu(m,'Label','退出','Callback','disp(''exit'')',...
          'Separator','on','Accelerator','Q');   % 添加分隔线，并指定快捷键
```

其中，'Callback'属性表示菜单回调函数，指定为下列值之一：

- 函数句柄。
- 第一个元素是函数句柄的元胞数组。元胞数组中的后续元素是传递到回调函数的参数。

执行上面的命令后，弹出如图 9-12 所示的图形窗口。

图 9-12　重建菜单栏后的图形窗口

如果要创建常用的上下文菜单（即右键快捷菜单），可以使用函数 uicontextmenu，其调用格式见表 9-13。

表 9-13　uicontextmenu 函数的使用格式

调用格式	说　明
cm=uicontextmenu	在当前图窗中创建一个上下文菜单，并返回 ContextMenu 对象
cm=uicontextmenu(parent)	在指定的父容器中创建上下文菜单
cm=uicontextmenu(___,Name,Value)	使用一个或多个名称-值对组参数指定 ContextMenu 属性值

例 9-8： 添加颜色设置快捷菜单。

本实例绘制函数曲线 $y = \tan x$，$x \in [-\pi/2, \pi/2]$，并自定义右键菜单控制曲线颜色。

解： MATLAB 程序如下：

```
>> x= linspace(-pi/2 + eps,pi/2 - eps,1000);    % 定义取值范围及取值点
>> p=plot(x,tan(x),"-p");                        % 绘制函数曲线，并返回绘图对象
>> ylim([-40 40])                                % 设置 y 坐标轴范围
>> cm=uicontextmenu;                             % 创建快捷菜单
```

```
>> uimenu(cm,'label','红色','callback','set(p,"color","r")')
>> uimenu(cm,'label','蓝色','callback','set(p,"color","b")')
>> uimenu(cm,'label','绿色','callback','set(p,"color","g")')
% 设置菜单项标签，执行回调函数，修改绘图对象的线条颜色
>> set(p,'uicontextmenu',cm)          % 在绘图对象区域显示指定的快捷菜单
```

执行命令后，弹出图形窗口，在曲线上右击可弹出右键菜单，显示设置曲线颜色的菜单项（如图 9-13 左图所示）。单击需要的颜色选项，曲线即可变化为指定的颜色，如图 9-13 右图所示。

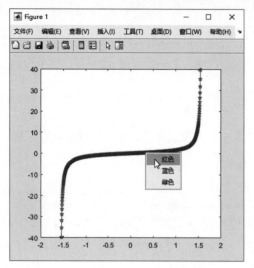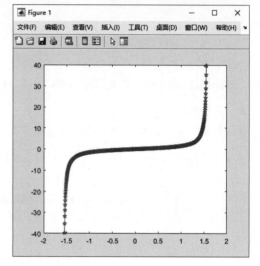

图 9-13　设置函数曲线颜色

了解了在 MATLAB 环境中设计 GUI 的基本方法，接下来将分别从"设计视图"和"代码视图"两种编辑模式出发，介绍使用 App 设计工具创建 GUI 程序的方法。

9.3　使用设计视图

App 设计工具是 Mathworks 在 R2016a 中正式推出的 GUIDE 的替代产品，旨在顺应 Web 的潮流，帮助用户利用新的图形系统设计更加美观的 GUI。

App 设计工具是一个功能丰富的开发环境，它提供布局和代码视图、完整集成的 MATLAB 编辑器版本、大量的交互式组件、网格布局管理器和自动调整布局选项，使 App 能够检测和响应屏幕大小的变化。用户可以直接从 App 设计工具的工具条打包 App 安装程序文件，也可以创建独立的桌面 App 或 Web App（需要 MATLAB Compiler）。

9.3.1　设计环境

在 MATLAB 命令行窗口中执行 appdesigner 命令，或在功能区的 App 选项卡中单击"设计 App"按钮，即可打开 App 设计工具的起始页，如图 9-14 所示。

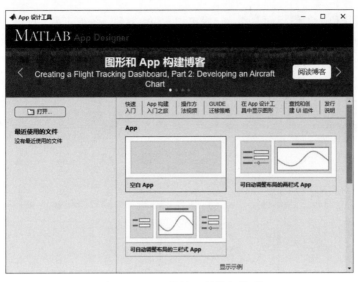

图 9-14　App 设计工具的起始页

　　该界面主要有两种功能：一是创建新的 App 文件或 UI 组件；二是打开已有的 App 文件（以 .mlapp 为后缀）。

　　单击"空白 App"或某种具有自动调整布局功能的 App 模板，即可进入 GUI 的编辑界面，自动新建一个名为 app1.mlapp 的新文件，如图 9-15 所示。App 设计工具将设计好的图形界面和事件处理程序都保存在一个 .mlapp 文件中。

图 9-15　GUI 编辑界面

　　从图中可以看到，App 设计工具提供了丰富的组件库，编辑区域分为"设计视图"和"代码视图"两种模式，方便不同层次的用户选择使用。

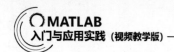

　　"组件库"默认位于工作界面左侧，一般包含常用、容器、图窗工具、仪器、AUDIO（音频）、SIMULINK 和 SIMULINK REAL-TIME（实时仿真）七大类常用的组件（所列出的组件取决于用户是否安装关联的工具箱并具备有效的许可证），如图 9-16 所示，单击左下角的"折叠"按钮 ，可将组件库折叠为选项卡，停靠在工作界面左侧；单击"展开"按钮 ，可展开"组件库"。

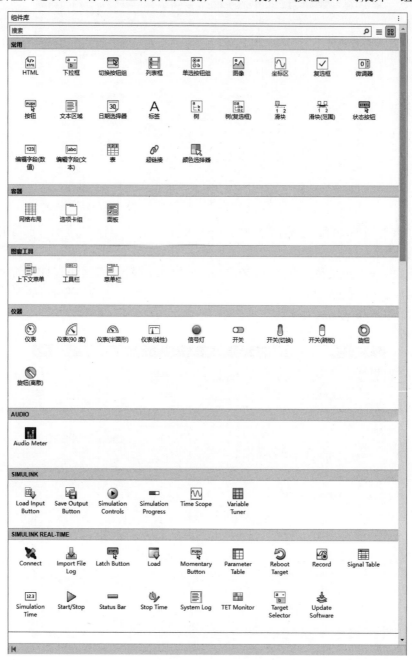

图 9-16　组件库

　　在组件库顶部的"搜索"栏输入需要查找的组件名称或关键词，即可在组件显示区显示符合条件的搜索结果。

设计画布用于以所见即所得的可视化方式放置与布局组件。

组件浏览器默认位于 App 设计工具工作界面右侧，用于设置选定组件的属性。

9.3.2　放置组件

在设计视图中构建 GUI 的方法很简单，只需要在"组件库"中选择组件并拖放到设计画布上，进行合理的布局和排列，即可以图形交互的方式构建具有一组标准组件（如文本字段、按钮和下拉列表）的交互的用户界面。

如果要在设计画布上放置一个指定大小的组件，可在组件库中单击组件，然后在设计画布上按下左键拖动到需要的大小释放。需要注意的是，有些组件只能以其默认大小添加到设计画布。

在设计画布中移动组件时，会自动显示橙色的智能参考线，用于与画布或其他组件对齐，如图 9-17 所示。通过多个组件中心的橙色虚线表示它们的中心是对齐的，边缘的橙色实线表示边缘是对齐的。

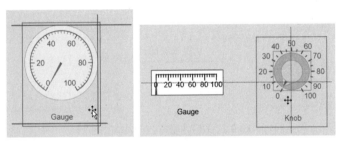

图 9-17　智能参考线

在设计画布中放置组件后，通常还需要调整组件的大小，对组件进行对齐、分布。

1．调整大小

（1）选中单个组件，组件四周显示蓝色编辑框，将鼠标放置在编辑框的控制手柄上，鼠标变为双向箭头，如图 9-18 所示。此时按下左键拖动鼠标，即可沿拖动的方向调整组件的大小。

（2）如果要将多个同类组件调整为等宽或等高，可以选中多个组件，然后在功能区"画布"选项卡"排列"选项组中单击"相同大小"按钮，在如图 9-19 所示的下拉菜单中选择需要的调整命令，即可同时调整选中的多个组件的大小。

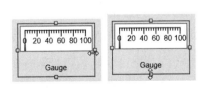

图 9-18　调整组件大小

图 9-19　"相同大小"命令下拉菜单

2. 对齐组件

除可以使用智能参考线对齐组件外，利用对齐工具也可以很方便地对齐多个组件。

App 设计工具在功能区的"画布"选项卡的"对齐"选项组提供了一组对齐命令，如图 9-20 所示。从左至右，从上到下依次为：左对齐、居中对齐、右对齐、顶端对齐、中间对齐、底端对齐。选中多个组件后，单击需要的对齐命令按钮，即可按指定方式对齐组件，如图 9-21 所示。

图 9-20　对齐命令

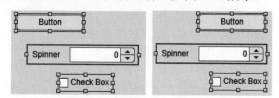

图 9-21　组件右对齐前、后的效果

3. 均匀分布多个组件

选中多个组件后，利用"画布"选项卡的"间距"选项组提供的分布命令按钮："水平应用"按钮 📊 和"垂直应用"按钮 ⬛，可以在水平方向或垂直方向等距分布组件，如图 9-22 所示。除默许的等距均匀分布外，还可以在命令按钮上方的下拉列表框中指定组件之间的间距。

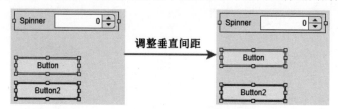

图 9-22　组件垂直方向均匀分布

9.3.3　设置组件属性

在设计画布中布置组件后，接下来可根据设计需要设置组件的属性。在设计视图中，设置组件的属性在组件浏览器中完成。

在设计画布中单击选中一个组件，在"组件浏览器"中可查看、设置该组件的属性，如图 9-23 所示为 UIFigure 组件的属性。组件不同，所显示的属性也会有所不同。

在具体介绍组件属性的设置方法之前，有必要先介绍一下组件的组成结构。在组件浏览器顶部可以看到添加的组件和组件结构。从组成结构来分，组件可分为单个组件、多个子组件组成的组件组，如图 9-24 所示。

单个组件可以看作标签和编辑框的组合，在"组件浏览器"中只显示组合为一体的名称，例如图 9-24 中的 app.Gauge。在"组件浏览器"中右击组件名称，弹出如图 9-25 所示的快捷菜单，勾选"在组件浏览器中包括组件标签"复选框，即可添加组件标签名组件，两个组件的关系是同层，如图 9-26 所示。

图 9-23　组件浏览器

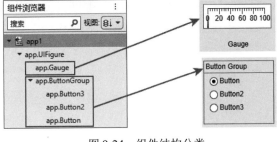

图 9-24　组件结构分类

图 9-25　快捷菜单

图 9-26　添加组件标签

组件组可分为同层关系与上下层关系。显示为同层关系的组件组通常由多个对象组合而成；显示为上下层关系的组件组通常是父容器及其中的组件，通过缩进父容器下子组件的名称来显示上下关系，例如图 9-26 中的 app.ButtonGroup。

由于组件的属性参数较多，下面以设置组件的标签和名称为例，介绍设置组件属性的一般操作，其他属性操作可参照设置。

1）设置组件标签

选中组件后，在组件浏览器中设置组件的 Title 或 Text 属性，可修改组件的标签。此外，在设计画布中双击组件或子组件标签，需要编辑的标签边界自动添加蓝色编辑框，名称变为可编辑状态，如图 9-27 所示，在蓝色编辑框内输入标签内容，按 Enter 键也可设置组件标签。

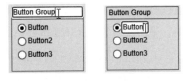

图 9-27　编辑参数

253

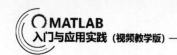
设置组件标签后，还可以在组件浏览器中设置标签文本的对齐方式：HorizontalAlignment（水平对齐）、Verticalignment（垂直对齐）。

2）修改组件名称

在组件浏览器中直接双击组件名称"app.组件名"，组件名称变为可编辑状态，即可修改组件名称，如图9-28所示。

图9-28　组件浏览器

9.3.4　添加上下文菜单

"上下文菜单"组件只有右击正在运行的应用程序中的组件时才可见，在设计视图中编辑该组件的方式与其他组件略有不同，因此单独作为一节进行介绍。

1. 添加"上下文菜单"组件

（1）在组件库的"图窗工具"类别中，将"上下文菜单"组件拖放到设计画布中。

与其他组件直接显示在设计画布上不同，该组件出现在画布上的一个区域中，在该区域提供上下文菜单的预览，并指示每个组件分配给多少个组件，如图9-29所示。

（2）单击上下文菜单区域顶部的 ⌄ 按钮，隐藏该区域，如图9-30所示。

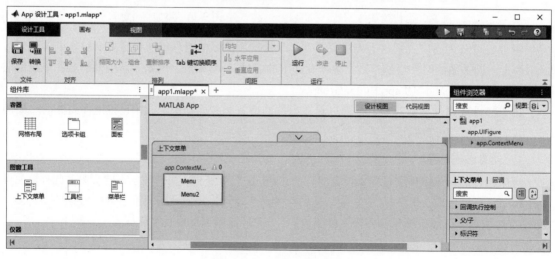

图9-29　添加上下文菜单

图 9-30 隐藏上下文菜单区域

2. 分配属性

1）添加属性

如图 9-31 所示，将上下文菜单 app.ContextMenu、app.ContextMenu2、app.ContextMenu3 直接拖动到设计画布中，可将最后一个上下文菜单属性分配给 UI 图窗。

将上下文菜单 app.ContextMenu4 拖放到其他组件上，可将该上下文菜单的属性分配给指定的组件，例如 app.image。

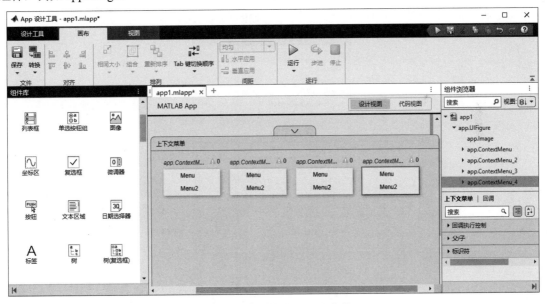

图 9-31 添加多个上下文菜单

2）组件与上下文菜单的切换

在将上下文菜单的属性分配给某一组件（例如 app.image）后，右击该组件，在弹出的快捷菜单中选择"上下文菜单"→"转至 app.ContextMenu4"命令，如图 9-32 所示，可自动切换到该组

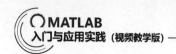

件分配的上下文菜单 app.ContextMenu4 处，如图 9-33 所示。

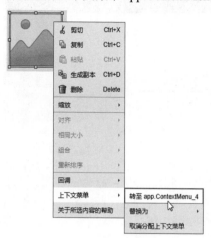

图 9-32　快捷菜单

图 9-33　切换对象

3）重新分配属性

如果要将已分配给某个组件的上下文菜单重新分配给另一个组件，将上下文菜单拖到该组件上即可。

如果要替换某个组件的上下文菜单，右击组件，在如图 9-32 所示的快捷菜单中选择"上下文菜单"→"替换为"命令，然后在弹出的子菜单中选择需要的其他上下文菜单，即可完成替换。

此外，在"组件浏览器"中选择组件，然后展开"交互性"选项，在 ContextMenu 下拉列表框中可以选择要分配给该组件的其他上下文菜单，如图 9-34 所示。

图 9-34　重新分配属性

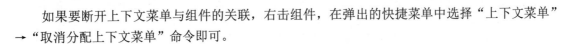

如果要断开上下文菜单与组件的关联，右击组件，在弹出的快捷菜单中选择"上下文菜单"
→"取消分配上下文菜单"命令即可。

3. 编辑组件

在上下文菜单区域双击上下文菜单或在上下文菜单区域右击上下文菜单，进入上下文菜单编
辑区域，如图 9-35 所示，可以编辑和添加菜单项和子菜单。

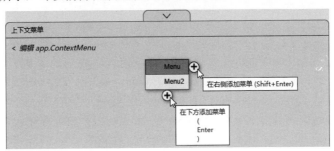

图 9-35　上下文菜单编辑区域

（1）双击菜单项 Menu，可编辑菜单项名称，如图 9-36 所示。

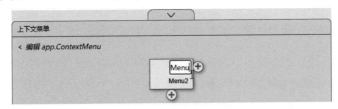

图 9-36　编辑菜单项

（2）单击右侧、下方的 ⊕ 按钮，可分别在右侧或下方添加菜单项，如图 9-37 所示。

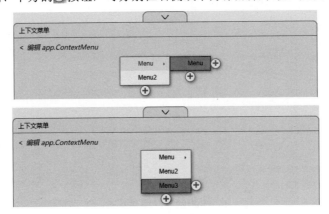

图 9-37　添加菜单项

编辑完成后，单击编辑区域左上角的箭头（<）退出编辑区域。

例 9-9：设计绘制等值线的 GUI。

本实例设计一个图形用户界面，使用三个不同的等值线绘制命令绘制柱体的等值线图形。
操作步骤如下：

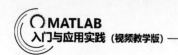

步骤01 在命令行窗口执行下面的命令，启动 App 设计工具。

```
>> appdesigner
```

步骤02 在 App 设计工具窗口中，单击"可自动调整布局的两栏式 App"，创建一个以.mlapp 为后缀的 App 文件。

步骤03 在组件库中将"单选按钮组"组件拖放到设计画布左侧栏中，然后展开组件浏览器，设置组件属性。

（1）在"Title（标题）"文本框中输入"柱体等值线"，在"FontSize（字体大小）"文本框输入字体大小 20，单击 FontWeight（字体粗细）选项的"加粗"按钮 **B**。

（2）在设计画布中双击第一个单选按钮 app.Button，修改标签为 surfc。以同样的方法修改第二个和第三个单选按钮的标签为 contour3、contourf。

（3）按住 Shift 键依次单击选中三个单选按钮，在组件浏览器中设置 FontSize（字体大小）为 16，然后单击 FontWeight（字体粗细）选项的"加粗"按钮 **B**。

（4）调整单选按钮组的大小，并粗略调整单选按钮的位置，然后按住 Shift 键选中三个单选按钮，在功能区的"画布"选项卡中单击"垂直应用"按钮，在垂直方向上均匀分布三个单选按钮。

步骤04 在组件库中将"坐标区"组件拖放到设计画布右侧栏中，调整组件的大小和位置。

步骤05 在功能区的"设计工具"选项卡单击"保存"按钮 🖫，将当前文件以 Contour_Plot.mlapp 为文件名保存在搜索路径下。

至此，界面设计完成，如图 9-38 所示。

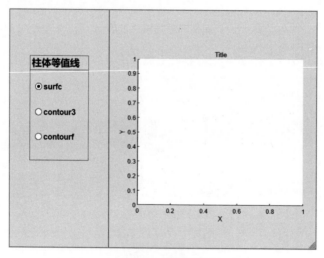

图 9-38　界面设计

9.4　代 码 视 图

App 设计工具的"代码视图"不但提供了 MATLAB 编辑器中的大多数编程功能，还可以浏览代码，在代码中导航以避免许多烦琐的任务。

9.4.1　编辑环境

在 App 设计工具的编辑区域单击"代码视图"，即可进入代码视图编辑环境，左侧显示代码浏览器与 App 的布局，中间为代码编辑器，右侧显示组件浏览器，如图 9-39 所示。

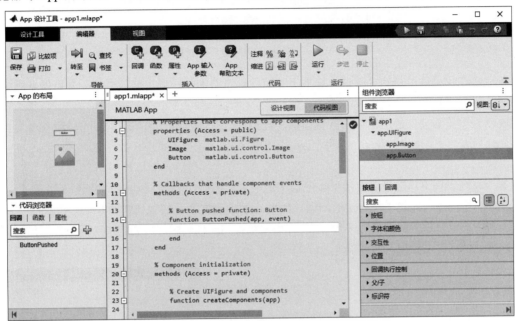

图 9-39　代码视图

左边下方的"代码浏览器"是管理 GUI 回调、辅助函数和属性的重要工具，对应地包括三个选项卡："回调""函数"和"属性"，使用这些选项卡可以很便捷地添加、删除或重命名 GUI 中的任何回调、辅助函数或自定义属性。

左边上方的"App 的布局"栏显示设计画布的缩略图，便于在具有许多组件的复杂大型 App 中查找组件。在缩略图中选择某个组件，即可在设计画布和组件浏览器中选中对应的组件。

中间的代码编辑器是编辑 App 代码的工具。在编辑器中，背景色为白色的区域是可编辑的，背景色为灰色的代码由 App 设计工具自动生成和管理，是不可编辑的。为组件添加回调函数或属性时，系统会自动在代码编辑器中添加白色背景区域，便于用户编辑代码。

9.4.2　管理回调

回调是用户与应用程序中的 UI 组件交互时执行的函数，大多数组件至少可以有一个回调。但是，某些组件（如标签和信号灯）没有回调，只显示信息。

1. 添加回调

如果要为 App 中的某个组件或图窗添加回调，单击"回调"选项卡中的"添加"按钮➕，在如图 9-40 所示的"添加回调函数"对话框中选择组件、回调，并指定名称，然后单击"添加回调"按钮，即可在代码编辑器中自动添加相应的代码框架。

图 9-40　"添加回调函数"对话框

此时，在代码浏览器的"回调"选项卡和组件浏览器的"回调"选项卡中，都可以看到添加的回调，如图 9-41 所示。

在组件浏览器顶部的层次结构区域选择一个组件，在"回调"选项卡中显示该组件受支持的回调属性列表，如图 9-42 所示。在每个回调属性右侧的下拉列表框中，显示回调属性指定的回调函数名称。

在下拉列表框中，选择以尖括号<>括起来的选项，例如"<添加 ButtonDownFcn 回调>"，即可为当前选中的组件添加一个指定的回调。如果 App 中已定义了回调（例如 Button4Pushed），则下拉列表中会包含这些回调；当多个 UI 组件需要执行相同代码时，可为其中一个组件添加回调，其他组件选择已定义的现有的回调。

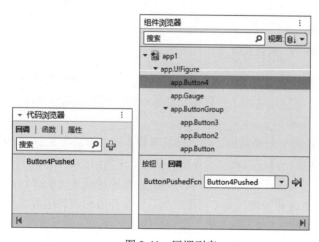

图 9-41　回调列表

图 9-42　选中组件的回调属性列表

2. 删除回调

在代码视图中删除回调有多种方法，最简便的方法是：在"代码浏览器"的"回调"选项卡的回调列表中选中要删除的回调，按 Delete 键，或右击选中的回调，从弹出的快捷菜单中选择"删除"命令。

如果从 App 中删除组件，仅当关联的回调未被编辑且未与其他组件共享时，App 设计工具才会删除关联的回调。

3. 调整回调顺序

切换到"代码浏览器"的"回调"选项卡，在回调列表中拖动回调在列表中的位置，编辑器中相应的代码顺序也随之自动调整。

4. 定位回调

在"代码浏览器"的"回调"选项卡中，单击回调列表中的某个回调，编辑器将自动定位到对应的代码位置。

此外，在搜索栏中输入回调的部分名称，单击搜索结果，编辑器将自动滚动到该回调的定义位置。

如果更改了某个回调的名称，App 设计工具会自动更新代码中对该回调的所有引用。

9.4.3　回调参数

回调由回调函数与回调参数构成，App 设计工具中的所有回调在函数签名中均包括下面两个回调参数。

1. app

该参数表示 app 对象，使用此对象访问 App 中的 UI 组件以及存储为属性的其他变量。

可以使用圆点语法访问任何回调中的任何组件（以及特定于组件的所有属性），如 app.Component.Property。如果定义仪表的名称为 PressureGauge，则 app.PressureGauge.Value = 50; 表示将仪表的 Value 属性设置为 50。

2. event

该参数包含有关用户与 UI 组件交互的特定信息的对象。event 参数提供具有不同属性的对象，具体取决于正在执行的特定回调。对象属性包含与回调响应的交互类型相关的信息。

例如，滑块的 ValueChangingFcn 回调中的 event 参数包含一个名为 Value 的属性。该属性在用户移动滑块（释放鼠标之前）时存储滑块值。

以下是一个滑块回调函数，表示使用 event 参数使仪表跟踪滑块的值。

```
function SliderValueChanged(app, event)        % 定义回调函数
    latestvalue = event.Value;                 % 定义滑动组件的值
    app.PressureGauge.Value = latestvalue;     % 更新滑块值
end
% Value changed function: Switch
    function SwitchValueChanged(app, event)
        value = app.Switch.Value;              % Current Button value
        app.Lamp.Value = value;                % Update Lamp
    end
```

9.4.4　管理辅助函数

辅助函数指用户自定义的用于执行某种操作的函数，可以在代码中的不同位置调用。辅助函

数包含两种类型：私有函数和公共函数。私有函数只能在当前 App 内调用，通常用于单窗口应用程序；而公共函数则可以在 App 内部和外部调用，通常用于多窗口应用程序。

1. 添加辅助函数

在"代码浏览器"的"函数"选项卡中单击"添加"按钮 ，选择函数的类型（私有或公共），即可在代码编辑器中自动添加相应的代码框架，在函数列表中可以看到添加的函数，如图 9-43 所示。

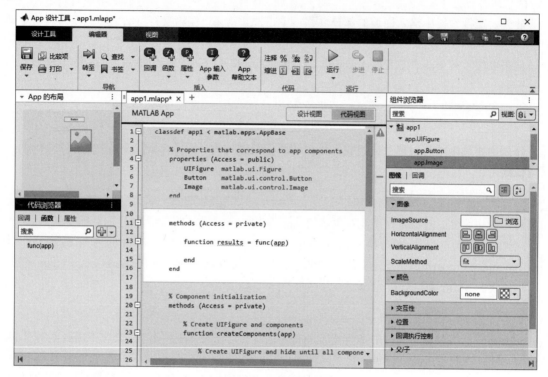

图 9-43　添加私有函数

2. 修改函数名称

在"代码浏览器"的"函数"选项卡中双击辅助函数，或在代码视图中单击要修改名称的函数，即可重命名函数。

3. 删除函数

在"代码浏览器"的"函数"选项卡的回调列表中选中要删除的函数，按 Delete 键，或右击选中的函数，从弹出的快捷菜单中选择"删除"命令。

4. 定位函数

在"代码浏览器"的"函数"选项卡中，单击函数列表中的某个函数，编辑器将自动定位到对应的代码位置。

此外，在搜索栏中输入函数的部分名称，单击搜索结果，编辑器将自动滚动到该函数的定义位置。

如果更改了某个函数的名称，App 设计工具会自动更新代码中对该函数的所有引用。

9.4.5 管理属性

属性是存储数据并在回调和函数之间共享数据的变量，访问时通常使用 app.前缀。

1. 添加属性

在"代码浏览器"的"属性"选项卡单击"添加"按钮，选择属性的类型（私有或公共），即可在代码编辑器中自动添加一个 properties 块，用于定义属性。在函数列表中可以看到添加的属性，如图 9-44 所示。

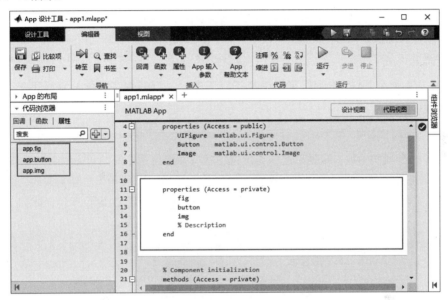

图 9-44　定义属性

私有属性（Access = private）用于存储仅在 App 中共享的数据，公共属性（Access = public）用于存储在 App 的内部和外部共享的数据。

2. 设置属性访问权限

属性的权限设置包括两种：Access 定义的属性具有读和写访问权限；SetAccess 定义的属性只有读访问权限，需要通过其他方法定义属性值。例如：

```
properties(Access = private)
    % 属性具有读和写访问权限
    Model
    Color
end
properties (SetAccess = private)
    % 属性只有读访问权限
    SerialNumber
end
```

```
methods
    function obj = NewCar(model,color)
        % 定义属性值
        obj.Model = model;  % 指定定义属性值
        obj.Color = color;
        % 添加构造函数到 NewCar 类设置属性值
        obj.SerialNumber = datenum(datetime('now'));
    end
end
```

修改属性名称、删除属性和定位属性的操作与函数的相应操作类似，在此不再赘述。

例 9-10：编程实现等值线绘制。

本实例继续上一个实例，为图形用户界面中的组件添加回调，实现单击不同的按钮，调用不同的命令绘制柱体等值线图形的功能。

操作步骤如下：

步骤 01 在 MATLAB 命令行窗口中执行以下命令，打开保存在搜索路径下的 App 文件 Contour_plot.mlapp。

```
appdesigner('Contour_plot.mlapp')
```

首先定义一个辅助函数，根据单选按钮的选中状态，选用相应的绘图命令绘制等值线图。

步骤 02 切换到代码视图，在"代码浏览器"的"函数"选项卡单击 🔲 按钮，添加一个私有函数。然后在代码编辑器中将函数名称修改为 **updateplot**，并编写处理程序，代码如下：

```
methods (Access = private)
    function results = updateplot(app)
        % 获取选中的单选按钮
        selectedButton = app.ButtonGroup.SelectedObject;
        % 定义剖面曲线的取值点
        t=0:pi/10:2*pi;
        % 创建柱体数据
        [X,Y,Z]=cylinder(2*sin(t),30);
        % 绘制三维柱体等值线
        switch    selectedButton.Text
            case   'surfc'
            % 绘制带基本等值线的柱体曲面图
            surfc(app.UIAxes,X,Y,Z);
            case   'contour3'
            % 绘制柱体的三维等值线图
            contour3(app.UIAxes,X,Y,Z);
            otherwise
            % 绘制柱体填充二维等值线图
            contourf(app.UIAxes,X,Y,Z);
            view(app.UIAxes,2)
        end
    end
end
```

接下来添加回调函数，用于初始化 App。

步骤 03　在"代码浏览器"中切换到"回调"选项卡，单击 ⊞▾ 按钮，弹出"添加回调函数"对话框，添加 startupFcn，如图 9-45 所示。单击"添加回调"按钮，自动转至"代码视图"，添加回调函数 startupFcn，代码如下：

```
function startupFcn(app)
    updateplot(app)
end
```

图 9-45　"添加回调函数"对话框

下面为按钮组添加回调。

步骤 04　在"代码浏览器"的"回调"选项卡单击"添加"按钮 ⊞，弹出"添加回调函数"对话框。在"组件"下拉列表框中选择 ButtonGroup，在"回调"下拉列表框中选择 SelectionChangedFcn，单击"添加回调"按钮，添加函数名称为 ButtonGroupSelectionChanged 的回调，代码如下：

```
function ButtonGroupSelectionChanged(app, event)
        updateplot(app)
end
```

至此，代码编辑完成，接下来就可以运行程序了。

步骤 05　在功能区的"设计工具"选项卡单击"运行"按钮 ▶，即可弹出一个图窗，在坐标区显示带等值线的三维柱体，如图 9-46 所示。

步骤 06　在"柱体等值线"单选按钮组选中 contour3，在坐标区绘制柱体的三维等值线图，如图 9-47 所示。

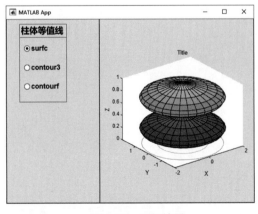

图 9-46　运行结果

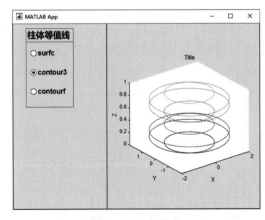

图 9-47　运行结果

步骤 07　单击 contourf 单选按钮，在坐标区绘制柱体的填充二维等值线图，结果如图 9-48 所示。

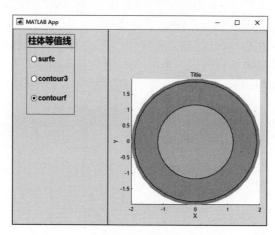

图 9-48　运行结果

9.5　新手问答

问题 1：App 设计工具的设计模板有哪些？

App 设计工具为 App 设计一共预置了 3 种模板，分别是空白 App、可自动调整布局的两栏式 App、可自动调整布局的三栏式 App。与空白 App 相比，使用带布局的模板可以更方便地设计 App 的布局和功能。

问题 2：怎样用 Position 属性定义组件的位置和大小？

Position 属性的值是一个四元素向量[x,y,w,h]，用于定义组件对象在界面中的位置和大小。其中，x 和 y 分别为组件对象左下角相对于父对象的 x、y 坐标，w 和 h 分别为组件对象的宽度和高度。

问题 3：App 类的基本结构是怎样的？

App 类用于定义封装数据的对象以及对该数据执行的操作，基本结构如下：

```
classdef  类名 < matlab.apps.AppBase
% Properties that correspond to app components
    properties(Access = public)
        ...
end
% Properties that correspond to apps with auto-reflow
properties (Access = private)
        ...
    end

    methods(Access = private)
        function 函数1（app,event）
            ...
        end
        function 函数2（app）
            ...
```

```
            end
        end
end
```

其中，classdef 是声明类的关键字，类名的命名规则与变量的命名规则相同。后面的"<"引导的一串字符表示该类继承自 MATLAB 的 Apps 类的子类 AppBase。properties 段用于定义属性，主要包含属性声明代码。methods 段用于定义方法，由若干函数组成。

App 设计工具会自动生成一些函数框架。组件对象的回调函数有两个参数：app 和 event，参数 app 存储了界面中各个成员的数据，event 存储事件数据。其他函数则大多只有一个参数 app。

9.6　上　机　实　验

【练习1】 设计如图 9-49 所示的响应曲线界面。

1. 目的要求

本练习在 App 设计工具的设计视图中设计二阶系统阶跃响应曲线。

2. 操作提示

（1）启动 App 设计工具。
（2）在设计画布中放置面板、坐标轴、按钮与复选框。
（3）利用组件浏览器设置组件属性。

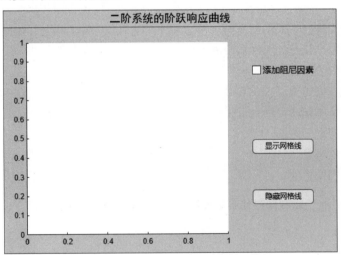

图 9-49　二阶系统阶跃响应曲线界面

【练习2】 设计如图 9-50 所示的直升机外观控制系统。

1. 目的要求

本练习利用 M 文件设计直升机控制系统外观的图形用户界面。

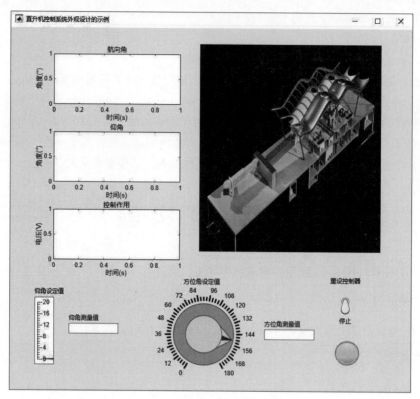

图 9-50　直升机控制系统的外观

2. 操作提示

步骤 01　创建图窗。

步骤 02　创建 3 个坐标区组件，设置坐标系与图窗边界的距离确定坐标系组件的大小。

步骤 03　创建仪表组件。

步骤 04　创建旋钮组件。

步骤 05　创建文本编辑组件，设置组件名称、位置和大小、字体大小。

步骤 06　创建拨动开关。

步骤 07　创建信号灯。

步骤 08　创建图像组件。

【练习 3】设计一个绘制参数化函数曲线图的 GUI，如图 9-51 所示。

1. 目的要求

本练习设计一个 GUI，用于绘制指定函数的曲线图，并通过 UI 组件调整图形的标题、线宽和颜色。

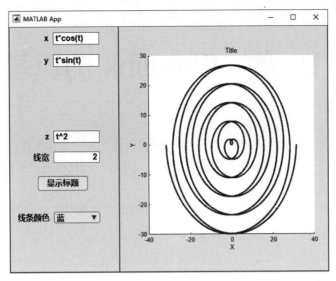

图 9-51 绘制函数曲线

2. 操作提示

步骤 01 启动 App 设计工具。

步骤 02 在设计画布中放置编辑字段、按钮、下拉框、微调框与坐标区。

步骤 03 利用组件浏览器设置组件属性。

步骤 04 添加辅助函数，用于获取编辑字段中指定的函数，并绘制三维曲线。

步骤 05 添加回调函数，初始化 App。

步骤 06 为各个组件添加回调函数，实现调整图形参数的功能。

9.7 思考与练习

（1）绘制函数 $x = \sin(\dfrac{\pi}{2}t)\sin t + \cos(2\pi t)$ 的曲线，并建立一个与之相连的快捷菜单，用于控制曲线的线型和线宽。

（2）建立"图形演示系统"菜单。菜单条中含有 3 个菜单项："绘图""选项"和"退出"。"绘图"中有"正弦曲线"和"余弦曲线"两个子菜单项，分别用于在图窗中绘制正弦和余弦曲线。"选项"菜单项的内容为："显示网格线"和"隐藏网格线"，用于控制坐标区中网格线的显示，"显示边框"和"隐藏边框"用于控制坐标轴的边框，而且这 4 项只有在画有曲线时才是可选的。"退出"用于控制是否退出系统。

第 10 章　Simulink 仿真基础

Simulink 是 MATLAB 的重要组成部分，可以非常容易地实现可视化建模，并把理论研究和工程实践有机地结合在一起，不需要书写大量的程序，只需要使用鼠标对已有模块进行简单的操作，以及使用键盘设置模块的属性。

本章着重讲解 Simulink 的概念及组成、Simulink 搭建系统模型的模块及参数设置，以及 Simulink 环境中的仿真及调试。

知识要点

- Simulink 简介
- Simulink 模块库
- 仿真分析
- S 函数

10.1　Simulink 简介

Simulink 是 MATLAB 软件的扩展，它提供了集动态系统建模、仿真和综合分析于一体的图形用户环境，是实现动态系统建模和仿真的一个软件包，它与 MATLAB 语言的主要区别在于，其与用户交互的接口是基于 Windows 的模型化图形输入，使得用户可以把更多的精力投入系统模型的构建，而非语言的编程上。

Simulink 提供了大量的系统模块，包括信号、运算、显示和系统等多方面的功能，可以创建各种类型的仿真系统，实现丰富的仿真功能。用户也可以定义自己的模块，进一步扩展模型的范围和功能，以满足不同的需求。为了创建大型系统，Simulink 提供了系统分层排列的功能，类似于系统的设计，在 Simulink 中可以将系统分为从高级到低级的几个层次，每层又可以细分为几个部分，每层系统构建完成后，将各层连接起来构成一个完整的系统。模型创建完成之后，可以启动系统的仿真功能分析系统的动态特性，Simulink 内置的分析工具包括各种仿真算法、系统线性化、寻求平衡点等，仿真结果可以以图形的方式显示在示波器窗口，以便于用户观察系统的输出结果；Simulink 也可以将输出结果以变量的形式保存起来，并输入 MATLAB 工作空间中以完成进一步的分析。

Simulink 可以支持多采样频率系统，即不同的系统能够以不同的采样频率进行组合，可以仿真较大、较复杂的系统。

1. 图形化模型与数学模型间的关系

现实中每个系统都有输入、输出和状态 3 个基本要素，它们之间随时间变化的数学函数关系，即数学模型。图形化模型也体现了输入、输出和状态随时间变化的某种关系，如图 10-1 所示。只要这两种关系在数学上是等价的，就能用图形化模型代替数学模型。

图 10-1　模块的图形化表示

2．图形化模型的仿真过程

Simulink 的仿真过程包括如下几个阶段。

（1）模型编译阶段。Simulink 引擎调用模型编译器将模型翻译成可执行文件。其中编译器主要完成以下任务。

- 计算模块参数的表达式，以确定它们的值。
- 确定信号属性（如名称、数据类型等）。
- 传递信号属性，以确定未定义信号的属性。
- 优化模块。
- 展开模型的继承关系（如子系统）。
- 确定模块运行的优先级。
- 确定模块的采样时间。

（2）连接阶段。Simulink 引擎按执行次序创建运行列表，初始化每个模块的运行信息。

（3）仿真阶段。Simulink 引擎从仿真开始到结束，在每一个采样点按运行列表计算各模块的状态和输出。该阶段又分成以下两个子阶段。

- 初始化阶段：该阶段只运行一次，用于初始化系统的状态和输出。
- 迭代阶段：该阶段在定义的时间段内按采样点间的步长重复运行，并将每次的运算结果用于更新模型。在仿真结束时获得最终的输入、输出和状态值。

10.1.1　Simulink 模型的特点

Simulink 建立的模型具有以下 3 个特点。

- 仿真结果可视化。
- 模型具有层次性。
- 可封装子系统。

例 10-1：演示 Simulink 建立模型的特点。

步骤01 在 MATLAB "主页" 选项卡选择 "帮助" → "示例"，打开帮助窗口。在左侧的 "类别" 列表中选择 Simulink 类别，即可在右侧显示 Simulink 示例列表，如图 10-2 所示。

步骤02 在示例列表中单击示例 "单液压缸仿真" 右下角的 "打开模型" 链接文本，打开如图 10-3 所示的模型文件以及仿真结果窗口。

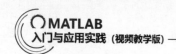

步骤 03 在"仿真"选项卡中单击"运行"按钮 ▶，在示波器窗口中可以看到如图 10-4 所示的仿真结果。

步骤 04 双击模型图标中的 control valve orifice area（控制阀孔口面积）模块，进入如图 10-5 所示的子系统模块。

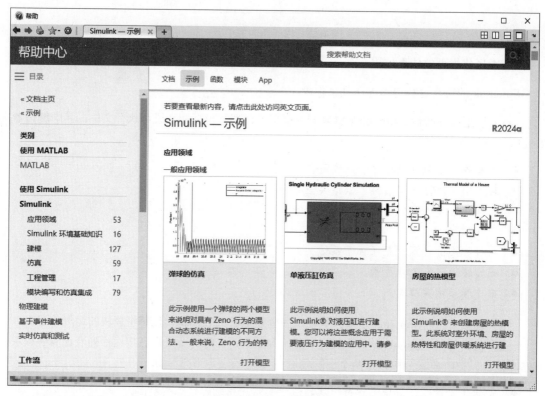

图 10-2　Simulink 示例

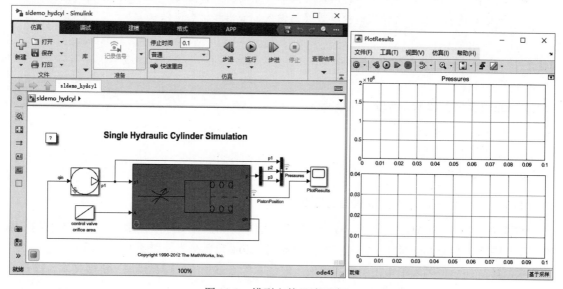

图 10-3　模型文件及演示窗口

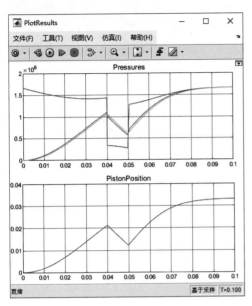

图 10-4　演示模型

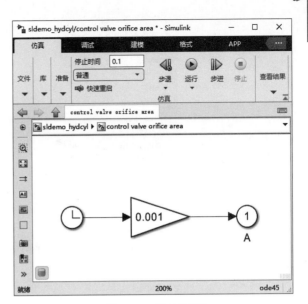

图 10-5　子系统模块

10.1.2　Simulink 的数据类型

Simulink 在仿真开始之前和运行过程中会自动确认模型的类型安全性，以保证该模型产生的代码不会出现上溢或下溢。

1．Simulink 支持的数据类型

Simulink 支持所有的 MATLAB 内置数据类型，除此之外，Simulink 还支持布尔类型。绝大多数模块都默认为 double 类型的数据，但有些模块需要布尔类型和复数类型等。

在 Simulink 模型窗口中右击，在弹出的快捷菜单中选择"其他显示"→"信号和端口"→"端口数据类型"命令，如图 10-6 所示，即可在模块周围显示信号的数据类型和模块输入/输出端口的数据类型，示例如图 10-7 所示。

2．统一数据类型

如果模块的输出/输入信号支持的数据类型不同，则在仿真时会弹出错误提示对话框，告知出现冲突的信号和端口。此时可以尝试在冲突的模块间插入 DataTypeConversion（数据类型转换）模块来解决类型冲突。

3．复数类型

Simulink 默认的信号值都是实数，但在实际问题中有时需要处理复数信号。在 Simulink 中通常用 Real-Image to complex（由实部和虚部输入合成复数输出）模块和 Magnitue-Angle to Complex（由幅值和相角输入合成复数输出）模块来建立处理复数信号的模型。

273

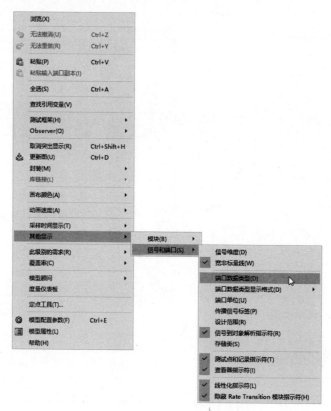

图 10-6　查看信号的数据类型

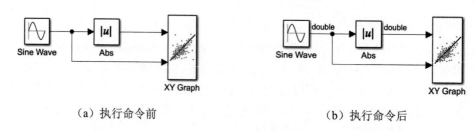

（a）执行命令前　　　　　　　　　　　　（b）执行命令后

图 10-7　显示信号的数据类型

10.2　Simulink 模块库

Simulink 模块库提供了各种基本模块，它按应用领域以及功能组成若干子库，大量封装子系统模块，按照功能分门别类地存储，以方便查找，每一类即为一个模块库。

在 Simulink 模型文件编辑窗口的"仿真"选项卡单击"库浏览器"按钮▦▦，即可打开如图 10-8 所示的"库浏览器"窗口，该窗口按树状结构显示，以方便查找各模块。在该窗口右上角单击"启动独立的库浏览器"按钮▦▦，可以打开独立的 Simulink 库浏览器。本节介绍 Simulink 常用子库的常用模块库中模块的功能。

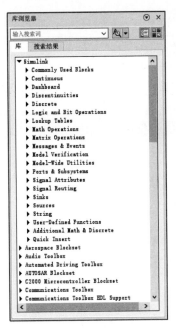

图 10-8　"库浏览器"窗口

10.2.1　常用的模块库

1．Commonly Used Blocks 库

单击 Simulink 库浏览器窗口中的 Commonly Used Blocks，即可打开常用的模块库，如图 10-9
所示，常用模块库中的常用子模块功能如表 10-1 所示。

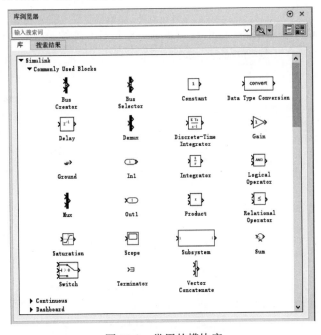

图 10-9　常用的模块库

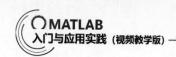

表 10-1　Commonly Used Blocks 子库

模　块　名	功　　能
Bus Creator	将输入信号合并成向量信号
Bus Selector	将输入向量分解成多个信号，输入只接受从 Mux 和 Bus Creator 输出的信号
Constant	输出常量信号
Data Type Conversion	数据类型的转换
Delay	时间延迟
Demux	将输入向量转换成标量或更小的标量
Discrete-Time Integrator	离散积分器模块
Gain	增益模块
In1	输入模块
Integrator	连续积分器模块
Logical Operator	逻辑运算模块
Mux	将输入的向量、标量或矩阵信号合成
Out1	输出模块
Product	乘法器，执行标量、向量或矩阵的乘法
Relational Operator	关系运算，输出布尔类型数据
Saturation	定义输入信号的最大值和最小值
Scope	输出示波器
Subsystem	创建子系统
Sum	加法器
Switch	选择器，根据第二个输入信号来选择输出第一个还是第三个信号
Terminator	终止输出，用于防止模型最后的输出端没有接任何模块时报错

2．Continuous 库

单击 Simulink 模块库窗口中的 Continuous 类别，即可打开连续系统模块库，如图 10-10 所示，连续系统模块库中常用的子模块功能如表 10-2 所示。

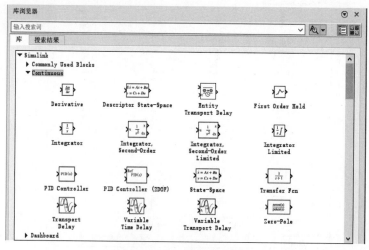

图 10-10　连续系统模块库

表 10-2　Continuous 子库

模 块 名	功 能
Derivative	数值微分
Integrator	积分器，与 Commonly Used Blocks 子库中的同名模块一样
State-Space	创建状态空间模型：$dx/dt = Ax + Bu$，$y = Cx + Du$，$x\big\|_{t=t_0} = x_0$
Transfer Fcn	用矩阵形式描述的传输函数
Transport Delay	定义传输延迟，如果将延迟设置得比仿真步长大，就可以得到更精确的结果
Variable Transport Delay	定义传输延迟，第一个输入接收输入，第二个输入接收延迟时间
Zero-Pole	用矩阵描述系统零点，用向量描述系统极点和增益

例 10-2： 通过 Simulink 求解方程 $\begin{cases} y = dy \\ y(0) = 1 \end{cases}$ 的初值问题。

操作步骤如下：

步骤01 系统分析。

$y = dy$ 表示积分模块的输入等于输出，$y(0) = 1$ 表示积分初始值设置为 1。

步骤02 创建模型文件。

在 MATLAB "主页" 窗口单击 "新建" → "Simulink 模型" 命令，打开 Simulink 起始页界面。在 "新建" 选项卡单击 "空白模型"，新建一个空白的模型文件。

步骤03 模型保存。

在 Simulink 模型文件编辑窗口的 "仿真" 选项卡中单击 "保存" 按钮，将模型文件保存为 Initial_value_equation.slx。

步骤04 打开库浏览器。

在 Simulink 模型文件编辑窗口的 "仿真" 选项卡中单击 "库浏览器" 按钮，打开 Simulink 库浏览器。

步骤05 放置模块。

选择 Simulink（仿真）→Continuous（连续模块库）中的 Integrator（积分）模块，将其拖动到模型中，用于对信号求积分。

在模块库中搜索 Scope（示波器），将其拖动到模型中，用于显示输出结果。

步骤06 模块参数设置。

（1）双击 Integrator 模块，弹出对应的 "模块参数" 对话框，设置 "初始条件" 为 1，如图 10-11 所示。设置完成后，单击 "确定" 按钮关闭对话框。

（2）双击 Scope 模块打开 Scope 窗口。选择 "文件" → "仿真开始时打开" 菜单命令，运行时自动打开示波器窗口，显示运行结果。

（3）选中两个模块，在 "格式" 选项卡单击 "自动名称" 下拉按钮，在弹出的下拉菜单中选中 "名称打开" 单选按钮，显示模块的名称。

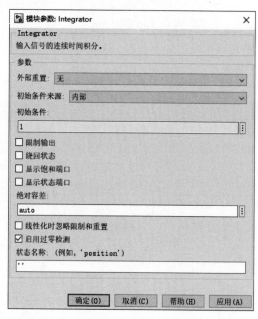

图 10-11 "模块参数：Integrator"对话框.

步骤 07 连接信号线。

进行模块端口连接，结果如图 10-12 所示。

步骤 08 运行仿真。

根据模型系统参数完成设置后，单击"运行"按钮 ⏵，在示波器中可以看到仿真结果，如图 10-13 所示。

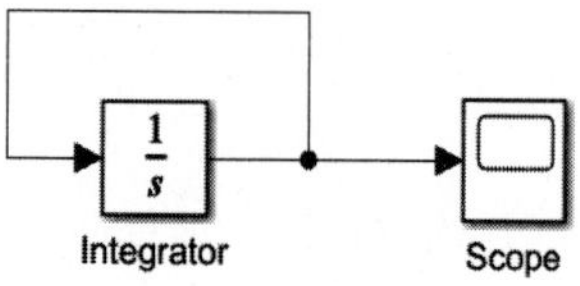

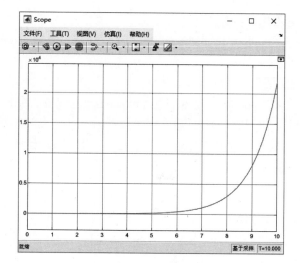

图 10-12 模块连接结果

图 10-13 运行结果

10.2.2 子系统及其封装

若模型的结构过于复杂，可以将功能相关的模块组合在一起形成几个小系统，即子系统，然后在这些子系统之间建立连接关系，从而完成整个模块的设计。这种设计方法实现了模型图表的层次化，可使整个模型变得非常简洁，使用起来非常方便。

用户可以把一个完整的系统按照功能划分为若干子系统，而每一个子系统又可以进一步划分为更小的子系统，这样依次细分下去，就可以把系统划分成多层。

如图 10-14 所示为一个二级系统图的基本结构图。

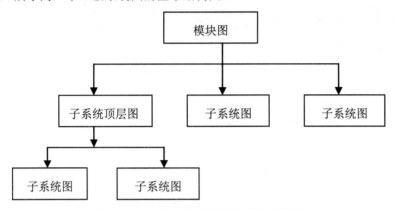

图 10-14　二级层次系统图的基本结构图

模块的层次化设计既可以采用自上而下的设计方法，也可以采用自下而上的设计方法。

1. 子系统的创建方法

在 Simulink 中有两种创建子系统的方法。

1）通过子系统模块创建子系统

打开 Simulink 模块库中的 Ports＆Subsystems 库，如图 10-15 所示，选中 Subsystem 模块，将其拖动到模块文件中，如图 10-16 所示。

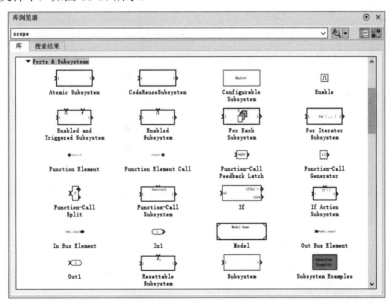

图 10-15　Ports＆Subsystems 库

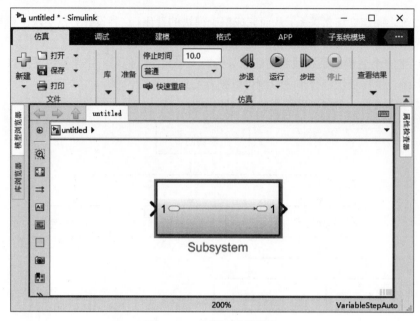

图 10-16　放置子系统模块

双击 Subsystem 模块，打开 Subsystem 文件，如图 10-17 所示，在该文件中绘制子系统图，然后保存即可。

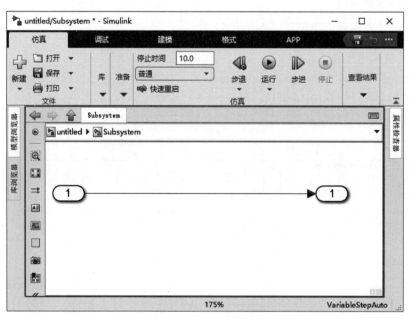

图 10-17　打开子系统图

2）组合已存在的模块集

展开"模型浏览器"侧面板，如图 10-18 所示。在该面板中单击相应的模型文件名，在编辑区内就会显示对应的系统图。

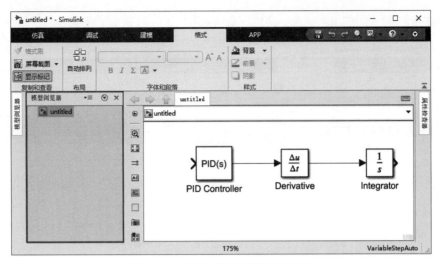

图 10-18 展开"模型浏览器"面板

选中其中一个模块，在"建模"选项卡中单击"创建子系统"命令，模块自动变为 Subsystem 模块，如图 10-19 所示，同时在左侧的"模型浏览器"面板中显示下一个层次的子系统图。

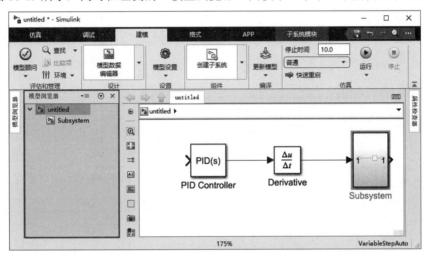

图 10-19 显示子系统图的层次结构

在"模型浏览器"面板中单击子系统图，或在编辑区双击变为 Subsystem 的模块，打开子系统图，如图 10-20 所示。

2. 封装子系统

封装子系统可创建反映系统功能的图标，避免用户在无意中修改子系统中模块的参数。

选择需要封装的子系统，在右键快捷菜单中选择"封装"→"创建封装"命令，弹出如图 10-21 所示的"封装编辑器"对话框，设置子系统的参数。

步骤 **01** 单击"保存封装"按钮，保存参数设置。

步骤 **02** 双击子系统图，打开如图 10-22 所示的"模块参数"对话框，显示设置的参数。

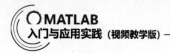

步骤03 单击封装后的子系统左下角的"查看封装内部"按钮↴，即可进入子系统。

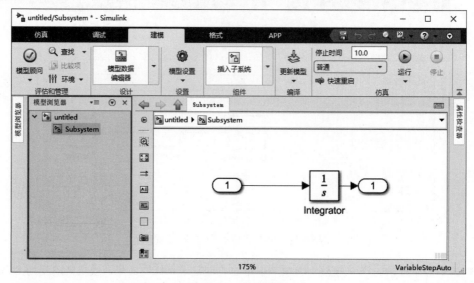

图 10-20　子系统图

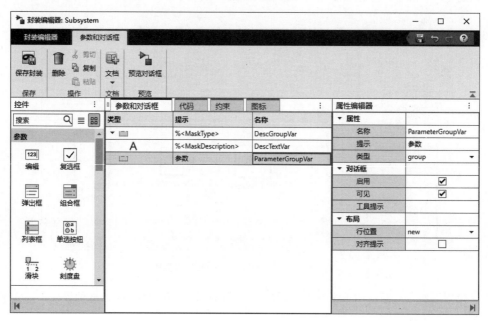

图 10-21　"封装编辑器"对话框

图 10-22　"模块参数：Subsystem"对话框

10.3　创建仿真模型

模块是 Simulink 建模的基本元素，了解各个模块的作用是熟练掌握 Simulink 的基础。本节介绍利用 Simulink 进行系统建模和仿真的基本步骤。

（1）绘制系统流图。首先将要建模的系统根据功能划分成若干子系统，然后用模块来搭建每个子系统。

（2）新建一个空白模型窗口。

（3）启动 Simulink 模块库浏览器，将所需模块放入空白模型窗口中，按系统流图的布局连接各模块，并封装子系统。

（4）设置各模块的参数以及与仿真有关的各种参数。

（5）保存模型，模型文件的后缀名为.slx。

（6）运行并调试模型。

10.3.1　创建模型文件

步骤 01 启动 Simulink，进入"Simulink 起始页"窗口，如图 10-23 所示。

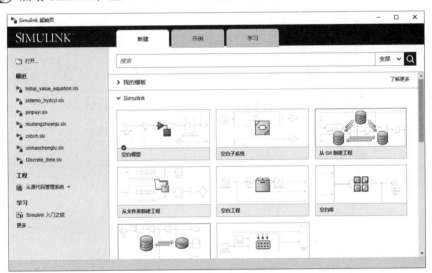

图 10-23　"Simulink 起始页"窗口

步骤 02 根据需要选择文件的类别。

- 若单击"空白模型"命令，则创建空白模型文件，如图 10-24 所示。
- 若单击"空白库"命令，则创建空白模块库文件。通过自定义模块库，可以集中存放为某个领域服务的所有模块。
- 若单击"空白工程"命令，则创建空白工程文件，执行该命令后，弹出如图 10-25 所示的"创建工程"对话框，以设置工程文件的路径与名称。

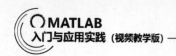

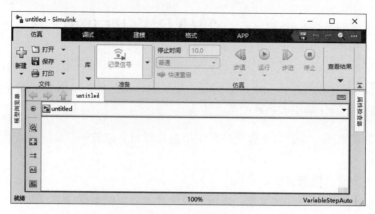

图 10-24　创建模型文件

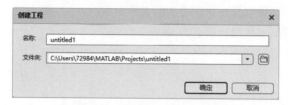

图 10-25　"创建工程"对话框

设置工程名称和存储路径后，单击"确定"按钮，创建工程文件，如图 10-26 所示。

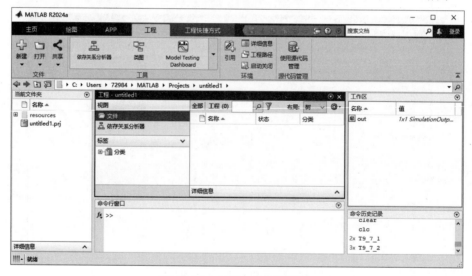

图 10-26　工程文件编辑环境

10.3.2　模块的基本操作

在 Simulink 中，模块的基本操作构成了构建和仿真动态系统的核心。利用"库浏览器"窗口，用户可以轻松查找并添加各种功能模块，进而执行模块的选择、放置和编辑等操作。这一过程不仅降低了系统建模的复杂性，还提高了仿真的效率和准确性。

1．选择模块

- 选择一个模块：单击要选择的模块。选择一个模块后，之前选择的模块将被放弃。
- 选择多个模块：按下鼠标左键不放，拖动鼠标框选要选择的多个模块；或者按住 Shift 键，然后逐个单击选择。

2．放置模块

放置模块有以下两种常用的方法：

（1）将选中的模块拖动到模型文件中。

（2）右击选中的模块，在如图 10-27 所示的右键快捷菜单中选择"向模型 untitled 添加模块"命令（untitled 为当前模型文件的名称）。放置完成的模块如图 10-28 所示。

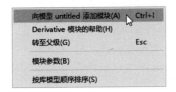

图 10-27　快捷菜单

Derivative

图 10-28　放置模块

3．调整模块的位置

- 不同窗口间复制模块：直接将模块从一个窗口拖动到另一个窗口。
- 同一模型窗口内复制模块：先选中模块，依次按 Ctrl+C 组合键和 Ctrl+V 组合键复制并粘贴模块；还可以选中模块后右击，通过快捷菜单命令"剪切"或"复制"来实现。
- 移动模块：在模块上按下鼠标左键直接拖动到目的位置释放。
- 删除模块：先选中模块，再按 Delete 键。

4．编辑模块的属性

- 改变模块大小：先选中模块，然后将鼠标指针移到模块方框的一角，当鼠标指针变成双向箭头时，按下鼠标左键拖动模块图标到合适的大小释放，即可改变模块大小。
- 调整模块的方向：先选中模块，然后利用"格式"选项卡中的命令按钮🔄、🔄、🔄改变模块方向。
- 给模块添加阴影：先选中模块，然后利用"格式"选项卡中的"阴影"命令按钮添加或清除模块阴影，如图 10-29 所示。
- 修改模块名：双击模块名，然后修改。
- 模块名显示与否：先选中模块，然后利用右键快捷菜单命令"格式"→"显示模块名称"来决定是否显示模块名。
- 改变模块名的位置：先选中模块，然后利用"格式"选项卡中的"翻转名称"命令按钮来改变模块名的显示位置。

（a）添加前　　　（b）添加后

图 10-29　给模块添加阴影

10.3.3　设置模块参数

1．参数设置

双击模块或在右键快捷菜单中选择"模块参数"命令，弹出"模块参数"对话框，如图 10-30 所示，设置模块的参数值。

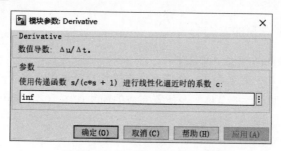

图 10-30　"模块参数"对话框

2．属性设置

在模块的右键快捷菜单中选择"属性"命令，弹出"模块属性"对话框，如图 10-31 所示。

图 10-31　"模块属性"对话框

其中包括如下 3 项内容。

1）"常规"选项卡

该选项卡通常包含以下三个选项。

● 描述：用于注释该模块在模型中的用法。

● 优先级：定义该模块在模型中执行的优先顺序，其中优先级的数值必须是整数，且数值越

小（可以是负整数），优先级越高，一般由系统自动设置。

- 标记：为模块添加文本格式的标记。

2）"模块注释"选项卡

该选项卡用于指定在模块标签下方显示的注释文本及格式，如图 10-32 所示。

图 10-32　"模块注释"选项卡

3）"回调"选项卡

该选项卡用于定义该模块发生某种指定行为时要执行的回调函数，如图 10-33 所示。

图 10-33　"回调"选项卡

10.3.4　连接模块

1.　直线的连接

● 连接模块：先选中源模块，然后按住 Ctrl 键并单击目标模块，如图 10-34 所示。

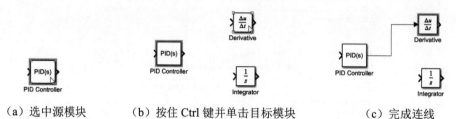

（a）选中源模块　　　　（b）按住 Ctrl 键并单击目标模块　　　　（c）完成连线

图 10-34　连接模块流程

● 断开模块间的连接：先按住 Shift 键，然后拖动模块到另一个位置；或者将鼠标指向连线的箭头处，当出现一个小圆圈圈住箭头时，按下鼠标左键并移动连线，如图 10-35 所示。同时也可以直接选中连线，按 Delete 键删除。

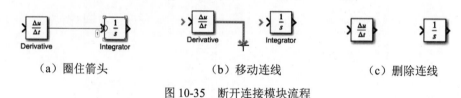

（a）圈住箭头　　　　　　（b）移动连线　　　　　　（c）删除连线

图 10-35　断开连接模块流程

● 在连线之间插入模块：拖动模块到连线上，使模块的输入/输出端口对准连线，如图 10-36 所示。

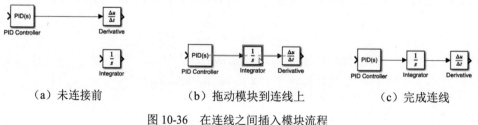

（a）未连接前　　　　　（b）拖动模块到连线上　　　　　（c）完成连线

图 10-36　在连线之间插入模块流程

 知识拓展

除可以在连线之间插入模块外，还可以在连线之外插入模块进行连接，如图 10-37 所示。

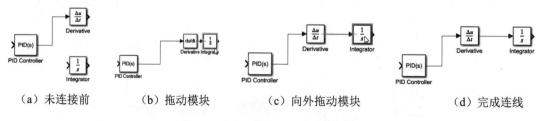

（a）未连接前　　　（b）拖动模块　　　（c）向外拖动模块　　　（d）完成连线

图 10-37　在连线之外插入模块的流程

2. 直线的编辑

- 选择多条直线：与选择多个模块的方法一样。
- 选择一条直线：单击要选择的连线，选择一条连线后，之前选择的连线将被放弃。
- 连线的分支：按住 Ctrl 键，然后拖动直线；或者按下鼠标左键并拖动直线。
- 移动直线段：按住鼠标左键直接拖动直线。
- 移动直线顶点：将鼠标指向连线的箭头处，当出现一个小圆圈圈住箭头时，按住鼠标左键移动连线。
- 直线调整为斜线段：按住 Shift 键，鼠标变为圆圈，将圆圈指向需要移动的直线上的一点，并按下鼠标左键直接拖动直线，如图 10-38 所示。

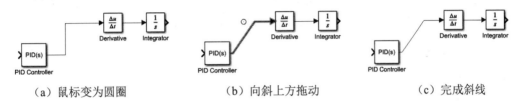

（a）鼠标变为圆圈　　　　　　（b）向斜上方拖动　　　　　　（c）完成斜线

图 10-38　斜线的操作

- 直线调整为折线段：按住鼠标左键不放直接拖动直线，如图 10-39 所示。

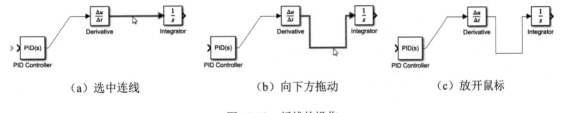

（a）选中连线　　　　　　　　（b）向下方拖动　　　　　　　（c）放开鼠标

图 10-39　折线的操作

📋**知识拓展**

Simulink 提供了通过命令行建立模型和设置模型参数的方法。一般情况下，用户不需要使用这种方式来建模，因为这样很不直观，这里不再赘述。

例 10-3：信号最值运算。

本实例演示信号的最大值和最小值计算。

1. 创建模型文件

在 MATLAB"主页"窗口单击"新建"→"Simulink 模型"命令，打开"Simulink 起始页"窗口。单击"空白模型"新建一个空白的模型文件。

2. 模型保存

在 Simulink 模型编辑窗口的"仿真"选项卡单击"保存"按钮，将生成的模型文件保存为 Maxmin.slx。

3．打开库文件

在 Simulink 模型编辑窗口的"仿真"选项卡单击"库浏览器"按钮，弹出模块库浏览器。

4．放置模块

（1）选择 Simulink（仿真）→Math Operations（数学运算模块库）中的 MinMax（最值运算）模块，将其拖动到模型中，用于进行数值运算。

（2）在模块库中搜索 Sine Wave（正弦波）、Display（显示器）、Scope（示波器）模块（这 3 个模块位于 Sources 库和 Sinks 库中），拖动到模型中，用于显示输出结果。

（3）选中 Sine Wave（正弦波）模块，按下 Ctrl 键并拖动复制一个正弦波模块 Sine Wave1。

（4）选中任一模块，在"格式"选项卡单击"自动名称"下拉按钮，取消选中"隐藏自动模块名称"复选框，然后选中"名称打开"选项，显示所有模块的名称。

5．设置模块参数

（1）双击模块，即可弹出对应的"模块参数"对话框，用于设置对应参数。

（2）Sine Wave1 模块参数设置如图 10-40 所示，振幅为 2，偏置为 pi/2。

（3）MinMax 模块参数设置如图 10-41 所示，函数选择 max，输入端口数目为 2。

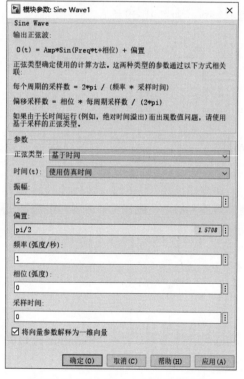

图 10-40　Sine Wave1 模块参数设置

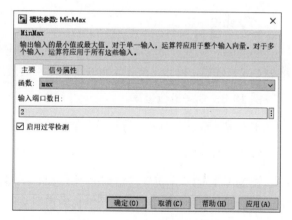

图 10-41　MinMax 模块参数设置

（4）Scope 模块参数设置。双击 Scope 模块打开示波器窗口，然后在菜单栏中选择"文件"→"输入端口个数"→3 命令。

6. 信号线连接

进行模块端口连接，在功能区"格式"选项卡下单击"自动排列"按钮，对连线结果进行自动布局，最终结果如图 10-42 所示。

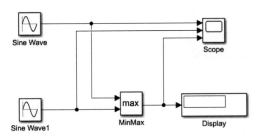

图 10-42　模块连接结果

7. 运行仿真

在"仿真"选项卡单击"运行"按钮，在显示器与示波器中显示运行结果，仿真结果如图 10-43 所示。

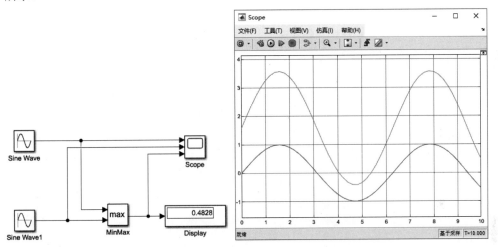

图 10-43　运行结果

10.4　仿 真 分 析

Simulink 的仿真性能和精度受许多因素的影响，包括模型的设计、仿真参数的设置等，可以通过设置不同的相对误差或绝对误差参数值比较仿真结果，并判断解是否收敛，设置较小的绝对误差参数。

10.4.1　设置仿真参数

在模型窗口的"建模"选项卡中单击"模型设置"按钮，打开"配置参数"对话框，如图

10-44 所示。

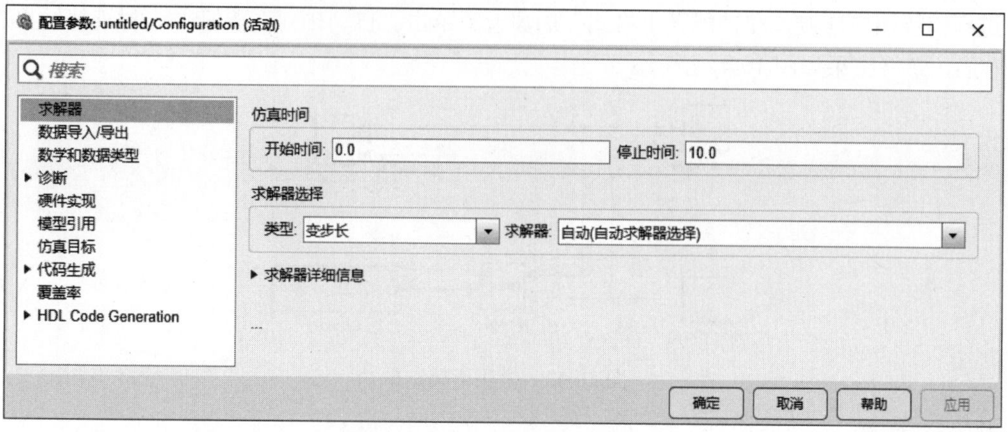

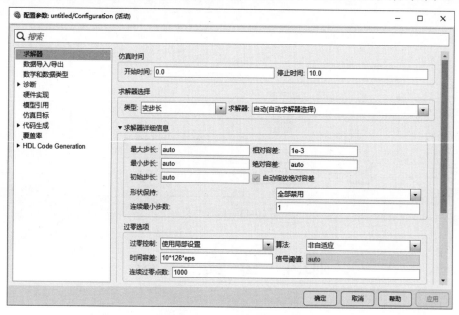

图 10-44　"配置参数"对话框

下面介绍两个常用的面板中参数的含义。

1）"求解器"面板

该面板主要用于设置仿真开始和结束时间，选择求解器，并设置相应的参数，如图 10-45 所示。

图 10-45　"求解器"面板

Simulink 支持两类求解器：定步长和变步长求解器。"类型"下拉列表框用于选择求解器类型，"求解器"下拉列表框用于选择相应类型的具体求解器。

2）"数据导入/导出"面板

该面板主要用于向 MATLAB 工作空间输出模型仿真结果，或从 MATLAB 工作空间读入数据到模型，如图 10-46 所示。

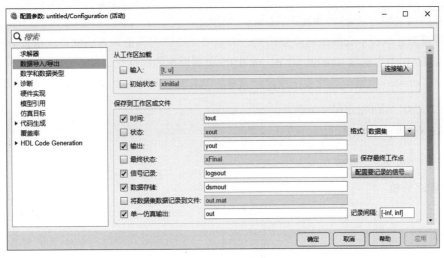

图 10-46　"数据导出/导出"面板

- 从工作区加载：设置从 MATLAB 工作区向模型导入数据。
- 保存到工作区或文件：设置向 MATLAB 工作区输出仿真时间、系统状态、输出和最终状态等。

10.4.2　仿真的运行和分析

仿真结果的可视化是 Simulink 建模的一个特点，而且 Simulink 还可以分析仿真结果。仿真运行方法包括以下三种。

（1）单击工具栏中的"运行"按钮 ▶ 。

（2）通过命令行窗口运行仿真。

（3）从 M 文件中运行仿真。

为了使仿真结果能达到一定的效果，仿真分析还可采用以下几种分析方法。

1．仿真结果输出分析

在 Simulink 中输出模型的仿真结果有如下 3 种方法。

（1）在模型中将信号输入 Scope（示波器）模块或 XY Graph 模型。

（2）将输出写入 To Workspace 模块，然后使用 MATLAB 绘图功能。

（3）将输出写入 To File 模块，然后使用 MATLAB 文件读取和绘图功能。

2．线性化分析

线性化就是将所建模型用如下线性时不变模型近似表示：

$$\begin{cases} \delta\dot{\boldsymbol{x}}(t) = \boldsymbol{A}\delta\boldsymbol{x}(t) + \boldsymbol{B}\delta\boldsymbol{u}(t) \\ \delta\boldsymbol{y}(t) = \boldsymbol{C}\delta\boldsymbol{x}(t) + \boldsymbol{D}\boldsymbol{u}(t) \end{cases}$$

其中，$\boldsymbol{x}(t)$、$\boldsymbol{u}(t)$、$\boldsymbol{y}(t)$ 分别表示系统状态、系统输入和输出的向量。模型中的输入/输出必须使

用 Simulink 提供的输入（In1）和输出（Out1）模块。

一旦将模型近似表示成线性时不变模型，大量关于线性的理论和方法就可以用来分析模型。

在 MATLAB 中用函数 linmod()和 dlinmod()来实现模型的线性化。其中，函数 linmod()用于连续模型，函数 dlinmod()用于离散系统或混杂系统。其具体使用方法如下：

- [*A*,*B*,*C*,*D*] =lirnmod(filename)。
- [*A*,*B*,*C*,*D*] =dlinmod(filename,Ts)。

其中，参量 *Ts* 表示采样周期。

3．平衡点分析

Simulink 通过函数 trim()来计算动态系统的平衡点。平衡点也称为均衡点，是指当动态系统处于稳定状态时该系统的参数空间中的点。从数学上讲，平衡点是指系统的状态导数等于零时的点。读者要注意的是，并不是所有情况下都有平衡点，如果 trim 找不到平衡点，则将返回搜索过程中遇到的状态导数在极小化极大意义上最接近零的点；也就是说，返回与导数的零点之间的最大偏差最小时的点。

例 10-4：不同类型的数据输出信号。

默认情况下，正弦波模块输出的数据是双精度数据类型，如果要生成其他数据类型的正弦波，就要执行数据类型转换。

1．创建模型文件

在 MATLAB "主页"窗口单击"新建"→"Simulink 模型"命令，打开"Simulink 起始页"窗口。单击"空白模型"新建一个空白的模型文件。

2．模型保存

在"仿真"选项卡单击"保存"按钮，将生成的模型文件保存为 Sine_output_conver.slx。

3．打开库文件

在"仿真"选项卡单击"库浏览器"按钮，打开 Simulink 库浏览器。

4．放置模块

选择 Simulink（仿真）→Sources（信号源模块库）中的 Sine Wave（正弦波）、Constant（常量）模块，将其拖动到模型中，用于定义输入信号。

选择 Simulink（仿真）→Commonly Used Blocks（常用模块库）中的 Data Type Conversion（数据类型转换）、Gain（增益）、Scope（示波器）、Mux（信号合成）模块，将其拖动到模型中，用于转换输入信号的数据类型。

在模块库中搜索 Data Type Conversion Inherited（转换继承数据类型）、To Workspace（写入工作区），将其拖动到模型中，用于转换输入信号的数据类型。

选中 Gain 模块，按住 Ctrl 键拖动复制两个增益模块 Gain1 和 Gain2。以同样的方法复制一个数据类型转换模块 Data Type Conversion1。

用鼠标框选所有的模块，在"格式"选项卡中单击"自动名称"下拉按钮，在弹出的下拉菜

单中选中"名称打开"选项，显示所有模块的名称。

5. 模块参数设置

双击模块，即可弹出对应的"参数设置"对话框，用于设置对应参数。

（1）Constant 模块参数设置。设置"常量值"为 3，"输出数据类型"为 single，如图 10-47 所示。

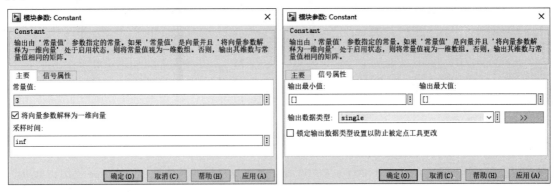

图 10-47　Constant 模块参数设置

（2）Mux 模块参数设置。设置"输入数目"为 3。

（3）Gain 模块参数设置。设置"增益"为 3。

（4）Gain1 模块参数设置。设置"增益"为 4。

（5）Gain2 模块参数设置。设置"增益"为 5，"输出数据类型"为 Inherit: Inherit via back propagation，如图 10-48 所示。

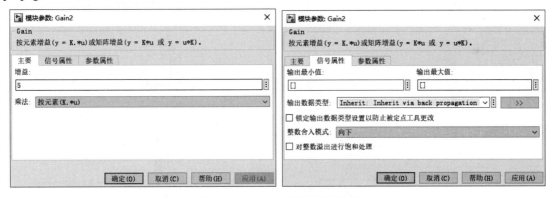

图 10-48　　Gain2 模块参数设置

（6）Scope 模块参数设置。

①选择"文件"→"输入端口个数"→3 命令，设置输入端口为 3 个。

②选择"文件"→"仿真开始时打开"命令，运行时自动打开示波器窗口，显示运行结果。

6. 信号线连接

进行模块端口连接，然后在功能区"格式"选项卡下单击"自动排列"按钮 ，对连线结果进行自动布局，最终结果如图 10-49 所示。

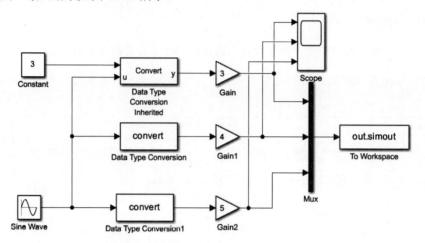

图 10-49　模块连接结果

在工作区空白区域右击弹出快捷菜单，选择"其他显示"→"信号和端口"→"端口数据类型"命令，显示信号的数据类型和模块输入/输出端口的数据类型，如图 10-50 所示。

- 在第一行中，Data Type Conversion Inherited（数据类型转换继承）模块使用来自 Constant 模块的 single 数据类型作为参考数据类型，并将正弦波转换为 single。
- 在第二行中，Data Type Conversion（数据类型转换）模块将来自 Sine Wave 模块的 double 型数据转换为 single 类型。
- 在第三行中，Data Type Conversion1（数据类型转换）模块将输出数据类型设置为 Inherit: Inherit via back propagation，通过反向传播继承。由于 Gain2 块具有 single 数据类型，因此 Data Type Conversion1 模块将正弦波转换为 single 数据类型。

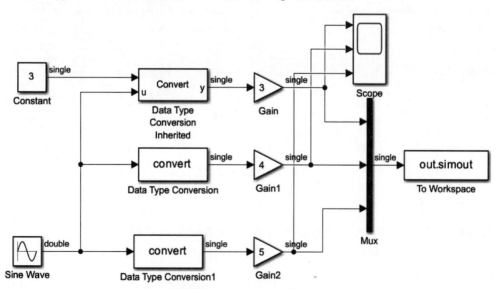

图 10-50　信号的数据类型的显示

7. 运行仿真

在"仿真"选项卡单击"运行"按钮⊙，在示波器中可以看到仿真结果，如图 10-51 所示。

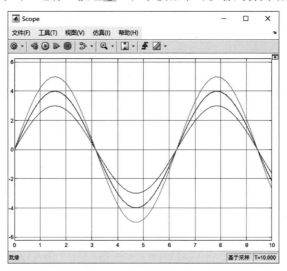

图 10-51 运行结果

打开 MATLAB 编辑器窗口，在工作区可以看到输出变量 out，如图 10-52 所示。

图 10-52 保存数据

在命令行中输入以下程序：

```
>> out
out =
  Simulink.SimulationOutput:
            simout: [1x1 timeseries]
              tout: [51x1 double]
    SimulationMetadata: [1x1 Simulink.SimulationMetadata]
        ErrorMessage: [0x0 char]
```

8. 结果分析

在示波器窗口中选择"视图"→"布局"命令，选择在 3 个竖向排列的视口显示输出信号，即可显示三行波形图，如图 10-53 所示。

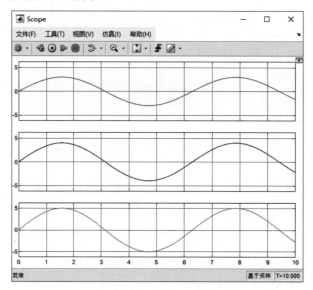

图 10-53　示波器排列图

例 10-5：信号饱和失真。

饱和失真指的是晶体管因 Q 点过高而出现的失真。当 Q 点过高时，虽然基极动态电流为不失真的正弦波，但是由于输入信号正半周靠近峰值的某段时间内晶体管进入饱和区，导致集电极动态电流产生顶部失真，集电极电阻上的电压波形随之产生同样的失真。由于输出电压与集电极电阻上的电压变化相位相反，从而导致输出波形产生底部失真。

操作步骤如下：

1．创建模型文件

在 MATLAB "主页" 选项卡单击 "新建" → "Simulink 模型" 命令，打开 "Simulink 起始页" 窗口。单击 "空白模型" 新建一个空白的模型文件。

2．模型保存

在 "仿真" 选项卡单击 "保存" 按钮🖫，将模型文件保存为 Comparators.slx。

3．打开库浏览器

单击 "仿真" 选项卡中的 "库浏览器" 按钮🖳，打开模块库浏览器。

4．放置模块

（1）选择 Simulink（仿真）→Sources（信号源模块库）中的 Sine Wave（正弦信号）、Constant（常数）模块，将其拖动到模型中，用于定义输入信号。

（2）选择 Simulink（仿真）→Ports & Subsystems（端口和子系统库）中的 Subsystem（子系统）模块，将其拖动到模型中，用于对输入信号进行比较。

（3）在模块库中搜索 Scope（示波器），将其拖动到模型中，用于显示输出信号。

（4）选中编辑区的所有模块，在 "格式" 选项卡中单击 "自动名称" 下拉按钮，在弹出的下

拉菜单中选中"名称打开"选项，显示所有模块的名称，如图 10-54 所示。

5．模块参数设置

双击模块，即可弹出对应的"参数设置"对话框，用于设置对应参数。

（1）Sine Wave 模块参数设置。设置"振幅"为 2，如图 10-55 所示。

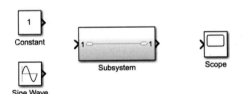

图 10-54　放置模块

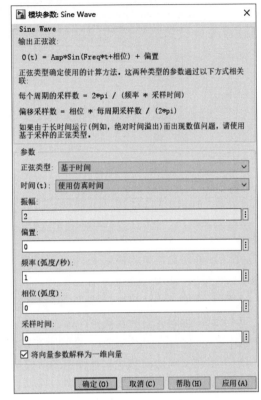

图 10-55　设置 Sine Wave 模块的参数

（2）Constant 模块参数设置。设置"常量值"为 0.5。

（3）Scope 模块参数设置。选择"文件"→"输入端口个数"→2 命令，设置输入端口数为 2。

6．连接信号线

进行模块端口连接，然后在功能区"格式"选项卡下单击"自动排列"按钮，对连线结果进行自动布局，最终结果如图 10-56 所示。

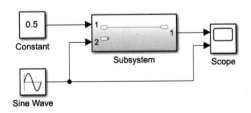

图 10-56　模块连接结果

7．绘制子系统

（1）双击 Subsystem 模块，进入 Subsystem 模型文件编辑环境，如图 10-57 所示。

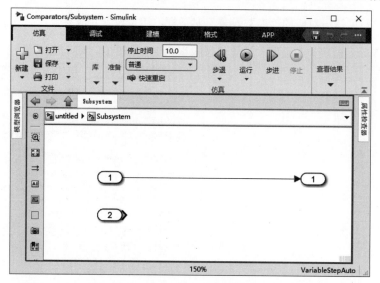

图 10-57　进入子系统模型图

（2）在库浏览器中选择 Constant（常量）、Add（加法运算）、Switch（转换开关）模块，将其拖动到模型中，用于定义饱和输出信号。

（3）选中 Constant 模块，按住 Ctrl 键拖动，复制一个常量模块 Constant1。

（4）选中编辑区的所有模块，在"格式"选项卡中单击"自动名称"下拉按钮，在弹出的下拉菜单中选中"名称打开"选项，显示所有模块的名称。

（5）双击 Constant 模块，在弹出的"模块参数"对话框中，设置"常量值"为 2；用同样的方法设置 Constant1 模块的常量值为 0。

8．信号线连接

进行模块端口连接，在功能区"格式"选项卡下单击"自动排列"按钮，对连线结果进行自动布局，最终结果如图 10-58 所示。

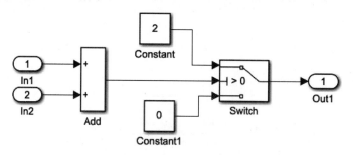

图 10-58　模块连接结果

至此，层次电路的子模型图绘制完成，单击工具栏上的"转至父级"按钮，可以看到顶层模型图如图 10-59 所示。

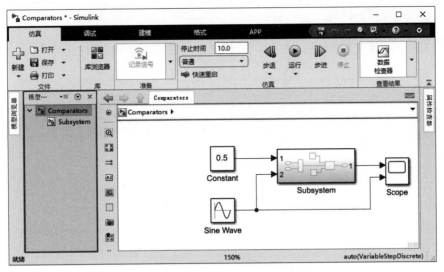

图 10-59　顶层模型图

9. 运行仿真

在"仿真"选项卡单击"运行"按钮 ，运行完成后，在示波器中可以看到仿真结果，如图 10-60 所示。

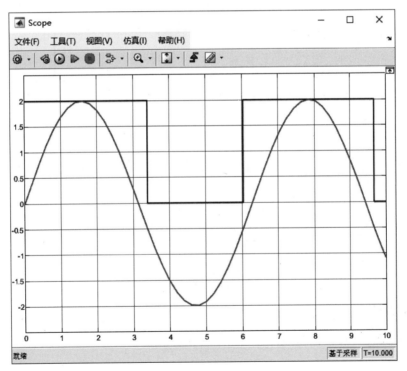

图 10-60　运行结果

选择"视图"→"布局"命令，在弹出的视图选择面板中选择 2 行 1 列的视图，如图 10-61 所示，结果如图 10-62 所示。

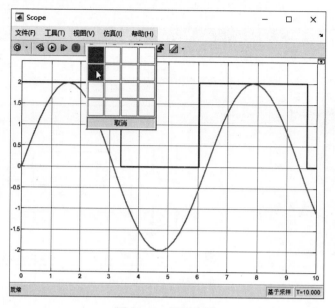

图 10-61　视图布局

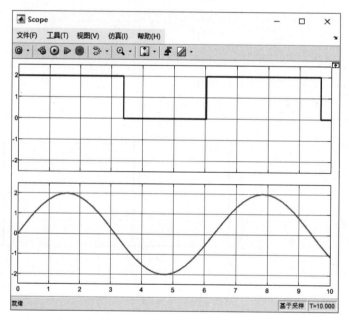

图 10-62　视图显示

10．结果分析

从结果图（图 10-62）中可以看出：当模块产生的信号为 0～2 时，系统直接输出饱和信号；否则输出信号值为 0。

10.4.3　仿真错误诊断

如果模型文件在运行过程中遇到错误，模型就会停止仿真，并弹出"诊断查看器"窗口，如

图 10-63 所示。通过该窗口可以了解模型出错的位置和原因。

单击错误信息中的蓝色文字，模型文件中对应的错误模型元素将加亮显示，如图 10-64 所示。

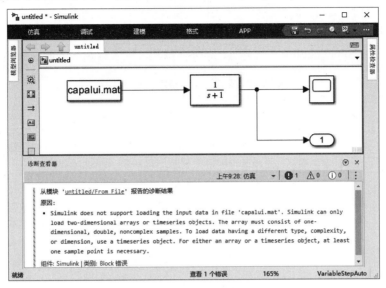

图 10-63　仿真诊断查看器

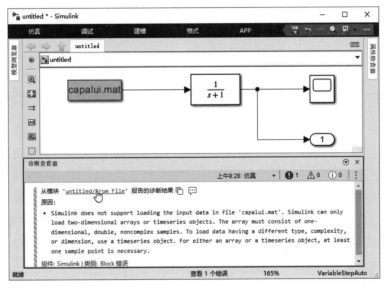

图 10-64　显示详细的错误信息

10.5　过零检测

Simulink 中的仿真都是根据某种方式选定若干采样点进行计算和数据传递的，因此对于显著变化的区域，若采样点不足，则可能无法反映真实的情况。固定步长仿真方式无法保证准确描述显著变化的区域；可变步长仿真方式在变化趋势平缓时，保持或增加步长，变化趋势剧烈时，减小步

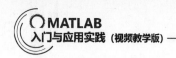

长。

过零检测通过为模块注册若干过零函数来解决上述问题。当系统状态变化趋势剧烈导致过零函数发生符号变化时，Simulink 将在前一个采样点和当前采样点之间进行内插值，即减少步长，以此来更准确地捕捉系统的瞬态行为。

表 10-3 所示为 Simulink 中支持过零检测的常用模块，大多数 Simulink 模块都支持过零检测。

表 10-3 支持过零点检测的常用模块

模 块 名	说 明
Abs	一个过零检测：检测输入信号沿上升或下降方向通过零点
Backlash	两个过零检测：一个检测是否超过上限阈值，另一个检测是否超过下限阈值
Dead Zone	两个过零检测：一个检测何时进入死区，另一个检测何时离开死区
Hit Crossing	一个过零检测：检测输入何时通过阈值
Integrator	若提供了 Reset 端口，则检测何时发生 Reset；若输出有限，则有三个过零检测，即检测何时达到上限饱和值、检测何时达到下限饱和值以及检测何时离开饱和区
MinMax	一个过零检测：对于输出向量的每一个元素，检测一个输入何时成为最大值或最小值
Relay	一个过零检测：若 relay 是 off 状态，是检测开启点；若 relay 是 on 状态，则检测关闭点
Relational Operator	一个过零检测：检测输出何时发生改变
Saturation	两个过零检测：一个检测何时达到或离开上限，另一个检测何时达到或离开下限
Sign	一个过零检测：检测输入何时通过零点
Step	一个过零检测：检测阶跃发生时间
Switch	一个过零检测：检测开关条件何时满足
Subsystem	用于有条件地运行子系统：一个使能端口，另一个触发端口

10.6 代 数 环

如果 Simulink 模块的输入依赖于该模块的输出，就会产生一个代数环，如图 10-65 和图 10-66 所示。这意味着无法进行仿真，因为没有输入就得不到输出，没有输出也得不到输入。

解决代数环的方法有以下几种：

- 尽量不形成代数环的结构，采用替代结构。
- 为可以设置初始值的模块设置初始值。
- 对于离散系统，在模块的输出一侧增加 Unit Delay 模块。
- 对于连续系统，在模块的输出一侧增加 Memory 模块。

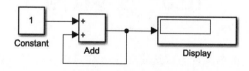

图 10-65　代数环示例 1

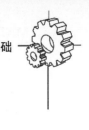

图 10-66　代数环示例 2

10.7　回调函数

在 Simulink 中，为模型或模块设置回调函数的方法有以下两种。

（1）通过模型或模块的属性对话框设置。

（2）通过 MATLAB 相关的命令来设置。

右击模型文件的空白区域和模块，可以分别打开"模型属性"和"模块属性"对话框。在对话框的"回调"选项卡中分别列出了模型和模块的回调函数列表，如图 10-67 和图 10-68 所示。模型和模块的回调函数的简要说明分别如表 10-4 和表 10-5 所示。

图 10-67　"模型属性"对话框

图 10-68　"模块属性"对话框

表 10-4　模型的回调函数

模型回调函数名称	说　明
PreLoadFcn	在模型载入之前调用，用于预先载入模型使用的变量
PostLoadFcn	在模型载入之后调用
InitFcn	在模型仿真开始时调用
StartFcn	在模型仿真开始之前调用
PauseFcn	在模型仿真暂停之后调用
ContinueFcn	在模型仿真继续之前调用

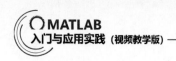
（续表）

模型回调函数名称	说　明
StopFcn	在模型仿真停止之后，在 StopFcn 执行前，仿真结果先写入工作空间的变量和文件中
PreSaveFcn	在模型保存之前调用
PostSaveFcn	在模型保存之后调用
CloseFcn	在模型图表被关闭之前调用

表 10-5　模块的回调函数

模块回调函数名称	说　明
ClipboardFcn	在模块被复制或剪切到系统粘贴板时调用
CloseFcn	使用 close-system 命令关闭模块时调用
ContinueFcn	在仿真继续之前调用
CopyFcn	模块被复制之后调用，该回调对于子系统是递归的。如果使用 add_block 函数复制模块，则该回调也会被执行
DeleteFcn	在模块删除之前调用
DeleteChildFcn	从子系统中删除模块或线条之后调用
DestroyFcn	模块被毁坏时调用
InitFcn	在模块被编译和模块参数被估值之前调用
LoadFcn	模块载入之后调用，该回调对于子系统是递归的
ModelCloseFcn	模块关闭之前调用，该回调对于子系统是递归的
MoveFcn	模块被移动或调整大小时调用
NameChangeFcn	模块的名称或路径发生改变时调用
OpenFcn	双击打开模块或者使用 open-system 命令打开模块时调用，一般用于子系统模块
ParentCloseFcn	在关闭包含该模块的子系统或者用 new-system 命令建立包含该模块的子系统时调用
PauseFcn	在仿真暂停之后调用
PostSaveFcn	模块保存之后调用，该回调对于子系统是递归的
PreCopyFcn	在复制模块之前调用
PreDeleteFcn	在图形意义上删除模块之前调用
PreSaveFcn	模块保存之前调用，该回调对于子系统是递归的
StarFcn	模块被编译之后，仿真开始之前调用
StopFcn	仿真结束时调用
UndoDeleteFcn	一个模块的删除操作被取消时调用

10.8　S 函数

　　S 函数（System 函数）是一种用于定义 Simulink 模块行为的方法，可以用 MATLAB、C、C++、Ada 和 Fortran 语言编写。使用 C、C++等语言编写的 S 函数可以通过 mex 命令编译成 MEX 文件，这样就可以像 MATLAB 中的其他 MEX 文件一样，动态地加载到 MATLAB 环境中。本节只介绍用 MATLAB 语言编写的 S 函数。

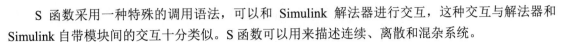

S 函数采用一种特殊的调用语法，可以和 Simulink 解法器进行交互，这种交互与解法器和 Simulink 自带模块间的交互十分类似。S 函数可以用来描述连续、离散和混杂系统。

S 函数是扩展 Simulink 功能的强有力的工具，可以实现以下操作。

（1）可以通过 S 函数用多种语言来创建新的通用性的 Simulink 模块。

（2）编写好的 S 函数可以在 User-Defined Functions 模块库的 S-Function 模块中通过名称来调用，并可以进行封装。

（3）可以通过 S 函数将一个系统描述成一个数学方程。

（4）便于图形化仿真。

（5）可以创建代表硬件驱动的模块。

10.8.1　S 函数的工作流程

在理解 S 函数的工作流程前，需要理解 Simulink 模块对应的数学描述以及 Simulink 仿真流程。

1．Simulink 模块的数学描述

描述一个 Simulink 模块需要 3 个基本元素，即输入向量（x）、状态向量（u）和输出向量（y），输出是输入向量、状态向量和采样时间（t）的函数。在计算时，往往需要利用如下 3 种关系：

$$y = f_0(t, u, x) \qquad 输出$$

$$\dot{x}_c = f_d(t, x, u) \qquad 微分$$

$$x_d(k+1) = f_u(t, x, u) \quad 更新$$

Simulink 在仿真时把上面的关系对应为不同的函数，它们分别实现计算模块的输出、更新模块的离散状态和计算连续状态的微分。

Simulink 在仿真的开始和结束还包括初始化和结束处理。上述每个部分 Simulink 都需要重复对模型进行调用。

2．Simulink 仿真流程

Simulink 仿真按照如图 10-69 所示的流程进行，由此可知仿真是分阶段进行的。在初始化阶段，Simulink 将库中的模块并入自建模型中，确定模块端口的数据宽度、数据类型和采样时间，评估模块参数，决定模块运行的优先级，定位存储地址；然后进入仿真循环；如此循环，直至仿真结束。含有 S 函数模块的模型，其仿真流程与此类似。

3．S 函数的回调函数

一个 S 函数是由一系列回调函数组成的，仿真循环中的每个仿真阶段都由 Simulink 调用回调函数来执行相应的任务。与一般模型的仿真类似，S 函数的回调函数可以完成以下任务。

（1）初始化：在进入第一个仿真循环之前，Simulink 初始化 S 函数。在此阶段，Simulink 主要完成初始化 SimStruct（SimStruct 包含 S 函数信息的数据结构）、确定输入/输出端口的数目和大小、确定模块的采样时间、分配内存和 Sizes 数组的工作。

（2）计算下一个采样点。如果模型使用变步长解法器，那么就需要在当前仿真时确定下一个采样点的时刻。

（3）计算当前仿真步的输出。本次回调完成后，模块所有输出端口的值对当前仿真步有效，即模块的输出被更新后才能作为其他模块的有效输入。

（4）更新当前仿真步的离散状态。在此仿真阶段，所有的模块均会更新其离散状态。

（5）积分。只有当模块具有连续状态或非采样过零点时，Simulink 才会有这一仿真阶段。

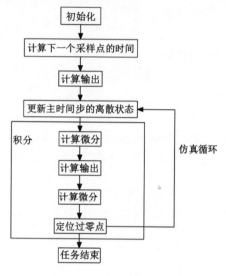

图 10-69　仿真执行流程图

10.8.2　S 函数的编写

使用 MATLAB 语言编写的 S 函数称为 M 文件 S 函数，其形式如下：

```
[sys,x0,str,ts]=f(t,x,u,flag,p1,p2,...)
```

上面各参数的含义如表 10-6 所示，M 文件 S 函数中的回调函数是用子函数的形式来实现的。

表 10-6　函数各参数的含义

参 数 名	参 数 含 义
f	S 函数的名称
t	当前仿真时间
x	S 函数模块的状态向量
u	S 函数模块输入
flag	用以标示 S 函数当前所处的仿真阶段，以便执行相应的子函数
p1,p2,…	S 函数模块的参数
sys	用于向 Simulink 返回仿真结果的变量。根据不同的 flag 值，sys 返回的值也不完全一样（因为不同的 flag 对应不同的仿真阶段和仿真任务，仿真也就得到不同的结果）
x0	用于向 Simulink 返回初始状态值
str	保留参数

在模型仿真过程中，Simulink 重复调用函数 f()，并根据 Simulink 所处的仿真阶段（由 flag 参量值决定）为 sys 变量指定不同的角色，并调用相应的子函数。

因此，在编写 M 文件 S 函数时，只需用 MATLAB 语言来编写每个 flag 值对应的子函数即可。

表 10-7 所示为在各个仿真阶段对应要执行的回调函数方法以及相应的 flag 参数值。

表 10-7　各个仿真阶段对应要执行的 S 函数方法

仿真阶段及方法说明	S 函数方法	flag
初始化。定义 S 函数模块的基本特性，包括采样时间、连续或离散状态的初始条件和 sizes 数组	mdlInitializeSizes	flag=0
计算微分	mdlDerivatives	flag=1
更新离散状态	mdlUpdate	flag=2
计算输出	mdlOutputs	flag=3
计算下一个采样点的绝对时间。该方法只有用户在 mdlInitializeSizes 说明了一个可变的离散采样时间时才可用	mdlGetTimeOfNextVarHit	flag=4
结束仿真	mdlTerminate	flag=9

函数 mdlInitializeSizes()中的 sizes 是一个结构，它是 S 函数信息的载体，其中各字段的含义如表 10-8 所示。

表 10-8　函数 mdlInitializeSizes 字段的含义

字 段 名	含　义	字 段 名	含　义
sizes.NumContStates	连续状态的数目	sizes.NumInputs	输入的数目（所有输入向量的宽度之和）
sizes.NumDiscStates	离散状态的数目	sizes.DirFeedthrough	有无直接馈入
sizes.NumOutputs	输出的数目（所有输出向量的宽度之和）	sizes.NumSampleTimes	采样时间的数目

S 函数模块还可实现直接馈入、输入信号宽度动态可变以及多种采样时间的设置。

10.9　操作实例——单摆系统振动系统仿真

如图 10-70 所示是简单的单摆系统。

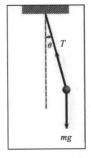

图 10-70　单摆系统

单摆的周期为 $T = 2\pi\sqrt{\dfrac{l}{g}}$ 。

假设杆的长度为 l ，且质量不计；小球的质量为 m ， θ 是单摆与竖直方向的夹角。注意， θ 是矢量，这里取它在正方向上的投影。

由牛顿力学可知，重力对单摆的力矩 $M = -mgl\sin\theta$ 。

摆角 θ 是关于时间 t 的函数，用于描述单摆的运动。由角动量定理得出 $M = I\beta$ 。其中，单摆的转动惯量 $I = m\cdot l^2$ ，角加速度 $\beta = \dfrac{\mathrm{d}^2\theta}{\mathrm{d}t^2} = \theta''$ 。

简化为线性的微分方程式： $\theta'' + \dfrac{g}{l}\sin\theta = 0$ 。

单摆的运动可以以线性的微分方程式来近似，但事实上系统的行为是非线性的，而且存在粘滞阻尼，假设粘滞阻尼系数为 b 。

则单摆系统的运动方程式为： $ml\theta'' + bl\theta' + mg\sin\theta = 0$

1．系统分析

选取 b=0.03 N·s/m、 g=9.8 m/s²、 l=0.8m、 m=0.5 kg，将单摆系统振动系统构建的模型转换为微分方程的求解。

将微分方程中阶数最高的项移动到等式左边，其余项移动到等式右边。

无阻尼系统微分方程： $\theta'' = -\dfrac{g}{l}\sin\theta$ 。

阻尼系统微分方程： $\theta'' = -\dfrac{g}{l}\sin\theta - \dfrac{b}{m}\theta'$ 。

2．创建模型文件

在 MATLAB "主页" 选项卡单击 "新建" → "Simulink 模型" 命令，打开 "Simulink 起始页" 窗口。

单击 "空白模型" 按钮，进入 Simulink 编辑窗口，创建一个 Simulink 空白模型文件。

3．保存模型文件

在功能区的 "仿真" 选项卡单击 "保存" 按钮 ，将模型文件保存为 "simple_pendulum.slx" 。

4．打开库浏览器

在 "仿真" 选项卡单击 "库浏览器" 按钮 ，打开 Simulink 库浏览器。

5．放置模块

选择 Simulink（仿真）→Continuous（连续模块库）中的 Integrator（积分）模块，将其拖动到模型中，用于对参数 θ 求积分。

选择 Simulink（仿真）→Math Operations（数学操作模块库）中的 Divide（除法）模块、Add（加法）模块、Trigonometric Function（三角函数），将其拖动到模型中，用于计算方程。

在 Simulink（仿真）→Sink（输出模块库）中选择 Scope（示波器），将其拖动到模型中，用于显示输出结果。

在模块库中搜索 Constant（常量）、Mux（信号合成）模块，将其放置到模型图中。

选中模型编辑窗口中的所有模块，在"格式"选项卡单击"自动名称"下拉按钮，在弹出的下拉菜单中取消选中"隐藏自动模块名称"复选框，显示所有模块的名称。

选中 Constant 模块，按住 Ctrl 键拖动，复制 3 个 Constant 模块。用同样的方法复制一个 Scope 模块、一个 Divide 模块以及一个 Integrator 模块。

6. 设置模块参数

双击模块，打开对应的"模块参数"对话框，设置模块参数。

- Integrator1 模块：设置"初始条件"为 1，如图 10-71 所示。
- Divide 模块："输入数目"为"**/"。
- Divide1 模块："输入数目"为"*/*"。
- Add 模块："符号列表"为"――"。
- Constant 模块：标签名为 g，"常量值"为 9.8。Constant1 模块标签名为 1，"常量值"为 0.8。Constant2 模块标签名为 b，"常量值"为 0.03。Constant3 模块标签名为 m，"常量值"为 0.5。

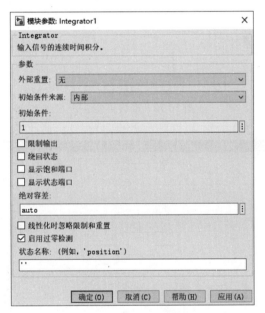

图 10-71　Integrator1 模块参数设置

7. 连接信号线

翻转除法模块和常量模块，连接模块端口，然后在功能区"格式"选项卡下单击"自动排列"按钮，对连线结果进行自动布局，最终结果如图 10-72 所示。

8. 添加可视化模块

选择 Simulink（仿真）→Dashboard（显示与控制）模块库中的 Knob（旋钮）模块，放置到模型图中。

在 Knob（旋钮）模块上单击"连接"图标 ⌖，进入连接模式。选择与该模块相连的模块，单击阻尼系数模块 b，显示浮动的"连接"面板，单击选中面板中的选项，完成可视化模块的连接，如图 10-73 所示。

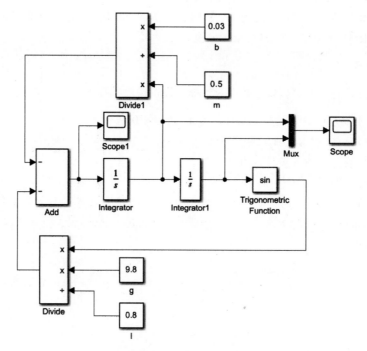

图 10-72　模块连接结果

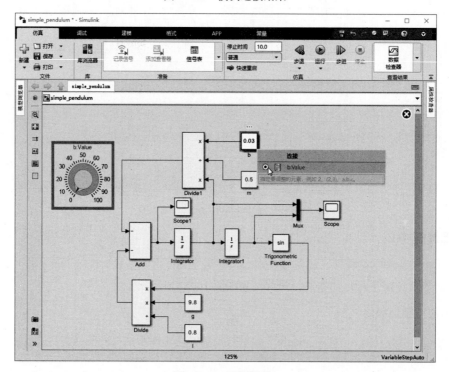

图 10-73　选择连接

完成连接后，单击右上角的 ⊗ 按钮，退出连接模式，Knob（旋钮）模块显示与阻尼系数模块 b 的连接。

9．参数设置

双击 Knob（旋钮）模块，弹出"模块参数：Knob"对话框，在"最大值"文本框中设置滑块显示的最大值为 1，如图 10-74 所示。

图 10-74　"模块参数：Knob"对话框

10．运行仿真

在"仿真"选项卡设置"停止时间"为 30，然后单击"运行"按钮 ⊙。运行完成后，双击 Scope1 和 Scope 模块，弹出 Scope1 和 Scope 窗口，结果如图 10-75 所示。其中 Scope1 窗口中显示的是角加速度 θ'' 随时间的变化情况，Scope 窗口中显示的是角速度 θ' 和夹角 θ 随时间的变化情况。

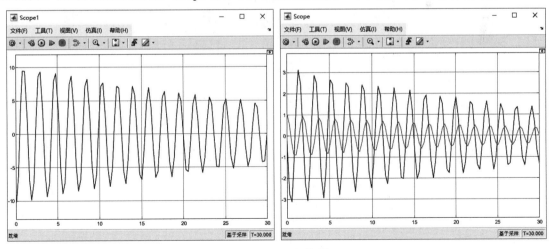

图 10-75　运行结果

11. 仿真并调整参数

当仿真运行时，拖动 Knob（旋钮）上的指针，b 模块的值将发生变化，如图 10-76 所示（b 设为 0.28 左右），仿真结果发生变化，如图 10-77 所示。

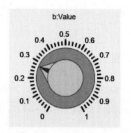

图 10-76　参数调整结果

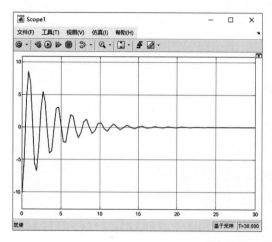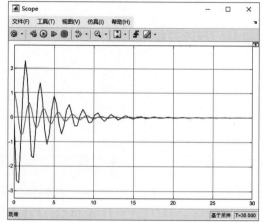

图 10-77　调整仿真结果

当仿真运行时，拖动 Knob（旋钮）上的指针为 0，为无阻尼模式，仿真结果发生变化，如图 10-78 和图 10-79 所示。

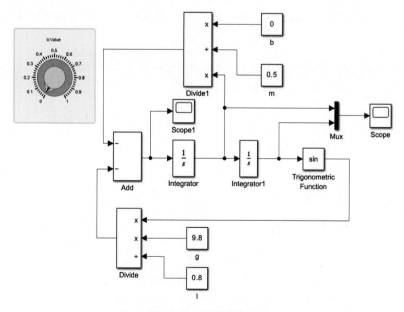

图 10-78　无阻尼模型

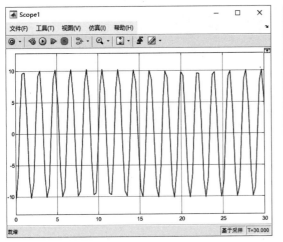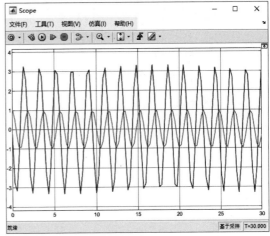

图 10-79　无阻尼仿真结果

12. 结果分析

根据图 10-79 分析仿真结果，阻尼越大，摆动角度 θ、角速度 θ'、角加速度 θ'' 衰减的速度越快。

10.10　新手问答

问题 1：Simulink 仿真模型的典型结构是怎样的？

Simulink 是基于 MATLAB 的一个框图设计的集成环境，提供图形编辑器、可自定义的模块库以及求解器，能以可视化方式进行动态系统建模、仿真和综合分析。利用 Simulink，无须大量书写程序，只需要通过简单直观的鼠标操作，就可构造出复杂的系统，广泛应用于线性系统、非线性系统、数字控制及数字信号处理的建模和仿真。

一个典型的 Simulink 模型包括信号源模块、被模拟的系统模块和输出显示模块三种类型的元素。在实际应用中，通常可以缺少其中一个或两个。信号源为系统的输入，系统模块是 Simulink 仿真建模要解决的主要部分，输出模块主要在 Sinks 库中。

问题 2：创建仿真模型的步骤是什么？

创建仿真模型主要有以下步骤：

步骤 **01** 在模型文件中添加模块。

步骤 **02** 设置模块的参数和特性，以及模块外观和模块名称。

步骤 **03** 连接模块，在连线上反映信息，例如显示数据类型、为传输的信号做标记。

10.11　上机实验

【练习1】仿真文件的创建与保存。

1. 目的要求

本练习用于进行仿真文件的创建与保存，分别创建名为 myproject、mymodel、mymodellibrary 的项目文件、模块文件、模块库文件。

2. 操作提示

步骤01 进入 Simulink 编辑窗口。

步骤02 分别单击相应的命令创建不同的文件。

步骤03 将文件保存为对应的名称。

【练习2】阶跃信号对正弦波的影响。

1. 目的要求

本练习设计在 XY 图中显示添加阶跃信号前后的正弦波曲线的仿真模块图形，如图 10-80 所示。

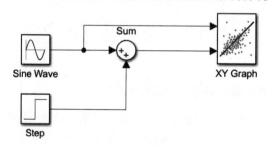

图 10-80　仿真模块图形

2. 操作提示

步骤01 创建 Simulink 模块文件。

步骤02 在模块库中选择、放置正弦信号、阶跃信号、实现加法和 XY 图标模块。

步骤03 连接模块。

步骤04 分别设置正弦信号与阶跃信号的参数值。

步骤05 将文件保存为 sine_sum.mdl 文件。

10.12　思考与练习

（1）建立如图 10-81 所示的系统的线性化模型。

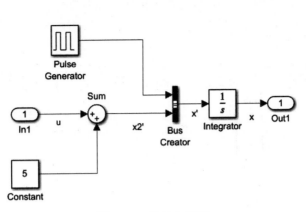

图 10-81　线性化模型

（2）对如图 10-82 所示的线性定常离散时间系统进行建模与仿真。

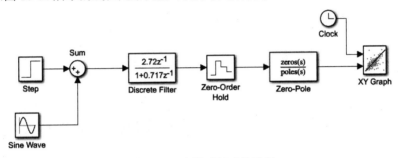

图 10-82　离散时间系统模型

第 11 章　数理统计分析

数理统计是以概率论为基础，以观察试验随机现象所得到的连续数据或离散数据为出发点，研究随机现象数量变化基本规律的一种方法，其主要内容有参数估计、相关分析、试验设计、过程统计等。MATLAB 提供了关于数理统计的函数，包括曲线拟合和回归性分析。

(知识要点)

- MATLAB 数理统计基础
- 曲线拟合
- 回归分析

11.1　MATLAB 数理统计基础

MATLAB 的数理统计工具箱是 MATLAB 工具箱中较为简单的一个，其涉及的数学知识是数理统计，比如求均值与方差等。本节将简要介绍 MATLAB 数理统计工具箱中的一些常用函数。

11.1.1　样本均值

样本均值又叫样本均数，是指一组数据中所有数据之和除以数据的个数，它是反映数据集中趋势的一项指标。MATLAB 使用函数 mean 计算样本均值，其调用格式见表 11-1。

表 11-1　mean 调用格式

调用格式	说　　明
M=mean(A)	如果 A 为向量，输出 M 为 A 中所有参数的平均值；如果 A 为矩阵，输出 M 是一个行向量，其每一个元素是对应的列的元素的平均值
M=mean(A,"all")	计算 A 所有元素的均值
M=mean(A,dim)	按指定的维数求平均值
M=mean(A,vecdim)	计算向量 vecdim 指定的维度上的均值
M=mean(___,outtype)	outtype 可指定输出的数据类型，可以设为"default"、"double"或"native"
M=mean(___,missingflag)	missingflag 可指定计算均值时是否包括其中的 NaN 值

MATLAB 还提供了表 11-2 中的其他几个求平均值的函数，其调用格式与 mean 函数相似。

表 11-2　其他求平均值的函数

函　数	说　明
geomean	求几何平均值
harmmean	求调和平均值
trimmean	求调整平均值

例 11-1：已知某小学数学、语文考试分数，从中各抽取 6 份进行估测，测得数据如下：语文：85 83 79 88 77 93，数学：90 75 93 86 77 88，试通过平均值计算该学校的平均成绩。

```
>> close all          % 关闭当前已打开的文件
>> clear              % 清除工作区的变量
>> A=[85 83 79 88 77 93;90 75 93 86 77 88];  %创建成绩矩阵 A
>> mean(A)            % 返回每一份抽样成绩的均值
ans =
   87.5000   79.0000   86.0000   87.0000   77.0000   90.5000
>> mean(A,2)          % 返回语文和数学成绩的均值
ans =
   84.1667
   84.8333
>> geomean(A)         % 返回每一份抽样的几何平均数
ans =
   87.4643   78.8987   85.7146   86.9943   77.0000   90.4655
>> harmmean(A)        % 返回每一份抽样的调和平均数
ans =
   87.4286   78.7975   85.4302   86.9885   77.0000   90.4309
>> trimmean(A,1)      % 先除去每一份抽样 1% 的最高值和最低值数据点，然后求平均值
ans =
   87.5000   79.0000   86.0000   87.0000   77.0000   90.5000
```

11.1.2　样本方差与标准差

样本方差是指构成样本的随机变量对离散中心 x 之离差的平方和除以 $n-1$，用来表示一列数的变异程度。MATLAB 使用函数 var 计算样本方差，其调用格式见表 11-3。

表 11-3　var 的调用格式

调用格式	说　明
V=var(A)	如果 A 是向量，输出 A 中所有元素的样本方差；如果 A 是矩阵，输出 V 是行向量，其每一个元素是对应列的元素的样本方差，按观测值数量−1 实现归一化
V=var(A,w)	w 是权重向量，其元素必须为正，长度与 A 匹配
V=var(A,w,dim)	返回沿 dim 指定的维度的方差
V=var(A,w,vecdim)	当 w 为 0 或 1 时，计算向量 vecdim 中指定维度的方差
V=var(___,nanflag)	指定在上述任意语法的计算中包括还是忽略 NaN 值
[V,M]=var(___)	返回 A 中用于计算方差的元素的均值 M

样本标准差即方差的算术平方根，用于描述数据集的波动大小。MATLAB 使用函数 std 计算样本标准差，其调用格式见表 11-4。

表 11-4　std 的调用格式

调用格式	说　明
S=std(A)	按照样本方差的无偏估计计算样本标准差，如果 A 是向量，输出 S 是 A 中所有元素的样本标准差；如果 A 是矩阵，输出 S 是行向量，其每一个元素是对应列的元素的样本标准差
S=std(A,w)	为上述语法指定一个权重方案。当 w=0 时（默认值），S 按 N−1 进行归一化；当 w=1 时，S 按观测值数量 N 进行归一化
S=std(A,w,"all")	当 w 为 0 或 1 时，计算 A 的所有元素的标准差
S=std(A,w,dim)	使用上述任意语法沿维度 dim 返回标准差
S=std(A,w,vecdim)	当 w 为 0 或 1 时，计算向量 vecdim 中指定维度的标准差
S=std(___,missingflag)	指定在上述任意语法的计算中包括或者忽略 NaN 值
[S,M]=std(___)	返回 A 中用于计算标准差的元素的均值 M

例 11-2：已知某批灯泡的寿命服从正态分布 $N(\mu,\sigma^2)$，现从中抽取 4 只进行寿命试验，测得数据为（单位：h）：1502，1453，1367，1650。试估计参数 μ 和 σ。

解：MATLAB 程序如下：

```
>> clear
>> A=[1502,1453,1367,1650];        % 输入灯泡寿命的数据矩阵
>> miu=mean(A)                     % 计算寿命的均值
miu =
        1493
>> sigma=var(A)                    % 计算方差
sigma =
   1.4069e+04
>> sigma^0.5                       % 计算标准差
ans =
  118.6114
>> sigma2=std(A)                   % 使用函数计算标准差
sigma2 =
  118.6114
```

可以看出，参数 μ 和 σ 的估计值分别为 1493 和 118.6114。

11.1.3　协方差和相关系数

协方差用于度量各个维度偏离其均值的程度。如果结果为正值，就说明两者是正相关的；如果结果为负值，就说明两者是负相关的；如果结果为 0，则说明两者相互独立。MATLAB 使用函数 cov 计算协方差，其调用格式见表 11-5。

相关系数以两个变量与各自平均值的离差为基础，通过两个离差相乘来反映变量之间的线性相关程度。MATLAB 使用函数 corrcoef 计算相关系数，其调用格式见表 11-6。

表 11-5　cov 的调用格式

调用格式	说　明
C=cov(A)	*A* 为向量时，计算其方差；*A* 为矩阵时，计算其协方差矩阵，其中协方差矩阵的对角元素是 *A* 矩阵的列向量的方差，按观测值数量–1 实现归一化
C=cov(A,B)	返回两个随机变量 *A* 和 *B* 之间的协方差
C=cov(___,w)	为之前的任何语法指定归一化权重。如果 *w*=0（默认值），则 C 按观测值数量–1 实现归一化；*w*=1 时，按观测值数量对它实现归一化
C=cov(___,nanflag)	nanflag 用于指定如何处理输入数组中 NaN 值

表 11-6　corrcoef 的调用格式

调用格式	说　明
R=corrcoef(A)	返回 *A* 的相关系数的矩阵，其中 *A* 的列表示随机变量，行表示观测值
R=corrcoef(A,B)	返回两个随机变量 *A* 和 *B* 之间的相关系数矩阵 *R*
[R,P]=corrcoef(___)	返回相关系数矩阵和 *p* 值矩阵，用于测试观测到的现象之间没有关系的假设
[R,P,RL,RU]=corrcoef(___)	RL、RU 分别是相关系数 95% 置信度的估计区间的上、下限。如果 *R* 包含复数元素，则此语法无效
___=corrcoef(___,Name,Value)	在上述语法的基础上，通过一个或多个名称-值对组参数指定其他选项，以返回任意输出参数

例 11-3：求解矩阵 $A = \begin{bmatrix} -1 & 1 & 2 \\ -2 & 3 & 1 \\ 4 & 0 & 3 \end{bmatrix}$ 的协方差和相关系数。

解：MATLAB 程序如下：

```
>> A = [-1 1 2 ; -2 3 1 ; 4 0 3];
>> cov(A)              % 计算 A 的协方差
ans =
   10.3333   -4.1667    3.0000
   -4.1667    2.3333   -1.5000
    3.0000   -1.5000    1.0000
>> corrcoef(A)        % 计算 A 的相关系数
ans =
    1.0000   -0.8486    0.9333
   -0.8486    1.0000   -0.9820
    0.9333   -0.9820    1.0000
```

11.2　曲 线 拟 合

在工程实践中，只能通过测量得到一些离散的数据，然后利用这些数据得到一个光滑的曲线来反映某些工程参数的规律。这就是一个曲线拟合的过程。本节将介绍 MATLAB 的曲线拟合命令

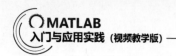

以及用 MATLAB 实现的一些常用拟合算法。

11.2.1 多项式拟和

多项式拟合是用一个多项式展开来拟合包含数个分析格点的一小块分析区域中的所有观测点，得到观测数据的客观分析场，展开系数用最小二乘拟合确定。在 MATLAB 中，利用 polyfit 进行多项式拟和，其调用格式见表 11-7。

表 11-7 polyfit 函数的调用格式

调用格式	说　明
polyfit(x,y,n)	表示用二乘法对已知数据 x、y 进行拟和，以求得 n 阶多项式系数向量
[p,S]=polyfit(x,y,n)	p 为拟和多项式系数向量，S 为拟和多项式系数向量的信息结构
[p,S,mu]=polyfit(x,y,n)	在上一种调用格式的基础上返回一个包含中心化值和缩放值的二元素向量 mu

例 11-4：用 4 阶多项式对$[0,\pi/2]$上的三角函数 $y=\sin x \cos x$ 进行最小二乘拟和。

解：MATLAB 程序如下：

```
>> x=0:pi/40:pi/2;
>> y=sin(x).*cos(x);
>> a=polyfit(x,y,4);          % 计算函数四次多项式拟合点
>> y1=polyval(a,x);           % 多项式在拟和点的估计值
>> plot(x,y,"r*",x,y1,"b--")  % 对比显示原始曲线和拟合曲线
```

运行结果如图 11-1 所示。

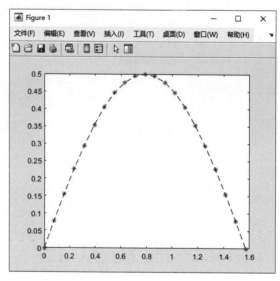

图 11-1 多项式拟合

由图 11-1 可知，由多项式拟和生成的图形与原始曲线可以很好地吻合，这说明多项式的拟和效果很好。

例 11-5：用 3 阶多项式对（0,5）上的函数 $y = x^3 - 2x^2 + 5$ 进行最小二乘拟和。

```
>> x=0:0.2:5;                    % 定义取值范围和取值点
>> a=rand(1,size(x,2))*10;       % 生成与 x 大小相同的随机数向量
>> y=x.^3-2*x.^2+5+a;   % 定义函数表达式
>> b=polyfit(x,y,3)    % 对已知数据 x、y 进行拟和，返回次数为 3 的多项式的系数向量 b
b =
    0.9124   -1.2151   -1.6960    11.8569
>> y1=polyval(b,x);              % 计算多项式 b 在 x 的每个点处的值
>> plot(x,y,"ro",x,y1,"b.-")     % 以红色圆圈标记绘制函数曲线，以蓝色带圆点标记的线绘
制拟和曲线
```

运行结果如图 11-2 所示。

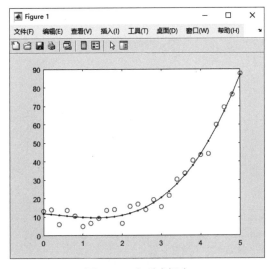

图 11-2　多项式拟合

11.2.2　直线的最小二乘拟合

对于一组数据 $[x_1, x_2, \cdots, x_n]$ 和 $[y_1, y_2, \cdots, y_n]$，已知 x 和 y 成线性关系，即 $y = kx + b$，对该直线进行拟合，就是求出待定系数 k 和 b 的过程。如果将直线拟合看作一阶多项式拟合，那么可以直接利用直线拟合的方法进行计算。

由于最小二乘法直线拟合在数据处理中有着特殊的重要作用，这里再单独介绍另一种方法：利用矩阵除法进行最小二乘拟合，对应的 M 文件 linefit.m 的源程序如下：

```
function [k,b]=linefit(x,y)
n=length(x);
x=reshape(x,n,1);            % 生成列向量
y=reshape(y,n,1);
A=[x,ones(n,1)];             % 连接矩阵 A
bb=y;
B=A'*A;
bb=A'*bb;
yy=B\bb;
```

```
k=yy(1);                    % 得到 k
b=yy(2);                    % 得到 b
```

例 11-6：在实验室采集信号时，为了得到特定频段的信号，对原始信号检测 9 小时，得到特定信号的波段个数见表 11-8。试对试验数据进行直线拟合。

表 11-8　试验数据

x	1	2	3	4	5	6	7	8	9
y	8	11	14	17	20	23	26	29	32

解：MATLAB 程序如下：

```
>> clear
>> x=[1 2 3 4 5 6 7 8 9];
>> y=[8 11 14 17 20 23 26 29 32];
>> [k,b]=linefit(x,y)        % 调用自定义函数对数据进行直线拟合，返回系数 k 和 b
k =
    3.0000
b =
    5.0000
>> y1=polyval([k,b],x);      % 计算多项式在 x 每个取值点处的值
>> plot(x,y1);
>> hold on
>> plot(x,y,"*")
```

拟合结果如图 11-3 所示。

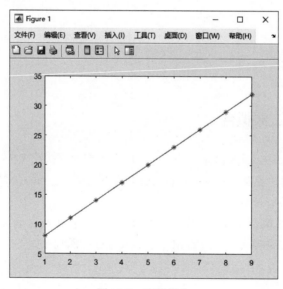

图 11-3　直线拟合

11.2.3　最小二乘法曲线拟合

在科学实验与工程实践中，经常要对测量数据 $\{(x_i, y_i), i = 0, 1, \cdots, m\}$ 进行曲线拟合，其中

$y_i = f(x_i)$，$i = 0,1,\cdots,m$。要求一个函数 $y = S^*(x)$ 与所给数据 $\{(x_i, y_i), i = 0,1,\cdots,m\}$ 拟合，若记误差 $\delta_i = S^*(x_i) - y_i$（$i = 0,1,\cdots,m$），设 $\boldsymbol{\delta} = (\delta_0, \delta_1, \cdots, \delta_m)^{\mathrm{T}}$，设 $\varphi_0, \varphi_1, \cdots, \varphi_n$ 是 $C[a,b]$ 上的线性无关函数族，在 $\boldsymbol{\varphi} = \mathrm{span}\{\varphi_0(x), \varphi_1(x), \cdots, \varphi_n(x)\}$ 中找一个函数 $S^*(x)$，使误差平方和

$$\| \boldsymbol{\delta} \|^2 = \sum_{i=0}^{m} \delta_i^2 = \sum_{i=0}^{m} [S^*(x_i) - y_i]^2 = \min_{S(x) \in \varphi} \sum_{i=0}^{m} [S(x_i) - y_i]^2$$

这里，$S(x) = a_0 \varphi_0(x) + a_1 \varphi_1(x) + \cdots + a_n \varphi_n(x)$（$n < m$）。

这就是所谓的曲线拟合的最小二乘方法，是曲线拟合最常用的一种方法。MATLAB 提供的 polyfit 函数可以进行最小二乘的曲线拟合。

例 11-7： 用二次多项式拟合数据，给定数据见表 11-9。

表 11-9　给定数据

x	0.1	0.2	0.15	0.0	−0.2	0.3
y	0.95	0.84	0.86	1.06	1.50	0.72

解： MATLAB 程序如下：

```
>> clear
>> x=[0.1,0.2,0.15,0,-0.2,0.3];  % 输入数据矩阵 x 和 y
>> y=[0.95,0.84,0.86,1.06,1.50,0.72];
>> p=polyfit(x,y,2)              % 返回次数为 2 的多项式的系数向量
p =
1.7432   -1.6959   1.0850
>> xi=-0.2:0.01:0.3;             % 定义取值范围和取值点
>> yi=polyval(p,xi);            % 计算 p 表示的多项式在 xi 的每个点处的值
>> plot(x,y,"ro",xi,yi,"k");    % 分别用红色圆圈和黑色线条描绘实际曲线与拟合曲线
>> title('polyfit')            % 添加标题
```

拟合结果如图 11-4 所示。

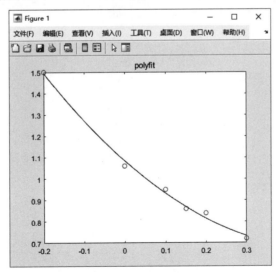

图 11-4　二项式拟合

例 11-8：用二次多项式拟合数据，见表 11-10。

表 11-10　拟合数据

x	0.5	1	1.5	2	2.5	3
y	1.75	2.45	3.81	4.8	8	8.6

解：MATLAB 程序如下：

```
>> clear                    % 清除工作区的变量
>> x=0.5:0.5:3;             % 输入 x 和 y 值
>> y=[1.75,2.45,3.81,4.8,8,8.6];
>> [p,S]=polyfit(x,y,2)     % 返回次数为2的多项式的系数向量p和用于获取误差估计值的结构体S
p =
    0.4900    1.2501    0.8560
S =
  包含以下字段的 struct:
        R: [3×3 double]
       df: 3
    normr: 1.1822
  rsquared: 0.9654
```

例 11-9：在[0，2]区间上对函数 $y = \sin x + e^{-x}$ 进行多项式拟合，然后在[0，4]区间上画出图形，比较拟合区间和非拟合区间的图形，考查拟合的有效性。

解：在命令行中输入以下命令：

```
>> clear
>> x = 0:0.1:2;                  % 定义取值点
>> y = sin(x)+exp(-x);          % 计算函数值
>> [p,S]=polyfit(x,y,5)         % 使用 5 阶多项式对函数进行拟合，返回 5 阶多项式的系数
向量，以及用于获取误差估计值的结构体 S
p =
    0.0011    0.0438   -0.3378    0.5027   -0.0006    1.0000
S =
  包含以下字段的 struct:
        R: [6×6 double]
       df: 15
    normr: 6.4249e-05
  rsquared: 1.0000
>> x1=0:0.1:4;                   % 定义取值点
>> y1= sin(x1)+exp(-x1);        % 计算函数值
>> y2=polyval(p,x1);            % 计算拟合多项式在每个取值点处的值
>> plot(x1,y1,"r*",x1,y2,"k-")  % 在同一图窗中分别绘制函数数据点和拟合曲线
```

运行结果如图 11-5 所示。

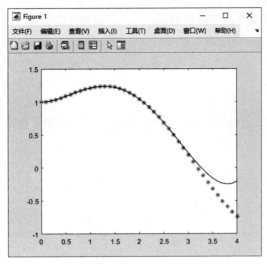

图 11-5　函数拟合

从图 11-5 中可以看出，区间[0,2]经过了拟合，图形的符合性就比较优秀，[2,4]区间没有经过拟合，图形就有了偏差。

11.3　回　归　分　析

在客观世界中，变量之间的关系可以分为两种：确定性函数关系与不确定性统计关系。回归分析（Regression Analysis）是确定两种或两种以上变量间相互依赖的定量关系的一种统计分析方法，广泛应用于经济管理、社会科学、工程技术、医学和生物学中。本节主要针对目前应用普遍的部分最小回归，介绍一元线性回归、多元线性回归和最小二乘回归的 MATLAB 实现。

11.3.1　一元线性回归

在回归分析中，只包括一个自变量和一个因变量，且二者的关系可用一条直线近似表示，这种回归分析称为一元线性回归分析。

如果在总体中，因变量 y 与自变量 x 的统计关系符合一元线性的正态误差模型，即对给定的 x_i 有 $y_i = b_0 + b_1 x_i + \varepsilon_i$，那么 b_0 和 b_1 的估计值可以由下列公式得到：

$$\begin{cases} b_1 = \dfrac{\displaystyle\sum_{i=1}^{n}(x_i - \bar{x})(y_i - \bar{y})}{\displaystyle\sum_{i=1}^{n}(x_i - \bar{x})^2} \\ b_0 = \bar{y} - b_1 \bar{x} \end{cases}$$

其中，$\bar{x} = \dfrac{1}{n}\sum_{i=1}^{n} x_i, \bar{y} = \dfrac{1}{n}\sum_{i=1}^{n} y_i$。这就是部分最小二乘一元线性回归的公式。

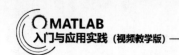

MATLAB 提供的一元线性回归函数为 polyfit，因为一元线性回归其实就是一阶多项式拟合。polyfit 的用法在 11.2.1 节中有详细的介绍，这里不再赘述。

11.3.2　多元线性回归

在大量的社会、经济、工程问题中，对于因变量 y 的全面解释往往需要多个自变量的共同作用。也就是说，回归分析中包括两个或两个以上的自变量，且因变量和自变量之间是线性关系的，则称为多元线性回归分析。

当有 p 个自变量 $x_1, x_2, \cdots, x_p$ 时，多元线性回归的理论模型为

$$y = \beta_0 + \beta_1 x_1 + \cdots + \beta_p x_p + \varepsilon$$

其中，ε 是随机误差，$E(\varepsilon) = 0$。

若对 y 和 $x_1, x_2, \cdots, x_p$ 分别进行 n 次独立观测，记

$$\boldsymbol{Y} = \begin{pmatrix} y_1 \\ y_2 \\ \vdots \\ y_n \end{pmatrix}, \quad \boldsymbol{X} = \begin{pmatrix} 1 & x_{11} & \cdots & x_{1p} \\ 1 & x_{21} & \cdots & x_{2p} \\ \vdots & \vdots & \ddots & \vdots \\ 1 & x_{n1} & \cdots & x_{np} \end{pmatrix}, \quad \boldsymbol{\beta} = \begin{pmatrix} \beta_0 \\ \beta_1 \\ \vdots \\ \beta_p \end{pmatrix}$$

则 $\boldsymbol{\beta}$ 的最小二乘估计量为 $(\boldsymbol{X'X})^{-1}\boldsymbol{X'Y}$，$\boldsymbol{Y}$ 的最小二乘估计量为 $\boldsymbol{X}(\boldsymbol{X'X})^{-1}\boldsymbol{X'Y}$。

MATLAB 提供了 regress 函数进行多元线性回归，该函数的使用形式见表 11-11。

表 11-11　regress 的调用格式

调用格式	说　明
b=regress(y,X)	对因变量 y 和自变量 X 进行多元线性回归，b 是对回归系数的最小二乘估计
[b,bint]=regress(y,X)	bint 是回归系数 b 的 95%置信度的置信区间
[b,bint,r]=regress(y,X)	r 为残差
[b,bint,r,rint]=regress(y,X)	rint 为 r 的置信区间
[b,bint,r,rint,stats]=regress(y,X)	stats 是检验统计量，其中第一个值为回归方程的置信度，第二个值为 F 统计量，第三个值为 F 统计量相应的 p 值。如果 F 很大而 p 很小，则说明回归系数不为 0
[＿＿]=regress(y,X,alpha)	alpha 指定的是置信水平

提示　在计算 F 统计量及其 p 值时，通常会假设回归方程含有常数项，所以在计算 stats 时，X 矩阵应该包含一个全 1 的列。

11.3.3　部分最小二乘回归

在经典最小二乘多元线性回归中，$\boldsymbol{Y}$ 的最小二乘估计量为 $\boldsymbol{X}(\boldsymbol{X'X})^{-1}\boldsymbol{X'Y}$，这就要（$\boldsymbol{X'X}$）是可

逆的，所以当 X 中的变量存在严重的多重相关性，或者在 X 样本点与变量个数相比明显过少时，经典最小二乘多元线性回归就失效了。针对这个问题，人们提出了部分最小二乘法，也叫偏最小二乘法。它产生于化学领域的光谱分析，目前已被广泛应用于工程技术和经济管理的分析、预测研究中，被誉为"第二代多元统计分析技术"。限于篇幅的原因，这里对部分最小二乘回归方法的原理不作详细介绍，感兴趣的读者可以参考《偏最小二乘回归方法及其应用》（王惠文著，国防工业出版社）。

设有 q 个因变量 $\{y_1,\cdots,y_q\}$ 和 p 个自变量 $\{x_1,\cdots,x_p\}$。为了研究因变量与自变量的统计关系，观测 n 个样本点，构成了自变量与因变量的数据表 $X=[x_1,\cdots,x_p]_{n\times p}$ 和 $Y=[y_1,\cdots,y_q]_{n\times q}$。部分最小二乘回归分别在 X 和 Y 中提取成分 t_1 和 u_1，它们分别是 $x_1,\cdots,x_p$ 和 $y_1,\cdots,y_q$ 的线性组合。提取这两个成分有以下要求：

● 两个成分尽可能多地携带它们各自数据表中的变异信息。

● 两个成分的相关程度达到最大。

也就是说，它们能够尽可能好地代表各自的数据表，同时自变量成分 t_1 对因变量成分 u_1 有最强的解释能力。

在第一个成分被提取之后，分别实施 X 对 t_1 的回归和 Y 对 u_1 的回归。如果回归方程达到满意的精度，则终止算法；否则，利用残余信息进行第二轮的成分提取，直到达到一个满意的精度。

下面给出对自变量 X 和因变量 Y 进行部分最小二乘回归的函数文件 pls.m。

```
function [beta,VIP]= pls(X,Y)
[n,p]=size(X);
[n,q]=size(Y);
meanX=mean(X);                    % 计算 X 的均值
varX=var(X);                      % 计算 X 的方差
meanY=mean(Y);                    % 计算 Y 的均值
varY=var(Y);                      % 计算 Y 的方差
%%%%数据标准化过程
for i=1:p
    for j=1:n
    X0(j,i)=(X(j,i)-meanX(i))/((varX(i))^0.5);
    end
end
for i=1:q
    for j=1:n
    Y0(j,i)=(Y(j,i)-meanY(i))/((varY(i))^0.5);
    end
end
%%%%%%%%%%%%%%%%%%%%%%%%%%%%%%%%%%%
[omega(:,1),t(:,1),pp(:,1),XX(:,:,1),rr(:,1),YY(:,:,1)]=plsfactor(X0,Y0);
[omega(:,2),t(:,2),pp(:,2),XX(:,:,2),rr(:,2),YY(:,:,2)]=plsfactor(XX(:,:,1
),YY(:,:,1));
PRESShj=0;
tt0=ones(n-1,2);
for i=1:n
    YY0(1:(i-1),:)=Y0(1:(i-1),:);
```

```
    YY0(i:(n-1),:)=Y0((i+1):n,:);
    tt0(1:(i-1),:)=t(1:(i-1),:);
    tt0(i:(n-1),:)=t((i+1):n,:);
    expPRESS(i,:)=(Y0(i,:)-t(i,:)*inv((tt0'*tt0))*tt0'*YY0);
    for m=1:q
        PRESShj=PRESShj+expPRESS(i,m)^2;
    end
end
sum1=sum(PRESShj);
PRESSh=sum(sum1);
for m=1:q
    for i=1:n
        SShj(i,m)=YY(i,m,1)^2;
    end
end
sum2=sum(SShj);
SSh=sum(sum2);
Q=1-(PRESSh/SSh);
k=3;
%%%%%%%%%%%%%%%%    循环，提取主元
while Q>0.0975
[omega(:,k),t(:,k),pp(:,k),XX(:,:,k),rr(:,k),YY(:,:,k)]=plsfactor(XX(:,:,k
-1),YY(:,:,k-1));
    PRESShj=0;
    tt00=ones(n-1,k);
for i=1:n
    YY0(1:(i-1),:)=Y0(1:(i-1),:);
    YY0(i:(n-1),:)=Y0((i+1):n,:);
    tt00(1:(i-1),:)=t(1:(i-1),:);
    tt00(i:(n-1),:)=t((i+1):n,:);
    expPRESS(i,:)=(Y0(i,:)-t(i,:)*((tt00'*tt00)^(-1))*tt00'*YY0);
    for m=1:q
        PRESShj=PRESShj+expPRESS(i,m)^2;
    end
end
for m=1:q
    for i=1:n
        SShj(i,m)=YY(i,m,k-1)^2;
    end
end
sum2=sum(SShj);
SSh=sum(sum2);
Q=1-(PRESSh/SSh);
if Q>0.0975
    k=k+1;
end
end
%%%%%%%%%%%%%%%%%%%%%%%%%
h=k-1;%%%%%%%%%% 提取主元的个数
%%%%%%%%%%%%%%        还原回归系数
```

```
omegaxing=ones(p,h,q);
for m=1:q
omegaxing(:,1,m)=rr(m,1)*omega(:,1);
   for i=2:(h)
      for j=1:(i-1)
         omegaxingi =(eye(p)-omega(:,j)*pp(:,j)');
         omegaxingii=eye(p);
         omegaxingii=omegaxingii*omegaxingi;
      end
    omegaxing(:,i,m)=rr(m,i)*omegaxingii*omega(:,i);
   end
beta(:,m)=sum(omegaxing(:,:,m),2);
end
%%%%%%%  计算相关系数
for i=1:h
   for j=1:q
       relation(i,j)=sum(prod(corrcoef(t(:,i),Y(:,j))))/2;
   end
end
%%%%%%%%%%%%%%%%%%%%%%%%%%%
Rd=relation.*relation;
RdYt=sum(Rd,2)/q;
Rdtttt=sum(RdYt);
omega22=omega.*omega;
VIP=((p/Rdtttt)*(omega22*RdYt)).^0.5;   %%%计算 VIP 系数
```

下面的 M 文件 plsfactor.m 专门用于提取主元:

```
function [omega,t,pp,XXX,r,YYY]=plsfactor(X0,Y0)
XX=X0'*Y0*Y0'*X0;
[V,D]=eig(XX);
Lamda=max(D);
[MAXLamda,I]=max(Lamda);
omega=V(:,I);                          %最大特征值对应的特征向量
 %%%第一主元
t=X0*omega;
pp=X0'*t/(t'*t);
XXX=X0-t*pp';
r=Y0'*t/(t'*t);
YYY=Y0-t*r';
```

　　部分最小二乘回归提供了一种多因变量对多自变量的回归建模方法,可以有效解决变量之间的多重相关性问题,适合在样本容量小于变量个数的情况下进行回归建模,可以实现多种多元统计分析方法的综合应用。

11.4　操作实例——推测世界人口

　　已知联合国世界银行组织提供的 2018 年至 2023 年世界人口数据如表 11-12 所示,根据已知数

据推测 2030 年的世界人口。

表 11-12 世界人口数据

年　　份	人口数/亿
2018	76.6
2019	77.4
2020	78.2
2021	78.9
2022	79.5
2023	80.2

在命令行中输入以下命令：

```
>> clear
>> x = 2018:2023;
>> y =[ 76.6,77.4,78.2,78.9,79.5,80.2];
>> plot(x,y,"*")                    % 绘制原始数据
>> xi = 2018:2040;                  % 输入预测点
>> p = polyfit(x,y,1);              % 创建线性多项式
>> k-p(1);
>> b=p(2);
>> f=@(x) k*x+b;                    % 定义拟合曲线
>> hold on                         % 保留当前图窗中的绘图
>> fplot(f,[2018,2040]);            % 绘制线性多项式拟合后的曲线
>> p1 = polyfit(x,y,2);             % 创建二阶多项式
>> yi=polyval(p1,xi);               % 计算二次多项式在每个预测点处的值
>> yi2=polyval(p1,2030)             % 计算使用二次多项式拟合算法在 2030 年的预测值
yi2 =
    83.2250                        % 预测 2030 年的人口数为 83.225 亿
>> plot(xi,yi,"k-.",2030,yi2,"o","Markersize",10)  % 绘制二次多项式拟合后的曲线
```

运行结果如图 11-6 所示。

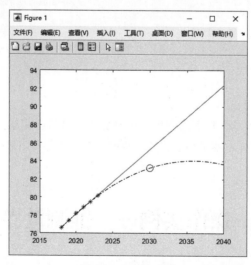

图 11-6 线性拟合

11.5　新手问答

问题 1：用 MATLAB 进行曲线拟合时，如何判断拟合的好坏？

曲线拟合是要找到一条光滑曲线，使其最佳地拟合数据，该曲线不必经过数据点。要判断拟合的好坏，一是相关系数越接近 1 越好，一般要求大于 0.9，统计量的概率一般要小于 0.05，所做的模型才可以使用。此外，残差的置信区间应该包括 0，但是对于拟合到什么程度，没有严格的标准来进行界定。

问题 2：什么是回归分析？线性回归与非线性回归有什么区别？

在统计建模中，回归分析是一种预测性的建模技术，有助于理解因变量的典型值（或"标准变量"）在任何一个独立变量变化时发生变化，而其他独立变量保持不变，被广泛用于预测和预报。

线性回归是利用称为线性回归方程的最小平方函数对一个或多个自变量和因变量之间的关系进行建模的一种回归分析。这种函数是一个或多个称为回归系数的模型参数的线性组合。只有一个自变量的情况称为简单回归，大于一个自变量情况的叫作多元回归。

非线性回归是在掌握大量观察数据的基础上，利用数理统计方法建立因变量与自变量之间的回归关系函数表达式（称回归方程式）。在回归分析中，研究的因果关系只涉及因变量和一个自变量时，叫作一元回归分析；研究的因果关系涉及因变量和两个或两个以上的自变量时，叫作多元回归分析。

问题 3：MATLAB 如何进行回归分析？

在 MATLAB 中，常使用 Statistics and Machine Learning Toolbox（统计和机器学习工具箱）中的 regress 函数和 polyfit 函数进行回归分析。

一元及多元线性回归主要通过调用 regress 函数进行分析，该函数可以提供较多的信息，例如线性方程的系数估计值、系数估计值的置信度为 95％置信区间、残差、各残差的置信区间以及用于检验回归模型的统计量。

一元线性和非线性多项式回归常调用 polyfit 函数进行分析。

11.6　上机实验

【练习 1】试利用测量数据对两个指标的关系进行线性回归。

1. 目的要求

本练习设计的程序是从 20 家工厂抽取同类产品，每个产品测量两个质量指标得到的测量数据（见表 11-13），对两个指标的关系进行线性回归。

表 11-13　测量数据

工厂 i	1	2	3	4	5	6	7	8	9	10
指标 1 （x_1）	0	0	2	2	4	4	5	6	6	7
指标 2 （x_2）	6	5	5	3	4	3	4	2	1	0
工厂 i	11	12	13	14	15	16	17	18	19	20
指标 1 （x_1）	-2	-3	-4	-5	1	0	0	-1	-1	-3
指标 2 （x_2）	2	2	0	2	1	-2	-1	-1	-3	-5

2．操作提示

步骤01 输入测量数据定义变量。

步骤02 绘制质量指标对工厂编号的曲线。

步骤03 构建分析数据矩阵。

步骤04 利用函数 regress 对测量数据进行多元线性回归。

【练习2】样本方差与标准差计算。

1．目的要求

某批商品的销量服从正态分布，其中 4 个抽样的销量分别为 2501,2253,2467,2650，练习使用函数估计该商品的样本方差和标准差。

2．操作提示

步骤01 输入测量数据定义变量。

步骤02 利用 var 函数计算样本方差。

步骤03 利用 std 函数计算标准差。

11.7　思考与练习

（1）已知 2020 年某省高考前 100 名的各科分数，从中抽取 10 名学生的数据，如表 11-14 所示。

表 11-14　抽取的数据

序　号	语　文	数　学	英　语	物　理	化　学	生　物
1	137	147	140	100	97	100
2	130	144	142	100	100	100
3	127	143	142	100	100	100
4	131	142	140	100	97	100
5	129	140	141	100	100	100
6	125	147	138	100	100	97
7	120	147	140	100	100	100

（续表）

序 号	语 文	数 学	英 语	物 理	化 学	生 物
8	122	147	136	100	100	100
9	120	143	142	100	100	100
10	124	142	141	97	100	100

试通过平均值计算该省高考前 100 名的平均成绩。

（2）已知某小学体育、美术比赛分数（10 分制），现从中抽取 6 个学生进行估测，测得数据如下：体育：539873，美术：653678，试通过平均值计算该学校的平均成绩。

（3）已知某金属材料应力测量数据如表 11-15 所示，试用二次多项式对测量数据进行拟合。

表 11-15 金属材料应力数据

金属材料	组合 I				组合 II				组合 III			
	安全系数	许用抗压弯应力	许用剪切应力	许用端面承压应力	安全系数	许用抗压弯应力	许用剪切应力	许用端面承压应力	安全系数	许用抗压弯应力	许用剪切应力	许用端面承压应力
Q235-A	1.48	152.0	87.8	228	1.34	167.9	96.9	251.9	1.2	184.4	406.5	276.6
16Mn	1.48	185.8	107.3	278.7	1.34	205.2	118.5	307.8	1.22	225.4	130.1	338.1

第 12 章　控制系统分析设计实例

在 MATLAB 中，控制领域包括自动控制、线性控制和智能控制，对控制系统状态进行分析的方法主要分为时域与频域。本章通过一个 MATLAB 在控制领域的工程应用案例来讲解时域分析。

知识要点

- 控制系统的分析
- 闭环传递函数
- 控制系统的稳定性分析

12.1　控制系统的分析

自动控制系统由被控对象、测量变送装置、控制器和执行器组成。自动控制是指采用控制器使被控对象自动按照给定的规律运行或变化。

12.1.1　控制系统的仿真分析

对控制系统进行分析和设计时，首先需要建立数学模型。在自动控制原理中，有多种数学模型。

数学模型通常是指表示该系统输入和输出之间动态关系的数学表达式，具有与实际系统相似的特性，可采用不同形式表示系统内外部的性能特点。

建立系统数学模型一般是根据系统实际结构、参数及计算精度的要求，抓住主要因素，略去一些次要因素，使系统的数学模型既能准确地反映系统的动态本质，又能简化分析计算的工作。

系统仿真实质上就是对系统模型的求解，对于控制系统来说，一般模型可转换成某个微分方程或差分方程表示，因此在仿真过程中，一般以某种数值算法从初态出发，逐步计算系统的响应，最后绘制出系统的响应曲线，进而分析系统的性能。

控制系统最常用的时域分析方法是：当输入信号为单位阶跃和单位冲激函数时，求出系统的输出响应，分别称为单位阶跃响应和单位冲激响应。在 MATLAB 中提供了求取连续系统的单位阶跃响应函数 step、单位冲激响应函数 impulse、零输入响应函数 initial 等。

12.1.2 闭环传递函数

线性定常系统在初始条件为零时，系统输出信号的拉氏变换之比称为该系统的传递函数，可表示为：

$$G(s) = \frac{C(s)}{R(s)} \qquad (12\text{-}1)$$

1. 传递函数的性质

（1）只能用于线性定常系统。

（2）只能反映系统在零初始状态下输入变量与输出变量之间的动态关系。

（3）由系统的结构和参数来确定，与输入信号的形式无关。

（4）同一个系统，在不同作用点的输入信号和不同观测点的输出信号之间，传递函数具有相同的分母多项式，不同的分子多项式。

（5）传递函数是一种数学现象，无法直接看出实践系统的物理构造，物理性质不同的系统可以有相同的传递函数。

在控制系统性能分析中，传递函数具有一般性，可将系统传递函数分解为若干典型环节的组合，便于讨论系统的各种性能。

常用的典型环节有：

- 比例环节。
- 惯性环节。
- 一阶微分环节。
- 积分环节。
- 开环环节。
- 闭环环节。

如图 12-1 所示是一个闭环控制系统。

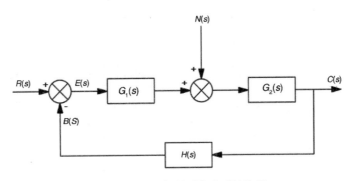

图 12-1 闭环控制系统典型结构图

2. 系统开环传递函数

闭环系统在开环状态下的传递函数称为系统的开环传递函数，表示为：

$$G(s) = \frac{B(s)}{R(s)} = G_1(s)G_2(s)H(s) \qquad (12\text{-}2)$$

从上式可以看出，系统开环传递函数等于前向通道的传递函数与反馈通道的传递函数的乘积。

12.2 闭环传递函数的响应分析

本节将介绍系统的闭环传递函数 $\phi(s) = \dfrac{G_k(S)}{1+G_k(S)} = \dfrac{1}{s^3+50s^2+500s+50000}$，对该函数进行时域分析。

12.2.1 阶跃响应曲线

阶跃响应曲线是指系统在其输入为阶跃函数时，其输出的变化曲线。在电子工程或控制领域，分析系统的阶跃响应曲线有助于了解系统的特性，因为当输入在长时间稳态后，有快速而大幅度的变化，可以看出系统各个部分的特性，而且可以知道一个系统的稳定性。

输入下面的程序，绘制单位阶跃响应曲线：

```
>> a=[0,0,0,1];                    % 定义函数变量
>> b=[1,50,500,50000];             % 传递函数的系数
>> t=0:0.01:2;                     % 时间序列
>> s=tf(a,b);                      % 基于给定的变量和系数，创建实值或复值传递函数模型
>> subplot(1,3,1), step(s,t);      % 绘制阶跃响应曲线
>> grid on
>> title('单位阶跃响应');
```

运行结果如图 12-2 所示。

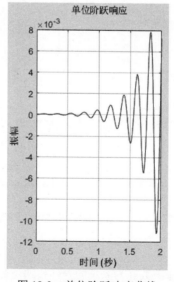

图 12-2　单位阶跃响应曲线

12.2.2 冲激响应曲线

系统在单位冲激函数激励下引起的零状态响应被称为该系统的"冲激响应"。冲激响应完全由系统本身的特性决定，与系统的激励源无关，是用时间函数表示系统特性的一种常用方式。

输入下面的程序，绘制单位冲激响应曲线：

```
>> subplot(1,3,2), impulse(s,t);      %绘制冲激响应曲线
>> grid on
>> title('单位冲激响应');
```

运行结果如图 12-3 所示。

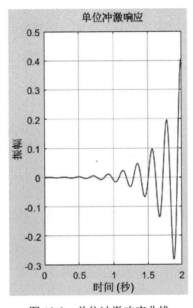

图 12-3　单位冲激响应曲线

12.2.3 斜坡响应

斜坡响应是一个输入量的变化斜率从零跃增到某个有限值引起的时间响应。

输入下面的程序，绘制单位斜坡响应曲线：

```
>> t=0:0.1:50;
>> subplot(1,3,3), c=step(a,b,t);      % 绘制斜坡响应曲线
>> plot(t,c,"ro",t,t,"b-")             % 斜坡响应曲线的数据点和输入量的变化斜率
>> grid on
>> title('单位斜坡响应');
```

运行结果如图 12-4 所示。

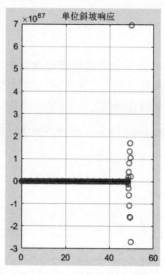

图 12-4　单位斜坡响应曲线

12.3　控制系统的稳定性分析

系统稳定是自动控制系统设计的基本要求，这样系统才能满足生产工艺所要求的暂态性能指标和稳态误差。因此，如何分析系统的稳定性并找出保证系统稳定的措施，便成为自动控制理论的一个基本任务。

12.3.1　状态空间实现

对于一个线性定常系统，可以用传递函数矩阵进行输入/输出描述：

$$\hat{y}(s) = \hat{G}(s)\hat{u}(s) \tag{12-3}$$

如果系统是集中的，则可以用状态空间方程来描述：

$$\begin{aligned} \dot{x} &= Ax + Bu \\ y &= Cx + Du \end{aligned} \tag{12-4}$$

如果已知状态空间方程（式 12-4），则相应的传递矩阵可由

$$\hat{G}(s) = G(sI - A)^{-1}B + D \tag{12-5}$$

求出，且求出的矩阵是唯一的。现在我们来研究它的反问题，即由给定的传递矩阵来求状态空间方程，这就是所谓的实现问题。

事实上，对于时变系统也有实现问题，只是它的输入/输出描述不再是传递矩阵。

在式 12-4 中，线性定常系统的矩阵 A 的特征值 λ_i（$i = 1, 2, \cdots, n$）互异，将系统经过非奇异线性变换，变换成对角阵：

$$\bar{x} = \begin{bmatrix} \lambda_1 & & & 0 \\ & \lambda_2 & & \\ & & \ddots & \\ 0 & & & \lambda_n \end{bmatrix} \bar{x} + \bar{B}u \tag{12-6}$$

则系统能控的充分必要条件是矩阵 $\bar{B}$ 中不包含元素全为 0 的行。

式 12-4 所描述的系统为能观测的充分必要条件是以下能观性矩阵满秩，即

$$\text{rank } Q_0 = n$$

$$Q_0 = \begin{bmatrix} C \\ CA \\ \vdots \\ CA^{n-1} \end{bmatrix}_{nm \times n} \tag{12-7}$$

```
>> [A,B,C,D]=tf2ss(a,b)        % 传递函数转换为状态空间方程，返回方程系数，注意不要清空
变量a、b
A =
        -50       -500     -50000
          1          0          0
          0          1          0
B =
     1
     0
     0
C =
     0     0     1
D =
     0
```

在结果中，矩阵 A 中不包含元素全为 0 的行，因此证明该系统是状态完全能控的；矩阵 B 是满秩矩阵，因此证明该系统是状态完全能观的。

12.3.2 稳定性

在多变量控制系统中，能控性和能观性是两个反映控制系统构造的基本特性，是现代控制理论中最重要的基本概念。

1. 能控性

线性定常系统的状态方程为：

$$\dot{x} = Ax + Bu \tag{12-8}$$

给定系统一个初始状态 $x(t_0)$，如果在 $t_1 > t_0$ 的有限时间区间 $[t_1, t_0]$ 内，存在容许控制 $u(t)$，使 $x(t_1) = 0$，则称系统状态在 t_0 时刻是能控的；如果系统对任意一个初始状态都能控，则称系统是状态完全能控的。

　　根据 PBH（Popov–Belevitch–Hautus）可控性判别法，式 12-8 的线性定常系统为状态能控的充分必要条件是，对 A 的所有特征值 λ_i，都有：

$$\text{rank}\left[\lambda_i I - A \vdots B\right] = n \quad (i = 1, 2, \cdots, n) \tag{12-9}$$

```
>> rank(ctrb(A,B))      % 判断系统的能控性
ans =
     3
```

由此可见，该系统是状态完全能控的。

2. 能观性

线性定常系统方程为：

$$\left.\begin{array}{l} \dot{x} = Ax + Bu \\ y = Cx \end{array}\right\} \tag{12-10}$$

　　如果在有限时间区间 $[t_0, t_1]$（$t_1 > t_0$）内，通过观测 $y(t)$ 能够唯一地确定系统的初始状态 $x(t_0)$，则称系统状态在 t_0 是能观测的。如果对任意的初始状态都能观测，则称系统是状态完全能观测的。

　　式 12-10 所描述的系统为能观测的充分必要条件是以下格拉姆能观性矩阵满秩：

$$\text{rank}\, W_0[0, t_1] = n \tag{12-11}$$

```
>> rank(obsv(A,C))      % 判断系统的能观性
ans =
     3
```

由此可见，该系统是状态完全能观的。